高等学校教学用书

房屋建筑学

武六元　杜高潮　编著

中国建筑工业出版社

图书在版编目（CIP）数据

房屋建筑学/武六元　杜高潮编著. ——北京：中国建筑工业出版社，2001
高等学校教学用书
ISBN 978-7-112-04821-2

Ⅰ. 房… Ⅱ.①武…②杜… Ⅲ. 房屋建筑学-高等学校-教学参考资料 Ⅳ. TU22

中国版本图书馆 CIP 数据核字（2001）第 066463 号

本书共分两篇，第一篇为民用建筑设计；第二篇为工业建筑设计。着重阐述民用建筑和工业建筑设计与构造的基本原理和应用知识。内容包括：绪论，民用建筑设计概述，建筑平面、剖面、立面设计，民用建筑构造概论，墙和基础构造，楼板与地面构造，楼梯构造，屋顶构造，门窗与遮阳构造，变形缝构造与建筑抗震知识，民用建筑工业化，单层厂房设计概述，单层厂房平面、剖面、立面设计，单层厂房定位轴线确定，单层厂房生活间设计，单层厂房外墙构造，侧窗与大门构造，屋面构造和天窗构造等。

本书既可作为高等院校房屋建筑工程专业试用教材，也可供建筑设计、施工技术人员参考。

高等学校教学用书
房屋建筑学
武六元　杜高潮　编著

*

中国建筑工业出版社出版、发行（北京西郊百万庄）
各地新华书店、建筑书店经销
北京富生印刷厂印刷

*

开本：787×1092 毫米　1/16　印张：22¾　字数：550 千字
2001 年 10 月第一版　2013 年 11 月第十六次印刷
定价：39.00 元
ISBN 978-7-112-04821-2
（21622）

版权所有　翻印必究
如有印装质量问题，可寄本社退换
（邮政编码 100037）

前 言

本书系高等学校"房屋建筑工程"专业自学考试试用教材,是根据陕西省高等自学考试委员会制定的相关教学大纲要求编写的。书中阐述了民用和工业建筑设计与构造的基本原理及应用知识,反映了我国建筑工程方面的最新成就,还吸取了国外建筑设计与构造方面的一些成功经验。全书分两篇:第一篇为民用建筑设计原理与构造,第二篇为工业建筑设计原理与构造。

本书编写分工为:

武六元:绪论、第一篇第一、二、三、四、五、六、七、八、九章,第十二章第一节。

杜高潮:第一篇第十、十一、十三章,第二篇第十四、十五、十六章。

尚庆元:第一篇第十二章第二节。

限于编者的水平和资料之故,如有不当之处,恳请使用者批评指正。

目 录

绪 论 ··· 1
  第一节 建筑发展概况 ··· 1
    一、国外建筑发展概况 ·· 2
    二、中国古建筑发展概况 ··· 6
    三、我国近现代建筑概况 ·· 10
  第二节 建筑的构成要素与建筑方针 ·· 12
    一、建筑的构成要素 ·· 12
    二、建筑方针 ·· 12
  第三节 建筑的分类与分等 ·· 13
    一、建筑分类 ·· 13
    二、建筑等级 ·· 14
  第四节 建筑模数协调统一标准 ··· 16
    小结 ·· 16
    复习思考题 ·· 17

第一篇 民用建筑设计与构造

第一章 民用建筑设计概述 ·· 18
  第一节 建筑设计内容 ·· 18
    一、建筑设计 ·· 18
    二、结构设计 ·· 18
    三、设备设计 ·· 18
  第二节 设计程序 ·· 19
    一、设计前的准备工作 ·· 19
    二、设计阶段划分 ··· 19
  第三节 建筑设计依据 ·· 21
    一、人体尺度及人体活动的空间尺度 ······································· 21
    二、家具、设备尺寸及其所需的必要空间 ································ 21
    三、气象条件 ·· 22
    四、地形、水文地质及地震烈度 ··· 22
    小结 ·· 25
    复习思考题 ·· 25
第二章 建筑平面设计 ··· 26

第一节　建筑的空间组成与平面设计任务 ································ 26
　一、空间构成 ··· 26
　二、平面设计任务 ··· 27
第二节　主要使用房间平面设计 ·· 27
　一、房间面积 ··· 27
　二、房间形状 ··· 28
　三、房间大小尺寸的确定 ··· 31
　四、房间中门的设置 ·· 33
　五、房间中窗的设置 ·· 34
第三节　辅助使用房间平面设计 ·· 36
　一、卫生间设计一般要求 ··· 37
　二、厕所 ··· 37
　三、浴室、盥洗室 ··· 39
　四、厨房 ··· 40
第四节　交通联系部分的平面设计 ····································· 41
　一、走廊 ··· 42
　二、楼梯 ··· 44
　三、电梯 ··· 46
　四、门厅 ··· 47
　五、过厅 ··· 48
第五节　建筑平面组合设计 ··· 49
　一、影响平面组合的因素 ··· 50
　二、平面组合形式 ··· 56
　三、平面组合与基地环境和总体规划关系 ·························· 62
　小结 ·· 67
　复习思考题 ··· 68

第三章　建筑剖面设计 ·· 69

第一节　建筑层数的确定 ·· 69
　一、影响建筑层数的因数 ··· 69
　二、根据具体情况确定建筑层数 ····································· 71
第二节　建筑各部分高度的确定 ·· 72
　一、房间的净高与层高 ··· 72
　二、其他各部分高度的确定 ·· 75
第三节　建筑的空间组合与利用 ·· 77
　一、建筑空间组合 ··· 77
　二、建筑剖面组合方式 ··· 79
　三、建筑空间的利用 ·· 84
　小结 ·· 86
　复习思考题 ··· 87

第四章 建筑体型和立面设计 … 88
第一节 建筑体型和立面设计的要求 … 88
一、反映建筑的性格特征 … 88
二、考虑物质技术条件的特点 … 90
三、适应环境和建筑群体规划要求 … 91
四、符合形式美的规律 … 92
五、掌握建筑标准、考虑经济条件 … 92
第二节 建筑构图规律要点 … 93
一、以简单的几何形体求统一 … 93
二、主从分明，重点突出 … 93
三、均衡与稳定 … 95
四、对比与微差 … 98
五、韵律与节奏 … 99
六、比例与尺度 … 100
第三节 建筑体型与立面设计方法 … 102
一、建筑体型设计方法 … 102
二、建筑立面设计方法 … 103
小结 … 109
复习思考题 … 110

第五章 建筑构造概述 … 111
第一节 建筑构造研究的对象及研究的目的 … 111
第二节 建筑物的基本组成及各组成部分的作用 … 111
第三节 影响建筑构造的因素 … 113
一、外界环境因素的影响 … 113
二、物质技术条件的影响 … 114
三、经济条件的影响 … 114
第四节 建筑构造设计原则 … 114
一、满足建筑使用功能要求 … 114
二、适应建筑工业化需要 … 114
三、考虑建筑的经济、社会和环境的综合效益 … 115
四、注意美观 … 115
小结 … 115
复习思考题 … 115

第六章 基础与地下室 … 116
第一节 基础 … 116
一、基础与地基 … 116
二、基础的埋深 … 116
三、基础的类型 … 116
第二节 地下室防潮、防水构造 … 119

  一、地下室防潮 ·· 119
  二、地下室防水 ·· 120
 小结 ··· 121
 复习思考题 ·· 122

第七章　墙 ·· 123
第一节　墙的类型和设计要求 ··· 123
  一、墙的类型 ·· 123
  二、墙体的设计要求 ·· 123
第二节　砖墙构造 ·· 127
  一、砖墙材料 ·· 127
  二、砖墙厚度和组砌方式 ·· 128
  三、砖墙的细部构造 ·· 129
第三节　隔墙构造 ·· 135
  一、块材式隔墙 ··· 135
  二、骨架隔墙 ·· 136
  三、板材隔墙 ·· 137
第四节　墙面装修 ·· 139
  一、墙面装修的作用 ·· 139
  二、墙面装修的分类 ·· 139
  三、墙面装修构造 ·· 139
 小结 ··· 146
 复习思考题 ·· 146
 墙体构造设计任务书 ··· 147

第八章　楼板与地面 ·· 148
第一节　楼板层的基本构成及其分类 ··· 148
  一、楼板层的作用及其基本构成 ·· 148
  二、楼板的类型 ··· 148
  三、楼板层的设计要求 ··· 149
第二节　钢筋混凝土楼板 ··· 150
  一、现浇钢筋混凝土楼板 ·· 150
  二、预制装配式钢筋混凝土楼板 ·· 153
  三、装配整体式钢筋混凝土楼板 ·· 157
第三节　楼板层其他构造 ··· 158
  一、楼板与隔墙 ··· 158
  二、顶棚 ··· 159
  三、楼板层的隔声构造 ··· 159
第四节　地坪与地面构造 ··· 161
  一、地坪构造 ··· 161
  二、地面构造 ··· 162

第五节 阳台与雨篷 ································· 167
 一、阳台 ··· 167
 二、雨篷 ··· 169
 小结 ··· 171
 复习思考题 ··· 172

第九章 楼梯 ··· 173
第一节 概述 ··· 173
 一、楼梯设计要求 ································· 173
 二、楼梯的组成及各组成部分的尺寸 ········· 173
第二节 钢筋混凝土楼梯构造 ···················· 177
 一、现浇钢筋混凝土楼梯 ························ 177
 二、预制装配式钢筋混凝土楼梯 ··············· 178
 三、细部构造 ·· 182
第三节 室外台阶与坡道 ··························· 185
 一、台阶与坡道的形式 ··························· 186
 二、台阶构造 ·· 186
 三、坡道构造 ·· 187
第四节 电梯 ··· 187
 一、电梯的组成 ···································· 187
 二、电梯井道构造 ································· 187
 小结 ··· 189
 复习思考题 ··· 190
 楼梯构造设计任务书 ······························ 190

第十章 屋顶 ··· 192
第一节 概述 ··· 192
 一、屋顶的类型 ···································· 192
 二、屋顶的设计要求 ······························ 193
第二节 屋顶排水设计 ······························ 194
 一、屋顶坡度选择 ································· 194
 二、屋顶排水方式 ································· 196
 三、屋顶排水组织设计 ··························· 196
第三节 卷材防水屋面的构造 ····················· 197
 一、卷材防水屋面的组成和做法 ··············· 197
 二、卷材防水屋面的细部构造 ·················· 199
第四节 刚性防水屋面 ······························ 202
第五节 瓦材屋面构造 ······························ 203
 一、瓦屋面的承重结构 ··························· 203
 二、瓦屋面的基层和防水层 ····················· 205
第六节 屋顶的保温与隔热 ························ 212

一、屋顶保温 ………………………………………………………… 212
　　二、屋顶隔热 ………………………………………………………… 214
　小结 …………………………………………………………………… 218
　复习思考题 …………………………………………………………… 219
　屋顶构造设计任务书 ………………………………………………… 220

第十一章　门和窗 …………………………………………………………… 222
　第一节　概述 ………………………………………………………… 222
　　一、门窗的作用和设计要求 ………………………………………… 222
　　二、门窗的类型与开启方式 ………………………………………… 222
　　三、门窗的组成与尺度 ……………………………………………… 224
　第二节　窗的构造 …………………………………………………… 225
　　一、木窗构造 ………………………………………………………… 225
　　二、金属窗和塑料窗 ………………………………………………… 228
　第三节　门的构造 …………………………………………………… 232
　第四节　特殊门窗 …………………………………………………… 236
　　一、保温门 …………………………………………………………… 237
　　二、隔声门窗 ………………………………………………………… 237
　　三、防火门窗 ………………………………………………………… 239
　第五节　建筑遮阳 …………………………………………………… 240
　　一、建筑遮阳的作用和类型 ………………………………………… 240
　　二、窗口构件遮阳的基本形式 ……………………………………… 240
　小结 …………………………………………………………………… 241
　复习思考题 …………………………………………………………… 242

第十二章　变形缝及建筑抗震 ……………………………………………… 243
　第一节　变形缝 ……………………………………………………… 243
　　一、伸缩缝 …………………………………………………………… 243
　　二、沉降缝 …………………………………………………………… 246
　　三、抗震缝 …………………………………………………………… 248
　第二节　民用建筑的抗震措施 ……………………………………… 248
　　一、地震与震害 ……………………………………………………… 248
　　二、震级与烈度 ……………………………………………………… 249
　　三、抗震设计的一般原则 …………………………………………… 250
　　四、砌体房屋的震害特点 …………………………………………… 251
　　五、抗震构造措施 …………………………………………………… 252
　小结 …………………………………………………………………… 256
　复习思考题 …………………………………………………………… 257

第十三章　建筑工业化 ……………………………………………………… 258
　第一节　基本概念 …………………………………………………… 258
　　一、建筑工业化的含义和特征 ……………………………………… 258

二、建筑工业化的发展和实现建筑工业化的条件 ································ 258
三、工业化建筑的类型 ·· 259
第二节　大板建筑 ·· 259
一、大板建筑的优缺点和适用范围 ·· 259
二、大板建筑的板材类型 ·· 260
三、大板建筑的节点构造 ·· 262
第三节　框架板材建筑 ·· 265
一、框架板材建筑的优缺点和适用范围 ······································ 265
二、框架结构类型 ·· 265
三、装配式钢筋混凝土框架的构件连接 ······································ 266
四、外墙板的类型、布置方式与连接 ·· 268
第四节　大模板建筑 ·· 270
一、大模板建筑的优缺点和适用范围 ·· 270
二、大模板建筑的类型 ·· 270
三、大模板建筑的墙体材料与节点构造 ······································ 271
第五节　其他类型的工业化建筑 ·· 272
一、滑模建筑 ·· 272
二、升板建筑 ·· 273
三、盒子建筑 ·· 275
小结 ·· 275
复习思考题 ·· 276

第二篇　工业建筑设计及构造

第十四章　工业建筑设计概述 ·· 277
第一节　工业建筑的类型、特点和设计要求 ·································· 277
一、工业建筑的类型 ·· 277
二、工业建筑的特点 ·· 278
三、工业建筑的设计要求 ·· 280
第二节　单层工业厂房结构类型 ·· 280
一、骨架结构 ·· 281
二、其他结构 ·· 282
第三节　单层工业厂房排架结构的组成 ······································ 283
第四节　单层工业厂房内部的起重运输设备 ·································· 283
一、单轨悬挂式吊车 ·· 284
二、梁式吊车 ·· 284
三、桥式吊车 ·· 284
小结 ·· 285
复习思考题 ·· 285

第十五章 单层工业厂房设计 286
第一节 单层厂房平面设计 286
- 一、总平面设计对厂房平面设计的影响 286
- 二、生产工艺对厂房平面设计的影响 287
- 三、厂房平面设计应满足的要求 288
- 四、厂房平面形式的选择 288
- 五、柱网选择 290
- 六、生活间 292

第二节 单层厂房剖面设计 295
- 一、生产工艺对厂房剖面设计的影响 295
- 二、厂房高度的确定 295
- 三、天然采光 297
- 四、自然通风 302
- 五、屋面排水方式 307

第三节 单层厂房定位轴线 308
- 一、横向定位轴线 309
- 二、纵向定位轴线 311
- 三、纵横跨连接处柱与定位轴线的联系 313

第四节 单层厂房立面设计 314
- 一、影响单层厂房立面设计的因素 314
- 二、墙面划分 316
- 小结 318
- 复习思考题 319

第十六章 单层厂房构造 321
第一节 外墙 321
- 一、砖外墙 321
- 二、钢筋混凝土板材墙 323

第二节 侧窗及大门 328
- 一、侧窗 328
- 二、大门 328

第三节 屋面构造 331
- 一、屋面组成与类型 331
- 二、屋面排水方式 331
- 三、屋面防水 332
- 四、屋面的保温与隔热 335
- 五、屋面细部构造 335

第四节 天窗构造 338
- 一、矩形天窗 338
- 二、平天窗 340

三、矩形通风天窗 …………………………………………………… 343
四、井式通风天窗 …………………………………………………… 345
小结 ………………………………………………………………… 348
复习思考题 ………………………………………………………… 349

绪 论

房屋建筑学是房屋建筑工程专业的一门必修课。它所阐明的建筑设计和建筑构造的基本原理和方法，对于未来从事结构设计和施工管理的工程师，都是必须了解的。通过本课程的学习，使他们对建筑工程具有较全面的、系统的、正确的认识。

建筑的含义从广义上讲，是指建筑物与构筑物的总称。住宅、旅馆、办公楼、体育馆等直接供人们居住、工作、学习及娱乐的建筑称为建筑物，我们常称之为建筑。而像水坝、烟囱、水塔等建筑则称为构筑物。无论是建筑物还是构筑物，都以一定的空间形式存在，从本质上讲，是人为创造的空间环境，是人们日常生活、生产不可缺少的场所。

第一节 建筑发展概况

几十万年以前的旧石器时代，人类祖先过着游牧、渔猎生活，为躲避风雨和野兽的袭击，他们不得不居住在树上和天然岩洞中，这还不能算真正意义上的建筑。到新石器时代，人们开始从事农牧业生产，开始定居，他们利用简单的工具，或架木为巢或洞穴而居，人类从此开始了建筑活动。这一时期许多地区已有村落的雏形出现。例如：我国西安有半坡村氏族聚落遗址。半坡遗址位于浐河东岸高地上，已发现密集排列的住房数十座，多呈圆形或方形平面（图1）。这充分说明，远在5000年前的新石器时代，对房屋的建造

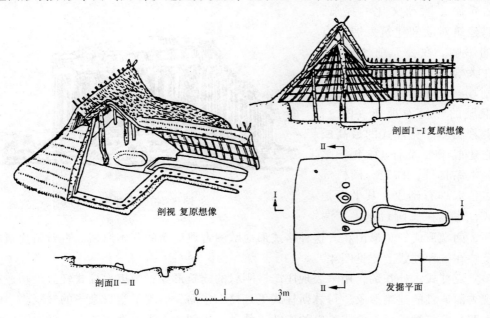

图1 西安半坡村遗址

技术已积累了相当的经验，形成了相当的规模。在奴隶社会及以后的长时期内，由于国内外的历史条件、意识形态、建筑技术水平、自然条件等方面的差别，建筑发展各不相同，现按建筑发展分述于后，国外以影响面大的西方建筑为主。

一、国外建筑发展概况

在公元前 4000 年以后，随着社会生产力的发展与原始社会基本瓦解，世界上出现了最早的奴隶制国家，其中古埃及、古希腊和古罗马的建筑，在世界建筑文明的发展中影响最为深远。在古埃及，公元前 3000 年就用石材建造神庙和国王的陵墓。著名的金字塔，就是法老（国王）修建的陵墓。其中最大的胡夫金字塔（即齐奥普斯金字塔）约建于公元前 2570 年。塔的外观呈正方锥形（图 2），底边长 232m，塔高 146.5m。塔身用石灰石块干砌而成。平均每个石块重 2.5t，约需用 230 万块石料，塔的表面原为 1 层磨光的石灰岩贴面，今以大部分剥落，塔内有 3 层墓室，上层为法老墓室，中层为王后墓室，地下室存放殉葬品，此塔由每批 10 万奴隶轮流劳动 30 年建成。金字塔以其庞大、沉重、稳定的体形屹立在一望无垠的沙漠上，历时近 5000 年，充分体现了劳动人民创造世界的聪明才智。

图 2　埃及胡夫金字塔

古希腊是欧洲文化的摇篮，古希腊建筑对欧洲建筑发展具有极大的影响。在公元前 5 世纪，雅典在大规模建设中，除神庙外已有剧场、议事厅等公共建筑。雅典卫城的帕提农神庙（图 3）代表着希腊多立克柱式的最高成就。它建成于公元前 431 年，除屋顶为木结构外，柱子、额枋等全用白色大理石砌成。其平面是回廊式，建立在三阶台基上，两坡屋顶，两端形成三角形山花。这种格式形成欧洲古典建筑的基本风格。古希腊建筑风格集中反映在三种柱式上，见图 4。

图 3　帕提农神庙

多立克柱式古朴苍劲，用来表现庄严、刚毅的建筑形象；爱奥尼柱式轻盈灵巧，最适宜表现秀丽典雅的建筑形象；科林斯柱式更是精细华丽，表现了富贵豪华的气氛。

古罗马建筑继承了古希腊建筑的成就，并进一步创新，为人类建筑宝库做出了巨大贡献。到公元前 200 年，已开始出现了由火山灰、石灰、碎石组成的天然混凝土，并用它浇

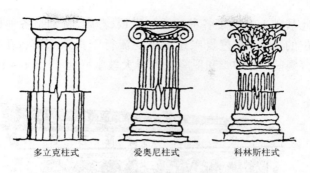

图4 古希腊建筑柱式

图5 罗马大斗兽场

筑混凝土拱圈,创造了穹窿顶和十字拱。图5为罗马大斗兽场,它建于公元70~82年。斗兽场平面为椭圆形,长轴188m,短轴156m,有60排座位,可容纳观众5~8万人。其外墙高达48.5m,分为4层,下层为券廊,顶层为实墙。

古罗马帝国灭亡以后,欧洲经过漫长的动乱时期进入了封建社会,这一时期的建筑极不发达。在古罗马建筑的影响下,12~15世纪以法国为中心发展了以天主教堂为代表的哥特式建筑。哥特式建筑采用骨架拱肋结构,使拱顶重量大为减轻,侧向推力随之减少,这在当时是一项伟大的创举。由于采用新的结构体系,垂直线型的拱肋几乎占据了建筑内部的所有部位,再加上拱的上端和建筑细部都处理成尖形以及彩色玻璃的运用,反映了中世纪手工业水平的提高和封建教会追求神秘气氛的企图,最具代表性建筑为巴黎圣母院,见图6,它建于公元1163~1320年,位于巴黎市中心塞纳河的斯德岛上,入口向西,平面尺寸为47m×133m,规模宏大,可容纳万人。

14世纪,首先从意大利开始了"文艺复兴运动",随后遍及全欧洲。文艺复兴是一场思想文化领域反封建、反宗教神学的运动,标志着资本主义萌芽时期的到来。这一时期的建筑在造型上排斥象征神权至上的哥特式建筑风格,提倡复兴古罗马时

图6 巴黎圣母院

期的建筑形式。在此基础上发展了各种重叠的拱顶、券廊,特别是各种柱式的巧妙运用。随着资产阶级政治地位的上升,文艺复兴建筑广泛流行于贵族府邸,王宫、教堂等建筑中,如意大利佛罗伦萨育婴院(图 7)和罗马圣彼得大教堂(建于 1506~1626 年)均是其代表性建筑(图 8)。

图 7　意大利佛罗伦萨育婴院

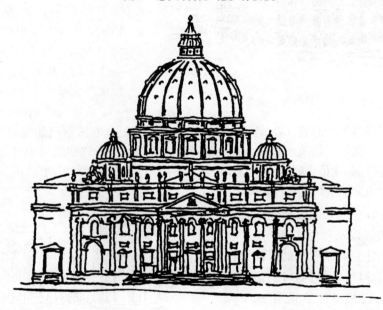

图 8　罗马圣彼得大教堂

随着资本主义的诞生(17~19 世纪),资产阶级对建筑提出了新的要求,出现了许多新的建筑类型。高度发展的工业又为建筑提供了新的建筑材料、新的建筑技术和先进设备。可是当时把持建筑界的是古典主义,因此新的建筑功能要求与古典主义所追求的建筑形式产生了尖锐的矛盾。如 19 世纪中期建成的美国国会大厦,基本上是仿照巴黎万神庙的造型(图 9)。

从 19 世纪末开始,近现代建筑的先驱者们在欧美各国开始探索新建筑运动,主张革新,反对复古主义和折衷主义的建筑风格。

到 20 世纪 20 年代,新建筑运动进入高潮,其中以"现代建筑"思潮的影响流传较广。其代表人物有德国的格罗皮乌斯和密斯·凡·德·罗,法国的勒·柯布西耶和美国的赖特

图9　美国国会大厦

等。他们的设计原则具有以下共同特点：(1)重视建筑的使用功能；(2)承认建筑具有艺术与技术的双重性；(3)认为建筑空间是建筑的实质，建筑设计是空间设计及其表现；(4)主张创造建筑新风格，反对套用历史上的建筑形式；(5)反对外加的建筑装饰，提倡建筑美应和使用功能、材料与结构相结合；(6)重视建筑的经济性。

这些主张大大推动了现代建筑事业的发展，出现了一大批具有时代精神的著名建筑物，如格罗皮乌斯在1925年领导设计包豪斯校舍(图10)。校舍采用灵活布局，按功能分区，把校舍合成整体，没有多余东西，建筑外表新颖美观。又如1928年由勒·柯布西耶设计的萨伏依别墅也是一幢很有名的建筑物，该建筑内部空间比较复杂，强调室内外互相沟通，有很大屋顶花园和横向窗户，外形较简洁，是一个支在立柱上的立方体，底部架空，有飘然凌空的感觉，充分体现了他根据框架结构的特点而提出的"新建筑五点"(图11)：(1)底层透空，只设立柱，绿化可引进底层；(2)平屋顶可做屋顶花园；(3)墙不承重，可灵活分割内部空间；(4)柱子可退到建筑物内，外墙开窗自由；(5)外墙可开设连续水平带形窗。

图10　包豪斯校舍

在建筑技术方面，西方建筑最早是以石料为主，也用砖瓦和木料，但长期变化不大。到了19世纪中期，建筑中开始使用钢铁；19世纪末期，出现了硅酸盐水泥，开始使用混凝土和钢筋混凝土，并发明了电梯。20世纪以来，铝、塑料陆续登上了建筑舞台，玻璃的品种与质量不断提高与改善，在建筑中的用途更加广泛。随着建筑材料的发展，新结构不断涌现，出现了薄壳结构、折板结构、悬索结构、网架结构、筒体结构等，从而为大跨度建筑和高层建筑提供了物质技术条件。如建于芝加哥的西尔斯大厦。它建于1970~1974年，建筑地上110层，总高为443m，是当时世界上最高建筑（图12）。其次还有著名的悉

图 11　萨伏依别墅

图 12　西尔斯大厦

尼歌剧院（图 13）、罗马小体育馆等（图 14）一大批优秀建筑。

二、中国古建筑发展概况

中国奴隶社会经历了夏、商、周、春秋时期的 1600 多年（公元前 2100～前 476 年）。根据在河南郑州的考古发掘，已发现商朝时期的若干住所和手工业作坊的遗址，开始出现板筑墙和夯土技术。在河南安阳小屯村还发掘出商朝的宫室遗址，证明当时已有相当规模的木构架建筑，由于土和木材综合运用，几千年前，我国就把"土木"作为建筑的代名词。根据洛阳考古发掘出西周时期的版瓦、筒瓦和脊瓦来看，在距今 3000 年的西周时期，已掌握了使用陶瓦的屋面防水技术。

我国封建社会从战国到清朝，经历了 2400 多年，在这漫长的岁月中，中国古建筑逐步形成了自身独特的建筑体系，并集中体现在寺庙、宫殿、佛塔、陵墓、园林建筑中。

秦统一中国，封建社会开始，大兴土木，迁六国宫殿于秦都咸阳。使刑徒 70 万建宫

图 13　悉尼歌剧院

图 14　罗马小体育馆

室，筑长城，造骊山陵。咸阳周围离宫别馆弥山跨谷，延绵 70 余里。史书记载阿房宫前殿"东西五百步，南北五十丈，上可以坐万人，下可以建五丈旗……"。是中国古代最宏伟的宫殿建筑之一。

西汉王朝是中国历史上最强盛的朝代之一，建都长安。大规模兴建宫殿，著名的有未央宫、长乐宫、建章宫、桂宫等。汉代皇宫的特点是在宫中堆山、凿池、开辟园林。

文物发掘中证实，汉代已经有了斗栱的做法。制砖技术发达，有空心砖、楔形砖、企口砖。

魏晋南北朝开始出现规整的方形城市布局，宫殿建筑开始出现对称排列的"三朝"制，这些都对后来有重要影响。

东汉时佛教传入中国，魏晋南北朝时大盛，出现了以前未有过的建筑类型——寺庙和塔。塔由印度建筑形式演变而来，和中国传统的建筑相结合形成新的形式。

图 15 为山西应县佛宫寺释迦塔，又称应县木塔，建于辽代，全木结构，高 67.3m，是国内现存最早的木塔，也是世界上最高木结构建筑。

图 16 为河南登封嵩岳寺塔。它建于北魏（公元 523 年），是我国现存最早的密檐

图 15　山西应县佛宫寺释迦塔

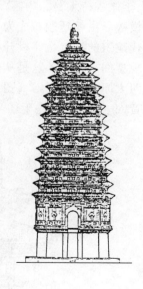

图 16　嵩岳寺砖塔

砖塔。该塔为15层，高39.5m，全部用灰黄色砖砌成。其平面为十二边形，底层直径10.6m，内部空间直径5m，壁体厚2.5m。塔的造型挺拔秀丽，距今已成功经受住近1500年考验。足见当时砖砌结构技术已相当成熟。

隋唐时期是中国建筑发展的成熟期。都城有完整规划，棋盘格式的里坊。

皇宫规模宏大。长安大明宫东西宽1600多米，南北长近2400m，比今北京故宫大几倍。寺庙建筑进一步发展，规模宏伟壮观。

唐代建筑的造型特点：（1）屋面坡度较平缓；（2）斗栱硕大，柱身较矮，屋檐挑出远；（3）屋面有生起。

山西五台县佛光寺大殿和南禅寺大殿是目前国内保存完整的两座唐代木构建筑。是唐代建筑风格的典型。佛光寺大殿（图17），建于公元857年，采用庑殿式屋顶，抬梁式木构架和斗栱，是唐代木结构殿堂范例。

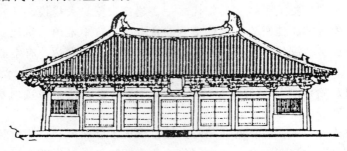

图17 佛光寺大殿

宋代是中国建筑发展的定型期，出现了中国历史上第一部最完整的建筑专著《营造法式》，由李诫主持编纂，内容涉及建筑设计、施工、材料、管理等各个方面。提出了以材为建筑模数。由朝廷颁布成为一部完整的建筑法规。

宋代建筑的特点是斗栱开始变小，屋面开始变陡。大量出现楼阁式建筑，尤其是在寺庙中出现楼阁式建筑，这是从宋代开始的。

山西太原晋祠圣母殿（图18）建于北宋时期，是宋代建筑式样的典型。天津蓟县独乐寺观音阁（图19），建于辽（与宋同时），是宋代楼阁式建筑的典型。

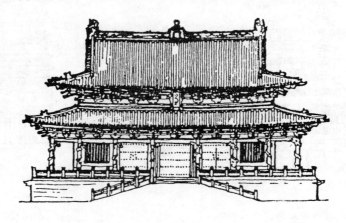

图18 晋祠圣母殿

图 19　独乐寺观音阁

元代建筑基本上沿袭宋代建筑的特点。山西芮城永乐宫三清殿（图20），建于元代，是保存完好的元代建筑的典型。

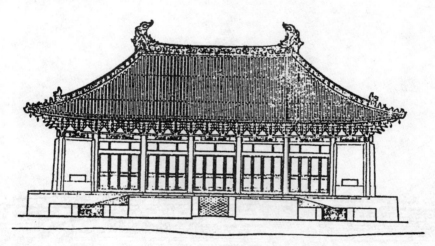

图 20　永乐宫三清殿

明、清两代是中国古代建筑发展的最后一个高潮，同时也是走向衰落的开始。

皇宫建筑规划严整，严格按古代礼制要求布局，"左祖右社"，"五门三朝"。北京故宫是完整保存下来的明清宫殿建筑群，其中重要建筑是太和殿，见图21。

坛庙建筑发展到最高水平，北京天坛是明清坛庙建筑，也是整个中国古代坛庙建筑艺术的最高峰，见图22。

清代工部颁布《工程做法则例》，是中国古代又一部完整的建筑法规。它在宋《营造法式》的基础上将建筑的做法进一步定型化，规定以斗口为模数，虽然给设计施工带来方便，但过于程式化，僵化，失去活力。

明、清建筑做法特点：(1) 斗栱进一步变小，明代的小于宋代的，清代的又小于明代的。(2) 屋面坡度进一步变陡，明代比宋代陡，清代又比明代陡。(3) 屋顶没有生起，屋脊和檐口完全平直。

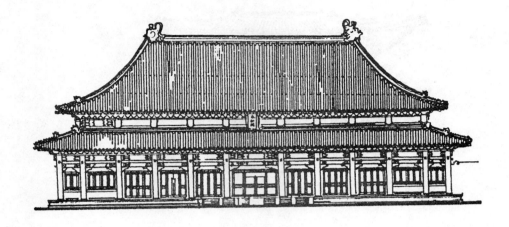

图 21　故宫太和殿

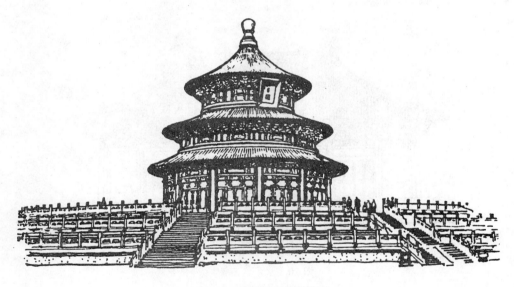

图 22　北京天坛祈年殿

明清时期是园林艺术发展的高峰，形成了皇家园林和私家林两种不同的风格类型。皇家园林占地大、大山大水、视野开阔，建筑华丽，布局方式以总体的自由布局和部分的中轴对称布局相结合，私家园林占地小，小桥流水，林荫曲径，建筑朴素淡雅，结合地形环境自由布局。

明代计成所著《园冶》一书，详述园林设计思想和具体做法，是我国古代最完备的一部园林学专著。

三、我国近现代建筑发展

1840年鸦片战争后，中国沦为半殖民地半封建社会。随着殖民主义和帝国主义的入侵，西方建筑也开始传入中国，使中国建筑发生急剧的变化。但在当时的社会经济条件下，中国的建筑发展是非常缓慢的，只是在解放后，才有了较为迅速的发展。

1949年中华人民共和国成立以来，经过国民经济恢复时期，从1953年起便开始了大规模有计划的经济建设。

在1966年以前，国家投资建设的重点为重工业建设，一大批冶金、机械、煤炭、化工、建材、电力、石油、纺织、仪表、轻工业、食品工业等各种工厂相继建立起来，为我国的社会主义工业化奠定了物质基础。

随着工业建设的高潮，城市建设也取得了迅速发展，新的城市在各地不断涌现，古老城市旧貌换新颜。住宅及公共建筑如学校、商店、影剧院、医院、体育馆等大量地兴建起来。特别是在20世纪50年代末期，为了庆祝建国10周年，在首都北京修建了一批雄伟的公共建筑，如人民大会堂、中国革命博物馆、中国历史博物馆、北京火车站、民族文化宫、中国美术馆、农业展览馆、革命军事博物馆、北京工人体育馆（1961年建成）等。这些公共建筑体现了中国人民的英雄气概和国家的繁荣昌盛，标志着我国建筑技术在当时已达到相当高的水平。

图23为上海体育馆，建成于1975年，建筑面积为47800m^2，比赛馆平面为圆形，直径114m，可满足多种功能需要。建筑物的四周采用大片浅蓝色吸热玻璃，配合白色竖线条，形成白蓝分明的明快基调。

图23 上海体育馆

1976年以后，特别是党的十一届三中全会以来，建筑业的发展进入了新的高潮。据统计，建国35年来，国家投资所竣工的各类房屋达27.3亿多平方米，其中1979～1983年的5年中竣工面积达8.73亿多平方米，占35年建筑总面积的31%；35年国家投资修建职工及居民住宅为7.27亿m^2，其中，1979～1983年修建了4亿m^2，占35年总面积的43%。由此可见，近几年来建筑发展达到了突飞猛进的程度。也说明国家对于改善广大人民群众的居住条件，提高居住水平，给予了高度重视。现在数十万个工业项目星罗棋布，遍及全国，千百万幢高楼大厦鳞次栉比，突兀而起。全国城乡一片欣欣向荣。

我国的建筑业现已成为国民经济中重要物质生产部门。它拥有的职工队伍，约占全国职工人数的7%。它所完成的建筑安装工作量，在1952～1981年的30年中，占同期社会总产值的7%～8%。不仅完成了巨大的工程量，而且技术水平日新月异，不断提高。我们能独立自主地设计和建造大型工业企业，能设计和建造现代化的高级宾馆、高层和大跨度的公共建筑。比较完满地解决了高层建筑中的结构选型、地基与基础、垂直交通、防火防灾、暖通空调等多方面的复杂技术问题。1982年建成的广州白天鹅宾馆，地面以上为

34层，总高度100m，建筑平面呈长腰鼓形。体型为高低层结合，轻巧明快，简洁而有变化。深圳国际贸易中心大厦，53层，高约160m，是国内较高的建筑之一。如新近落成的上海金茂大厦高420.5m，88层，是目前国内第一、世界第三高楼。

第二节 建筑的构成要素与建筑方针

一、建筑的构成要素

构成建筑的基本要素是建筑功能、物质技术条件、建筑形象。

（一）建筑功能

建筑功能即房屋的使用需要，它体现了建筑物的目的性。例如，建设工厂是为了生产，修建住宅是为了居住、生活和休息，建造剧院是为了文化生活的需要。因此，满足生产、居住和演出的要求，就分别是工业建筑，住宅建筑、剧院建筑的功能要求。

各类房屋的建筑功能不是一成不变的，随着社会生产的发展，经济的繁荣，物质和文化水平的提高，人们对建筑功能的要求也将日益提高。以我国住宅建筑为例，现在的面积指标和生活设施的安排等，其水平就大大高于20世纪70年代。所以建筑功能的完善程度要受一定历史条件的限制。

（二）物质技术条件

物质技术条件是实现建筑的手段。它包括建筑材料、结构与构造、设备、施工技术等有关方面的内容。建筑水平的提高，离不开物质技术条件的发展，而后者的发展，又与社会生产力的水平、科学技术的进步有关。以高层建筑在西方的发展为例，19世纪中叶以后，由于金属框架结构和蒸汽动力升降机的出现，高层建筑才有了实现的可能性。随着建筑技术的进步、建筑设备的完善、新材料的出现、新结构体系的产生，为促进高层建筑的广泛发展奠定了物质基础。

（三）建筑形象

建筑形象是建筑体型、立面处理、室内外空间的组织、建筑色彩与材料质感、细部装修等的综合反映。建筑形象处理得当，就能产生一定的艺术效果，给人以一定的感染力和美的享受。例如我们看到的一些建筑，常常给人以庄严雄伟、朴素大方、生动活泼等不同的感觉，这就是建筑艺术形象的魅力。

建筑构成三要素彼此之间是辩证统一的关系，不能分割，但又有主次之分。第一是功能，是起主导作用的因素；第二是物质技术条件，是达到目的的手段，但是技术对功能又有约束和促进的作用；第三是建筑形象，是功能和技术的反映，但如果充分发挥设计者的主观作用，在一定功能和技术条件下，可以把建筑设计得更加美观。

二、建筑方针

我国建设部先后于1986年和1997年两次制定了"中国建筑技术政策"，并提出"建筑的主要任务是全面贯彻适用、安全、经济、美观的方针"。

适用系指恰当地确定建筑物的面积和体积大小，合理的布局，拥有必需的各项设施，具有良好的卫生条件和保暖、隔热、隔声的环境。

安全系指结构和防灾的可靠度、疏散及报警能力，建筑的耐久性，使用寿命等。

经济系指建筑的经济效益、社会效益和环境效益。建筑的经济效益是指建筑造价、材料能源消耗、建设周期、投入使用后的经常运行和维修管理费用等综合经济效益。要防止片面强调降低造价、节约三大材料，使建筑处于质量低、性能差、能耗高、污染严重的状态。

建筑的社会效益是指建筑在投入使用前后，对人口素质、国民收入、文化福利、社会安全等方面所产生的影响。

建筑的环境效益是指建筑投入使用前后，环境质量发生的变化，例如日照、噪声、生态平衡、景观等方面的变化。

美观是在适用、安全、经济的前提下，把建筑美与环境美列为设计的重要内容。美观是建筑造型、室内装修、室外景观等综合艺术处理的结果。对城市及环境起重要影响的建筑物，要特别强调美观因素，使其为整个城市及环境增色。对住宅建筑要注意群体艺术效果，实现多样化，发扬地方风格。对风景区和古建筑保护区，要特别注意保护原有风景特色和古建筑环境。建筑艺术形式和风格应多样化，鼓励设计者进行多种探索，繁荣建筑创作，提倡"古今中外一切精华皆为我用"。

适用、安全、经济、美观这一建筑方针既是建筑工作者进行工作的指导方针，又是评价建筑优劣的基本准则。它是建筑三要素的全面体现。读者应深入理解建筑方针的精神，把它贯彻到工作中去。

第三节　建筑的分类与分等

一、建筑分类

为了便于掌握各类建筑的规律和特征，常从不同角度进行分类。

建筑一般按以下三种特征进行分类。

（一）按建筑的使用功能分类

1. 民用建筑

（1）居住建筑　如住宅、集体宿舍等。

（2）公共建筑　它包括：

1）办公建筑　如机关、企事业单位的办公楼等。

2）文教建筑　如学校、实验室、图书馆、文化宫、博物馆、艺术馆等。

3）托幼建筑　如托儿所、幼儿园等。

4）医疗建筑　如医院、门诊部、疗养院等。

5）商业建筑　如商店、商场、百货公司等。

6）观演建筑　如电影院、剧院、音乐厅、杂技场等。

7）体育建筑　如体育场、体育馆、游泳馆等。

8）展览建筑　如展览馆、博物馆等。

9）旅馆建筑　如宾馆、旅馆、招待所等。

10）交通建筑　如铁路客运站、长途汽车站、水路客运站（港）、航空港等。

11）通讯建筑　如邮局、电信楼、广播电视台、国际卫星通信地面站等。

12）园林建筑　如公园、动物园、植物园、庭园、宅园、小游园、花园等。

13）纪念建筑　如纪念碑、纪念堂、纪念馆等。

2．工业建筑

指为工业生产服务的生产车间、辅助车间、动力用房、仓贮用房等。

3．农业建筑

指供农牧业生产和加工用的建筑，如温室、畜禽饲养场、水产品养殖场、农畜产品加工厂、农产品仓库、农机修理厂（站）等。

（二）按建筑规模和数量分类

分为大量性建筑和大型性建筑。

1．大量性建筑

大量性建筑是指建筑规模不大，但修建数量多、分布面广的建筑，如住宅、学校、商店、医院、中小型影剧院、中小型工厂等。

2．大型性建筑

大型性建筑是指规模大、耗资多的大型建筑，如大型体育馆、航空港、火车站、博览馆以及大型工厂等。

（三）按建筑层数和高度分类

1．住宅按层数为

1～3层为低层；

4～6层为多层；

7～9层为中高层；

10层及10层以上为高层。

2．公共建筑按高度划分

公共建筑及综合性建筑高度超过24m者为高层建筑；如高度虽超过24m，但是为单层者，不属高层建筑。

1972年国际高层会议规定9～40层（最高100m）为高层，按我国《民用建筑设计通则》JGJ37—87规定，无论住宅建筑还是公共建筑，建筑物高度超过100m时均为超高层。

二、建筑等级

为了控制设计质量标准，常从不同角度出发，将建筑物划分为不同等级，主要有耐久性等级和耐火等级。

（一）耐久性等级

依据主体结构确定的建筑耐久年限分以下四级：

一级：100年以上　　适用于重要的建筑和高层建筑；

二级：50～100年　　适用于一般性建筑；

三级：25～50年　　 适用于次要的建筑；

四级：15年以下　　 适用于临时性建筑。

由于耐久性等级的不同，在设计与建造房屋时，要选择与耐久年限相应的材料与结构。

（二）耐火等级

建筑物的耐火等级由组成建筑物的构件的燃烧性能和耐火极限来确定。按现行《建筑设计防火规范》GBJ16—87，将建筑物划分成四个耐火等级，见表1。

建筑物构件的燃烧性能和耐火极限　　　　　　　　　表1

构件名称		耐火等级 一级	二级	三级	四级
墙	防火墙	非燃烧体 4.00	非燃烧体 4.00	非燃烧体 4.00	非燃烧体 4.00
	承重墙、楼梯间、电梯井的墙	非燃烧体 3.00	非燃烧体 2.50	非燃烧体 2.50	难燃烧体 0.50
	非承重外墙、疏散走道两侧的隔墙	非燃烧体 1.00	非燃烧体 1.00	非燃烧体 0.50	难燃烧体 0.25
	房间隔墙	非燃烧体 0.75	非燃烧体 0.50	难燃烧体 0.50	难燃烧体 0.25
柱	支承多层的柱	非燃烧体 3.00	非燃烧体 2.50	非燃烧体 2.50	难燃烧体 0.50
	支承单层的柱	非燃烧体 2.50	非燃烧体 2.00	非燃烧体 2.00	燃烧体
梁		非燃烧体 2.00	非燃烧体 1.50	非燃烧体 1.00	难燃烧体 0.50
楼板		非燃烧体 1.50	非燃烧体 1.00	非燃烧体 0.50	难燃烧体 0.25
屋顶承重构件		非燃烧体 1.50	非燃烧体 0.50	燃烧体	燃烧体
疏散楼梯		非燃烧体 1.50	非燃烧体 1.00	非燃烧体 1.00	燃烧体
吊顶（包括吊顶搁栅）		非燃烧体 0.25	难燃烧体 0.25	难燃烧体 0.15	燃烧体

注：以木柱承重且以非燃烧材料作为墙体的建筑物，耐火等级应按四级确定。

现就构件耐火极限和燃烧性能作如下说明：

（1）构件的耐火极限是指对任一建筑构件按时间-温度标准曲线进行耐火试验，从受到火的作用时起，到失去支持能力或完整性被破坏或失去隔火作用时为止的这段时间，用小时表示。

我国消防研究人员对各种构件的耐火极限均作了测试，其数值详见现行《建筑设计防火规范》，设计时可查阅。

（2）构件的燃烧性能

构件的燃烧性能分为三类：

1）非燃烧体：指用非燃烧材料做成的构件，如天然石材、人工石材、金属材料等。

2）难燃烧体：指用不易燃烧的材料做成的构件，或者用燃烧材料做成，但用非燃烧材料作为保护层的构件，例如沥青混凝土构件、木板条抹灰的构件等。

3）燃烧体：指用容易燃烧的材料做的构件，如木材等。

有关各种建筑构件燃烧性能详载于《建筑设计防火规范》GBJ16—87。

第四节 建筑模数协调统一标准

为了实现工业化大规模生产，使不同材料、不同形式和不同制造方法的建筑构配件、组合件具有一定的通用性和互换性，在建筑业中必须共同遵守《建筑模数协调统一标准》GBJ2—86。现就其中的基本条文作一介绍。

建筑模数：指选定的尺寸单位，作为尺寸协调中的增值单位，也是建筑设计、建筑施工、建筑材料与制品、建筑设备、建筑组合件等各部门进行尺度协调的基础。

一、基本模数

模数协调中选用的基本尺寸单位，基本模数的数值规定为100mm，表示符号为M，即1M等于100mm。整个建筑物或其一部分以及建筑组合件的模数化尺寸都应该是基本模数的倍数。

二、扩大模数

指基本模数的整倍数。扩大模数的值为3M、6M、12M、15M、30M、60M等6个，其相应的尺寸分别为300、600、1200、1500、3000、6000mm。在砖混结构住宅中，必要时可采用3400、2600mm为建筑参数。

三、分模数

整数除基本模数数值。分模数的基数为M/10、M/5、M/2等3个，其相应的尺寸为10、20、50mm。

模数适用范围如下：

(1) 基本模数主要用于门窗洞口、构配件断面尺寸及建筑物的层高。

(2) 扩大模数主要用于建筑物的开间、进深、柱距、跨度，建筑物高度、层高、构配件尺寸和门窗洞口尺寸。

(3) 分模数主要用于缝隙、构造节点、构配件断面尺寸。

小　　结

(1) 建筑是人工创造的室内外空间环境，直接供人使用的建筑叫建筑物，不直接供人使用的建筑叫构筑物。

(2) 建筑起源于新石器时代，西安半坡村遗址、欧洲的巨石建筑是人类最早的建筑活动例证。商代创造的夯土版筑技术，西周创造的陶瓦屋面防水技术体现了我国奴隶社会时期建筑的巨大成就。埃及金字塔、希腊帕提农神庙、罗马斗兽场是欧洲奴隶社会的著名建筑。巴黎圣母院是欧洲封建社会著名建筑，它的骨架拱肋结构是一伟大创举。意大利的圣彼得教堂和意大利佛罗伦萨美狄奇府邸是欧洲文艺复兴建筑的代表。19世纪末掀起的新建筑运动开创了现代建筑的新纪元，德国的包豪斯校舍体现了新功能、新材料、新结构的和谐与统一。大跨度建筑和高层建筑集中反映了现代建筑的巨大成就，举世闻名的悉尼歌剧院、罗马小体育馆、芝加哥西尔斯大厦都是现代建筑的著名代表。

山西应县佛宫寺木塔、嵩岳寺砖塔、佛光寺大殿、晋祠圣母殿、独乐寺观音阁、故宫太和殿、天坛祈年殿等是我国封建社会各历史时期建筑的代表作，它集中体现了中国古代建筑的特征。建国后我国在城市建设，民用建筑和工业建筑等方面取得了举世瞩目的成就。

（3）建筑功能、物质技术条件和建筑形象是建筑的三要素，三者之间是辩证统一的关系。我国的建筑方针是适用、安全、经济、美观。

（4）建筑按功能分为民用建筑、工业建筑和农业建筑，按规模分为大量性建筑和大型性建筑；按层数分为低层、多层、高层和超高层建筑。建筑按耐久性分为四等，使用年限分别为100年以上，50～100年，25～50年，15年以下。建筑的耐火等级分为四级，分级的依据是构件的耐火极限和燃烧性能。

（5）实行建筑模数协调统一标准的目的是为了推进建筑工业化。其主要内容包括建筑模数、基本模数、扩大模数、分模数等。

复习思考题

1. 建筑的含义是什么？什么是建筑物和构筑物？
2. 中外建筑在发展过程的各个时期有哪些重大成就？有哪些代表性建筑？
3. 构成建筑的三要素是什么？如何正确认识三者的关系？
4. 适用、安全、经济、美观的建筑方针所包含的具体内容是什么？
5. 什么叫大量性建筑和大型性建筑？
6. 建筑按功能、按规模划分成哪些类？
7. 住宅建筑与公共建筑按层数分为哪些类？
8. 什么叫构件的耐火极限与燃烧性能？建筑物的耐火等级如何划分？耐久等级又如何划分？
9. 实行建筑模数协调统一标准的意义何在？什么叫建筑模数、基本模数、扩大模数和分模数？它们的适用范围是什么？

第一篇 民用建筑设计与构造

第一章 民用建筑设计概述

第一节 建筑设计内容

民用建筑的设计内容包括建筑、结构和设备设计等专业。

一、建筑设计

建筑设计的主要任务是根据任务书及国家有关建筑方针政策，对建筑单体或总体作出合理布局，提出满足使用和观感要求的设计方案，解决建筑造型，处理内外空间，选择围护结构材料，解决建筑防火、防水等技术问题，作出有关构造设计和装修处理。一般由建筑师完成。

二、结构设计

结构设计是在建筑方案确定的条件下，解决结构选型、结构布置，分析结构受力，对所有受力构件作出设计。一般由结构工程师完成。

三、设备设计

设备设计主要包括给水排水、电气照明、暖通空调通风、动力等方面设计，一般由相应专业设备工程师在建筑方案确定条件下作出专业计算与设计。

从上述各专业承担的任务中，可以明显的看到，尽管各专业完成的任务不同，但同时都为同一目的———幢建筑的设计而共同工作。这就要求专业之间紧密配合，密切合作，当出现矛盾时，要互相协商解决。同时也看到，结构、水暖电等设计都是在建筑方案的基础上进行的，所以，在民用建筑设计中，建筑方案起着决定性的作用。而建筑专业在作方案时，不仅要考虑建筑功能、建筑艺术，还要综合考虑结构设备等专业的要求，尊重这些专业本身规律，在各专业间起综合协调作用。各专业的设计图纸、计算书、说明书及概预算构成一套完整的建筑工程文件，以此作为建筑工程施工的依据。

第二节 设计程序

一、设计前的准备工作

（一）熟悉设计任务书

设计任务书是建设单位向设计单位在委托设计时必须提交的文件。内容包括：

（1）上级批准的该项目的计划。一般包括计划项目、规模、投资、资金来源及分年投资安排等。

（2）经城建部门批准的该项目的建设用地范围及红线位置。

（3）建设单位对设计项目的具体使用要求和意见。包括房间类型、数量、面积，建筑设备及进度要求等。

对以上内容，设计人员必须熟悉，并按有关文件或标准给予必要校核。在征得建设单位同意的情况下，也可对其要求作必要补充和修改。

（二）收集必需的原始设计资料

必需的原始设计资料，对设计有指导作用，一般应收集：

（1）有关设计项目的定额指标及标准。有些建筑类型（如住宅、中小学、医院等），国家有关部门已明确规定了指标及标准，设计者可直接使用；有的建筑类型，国家仅有概略指标如千人指标、单位建筑面积等，设计者可参照执行；还有些建筑类型，国家暂时尚无统一规定，设计者可借鉴同类型工程的设计经验，选用适当的定额指标。

（2）建设地点的气象、水文、地质、地震资料。其内容包括温度、湿度、降雨量、风向、风速、积雪与冻土深度、地下水位及水质、地质勘探资料、地震烈度等。它们是设计中应采取的技术措施的主要依据。

（3）建设地点材料供应及施工条件。了解当地地方建筑材料品种、规格、性能、价格；了解预制构件加工能力、质量、当地施工技术力量及机械化施工能力强弱，以便在设计中就地取材，选用与当地技术条件相适应的结构方案。

（三）设计前的调查研究

（1）学习有关方针政策及了解国内外同类型工程的设计资料。

（2）调查建筑物的使用要求。可深入访问使用和设计单位有实践经验的人员；参观同类已建房屋，深入研究其设计特点和实际使用中的优缺点，以便吸取经验。

（3）基地踏勘。设计人员到建设基地内做深入调查，了解、核对基地地形地貌、基地方位及长宽尺寸、基地面积、道路走向、现有建筑及树木概况、基地周围环境等；了解当地生活习惯、历史变迁和传统建筑形式、建设经验等，以便使设计与当地环境协调。

二、设计阶段划分

建筑设计通常按初步设计和施工图设计两个阶段进行。大型民用建筑，在初步设计之前应进行方案设计。小型建筑工程可用方案设计代替初步设计。对于技术上复杂而又缺乏设计经验的工程，可增加技术设计阶段。

下面就各设计阶段设计内容与要求分别加以说明。

（一）初步设计阶段

1. 任务与要求

初步设计是为主管部门审批而提供的文件，也是技术设计和施工图设计的依据。

初步设计阶段的任务是提出设计方案。即根据设计任务书的要求和收集到的必要基础资料，结合基地环境，综合考虑技术经济条件和建筑艺术的要求，对建筑总体布置、空间组合进行可能与合理的安排，提出二个或多个方案供建设单位选择。在已确定的方案基础上，进一步充实完善，综合成为较理想的方案，并绘制成初步设计，供主管部门审批。

初步设计的主要要求如下：

(1) 初步设计应确定建筑物的位置及组合方式，确定结构类型方案，选定建筑材料，各种设备系统的选型以及说明设计意图。

(2) 初步设计应对本工程的设计方案及重大技术问题的解决方案进行综合技术分析，论证技术上的先进性、可能性及经济上的合理性，并提出概算书。

(3) 初步设计图纸和文件应满足征地、主要设备材料订货、确定工程造价、控制基建投资及进行施工准备的要求。

2．初步设计的图纸和文件

初步设计一般包括设计说明书、设计图纸、主要设备材料表和工程概算等四部分，具体的图纸和文件有：

(1) 设计总说明：设计指导思想及主要依据，设计意图及方案特点，建筑结构方案及构造特点，建筑材料及装修标准，主要技术经济指标以及结构、设备等系统的说明。

(2) 建筑总平面图：比例1:500、1:1000，应表示用地范围，建筑物位置、大小、层数及设计标高，道路及绿化布置，技术经济指标，地形复杂时，应表示粗略的竖向设计意图。

(3) 各层平面图、剖面图、立面图：比例1:100、1:200，应表示建筑物各主要控制尺寸，如总尺寸、开间、进深、层高等，同时应表示标高，门窗位置，室内固定设备及有特殊要求的厅、室的具体布置，立面处理，结构方案及材料选用等。

(4) 工程概算书：建筑物投资估算，主要材料用量及单位消耗量。

(5) 大型民用建筑及其他重要工程，必要时可绘制透视图、鸟瞰图或制作模型。

(二) 技术设计阶段

初步设计经建设单位同意和主管部门批准后，就可以进行技术设计。技术设计是初步设计具体化的阶段，也是各种技术问题的定案阶段。主要任务是在初步设计的基础上进一步解决各种技术问题，协调各工种之间技术上的矛盾。经批准后的技术图纸和说明书，即为编制施工图、主要材料设备定货及工程拨款的依据文件。

技术设计的图纸和文件与初步设计大致相同，但更详细些。具体内容包括整个建筑物和各个局部的具体做法，各部分确切的尺寸关系，内外装修的设计，结构方案的计算和具体内容，各种构造和用料的确定，各种设备系统的设计和计算，各技术工种之间各种矛盾的合理解决，设计预算的编制等。这些工作都是在有关各技术工种共同商议之下进行的，并应相互认可。对于不太复杂的工程，技术设计阶段可以省略，把这个阶段的一部分工作内容并入初步设计阶段（承担技术设计部分任务的初步设计称为扩大初步设计），另一部分工作则留待施工图设计阶段进行。

(三) 施工图设计阶段

1．任务与要求

施工图设计是建筑设计的最后阶段,是提交施工单位进行施工的设计文件,必须根据上级主管部门审批同意的初步设计(或技术设计)进行施工图设计。

施工图设计的主要任务是满足施工要求,解决施工中的技术措施、用料及具体做法。因此,必须满足以下要求:

(1) 施工图设计应综合建筑、结构、设备等各种技术要求。因此,要求各专业工种相互配合、共同工作,反复修改,使图纸做到简明统一、精确无误。

(2) 施工图应详尽准确地标出工程的全部尺寸、用料做法,以便施工。

(3) 要注意因地制宜,就地取材,并注意与施工单位密切联系,使施工图符合材料供应及施工技术条件等客观情况。

(4) 施工图绘制应明晰,表达确切无误,应按国家现行有关建筑制图标准执行。

2. 施工图设计的图纸和文件

施工图设计的内容包括建筑、结构、水电、采暖通风等工种的设计图纸、工程说明书,预算书。具体图纸和文件有:

(1) 建筑总平面图:比例1:500、1:1000。应表明建筑用地范围,建筑物及室外工程(道路、围墙、大门、挡土墙等)的位置、尺寸、标高,建筑小品,绿化美化设施的布置,并附必要的说明及详图,技术经济指标,地形及工程复杂时应绘制竖向设计图。

(2) 建筑物各层平面图、剖面图、立面图:比例1:50、1:100、1:200。除表达初步设计或技术设计内容以外,还应详细标出门窗洞口、墙段尺寸及必要的细部尺寸、详图索引。

(3) 建筑构造详图:建筑构造详图包括平面节点、檐口、墙身、阳台、楼梯、门窗、室内装修、立面装修等详图。应详细表示各部分构件关系、材料尺寸及做法、必要的文字说明。根据节点需要,比例可分别选用1:20、1:10、1:5、1:2、1:1等。

(4) 各工种相应配套的施工图纸,如基础平面图、结构布置图、钢筋混凝土构件详图,水电平面图及系统图,建筑防雷接地平面图等。

(5) 设计说明书:包括施工图设计依据,设计规模、面积、标高定位、用料说明等。

(6) 工程预算书。

第三节 建筑设计依据

一、人体尺度及人体活动的空间尺度

人体尺度及人体活动所需的空间尺度是确定民用建筑内部各种空间尺度的主要依据。比如门洞、窗台及栏杆的高度,踏步的高宽,家具设备的大小、高低,以及建筑内部使用空间的尺度等都与人体尺度及人体活动所需的空间尺度有关。我国中等成年男子平均身高为1670mm,女子为1560mm,人体尺度和人体活动所需的空间尺度如图1-1所示。

二、家具、设备尺寸及其所需的必要空间

房间内家具设备的尺寸,以及人们使用它们所需的空间尺寸,加上必要的交通面积,基本上确定了房间内部空间的大小。

图1-2为居住建筑常用家具尺寸示例。

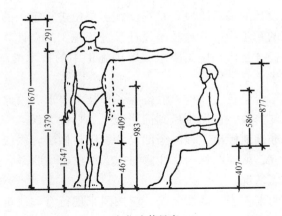

（a）人体尺度

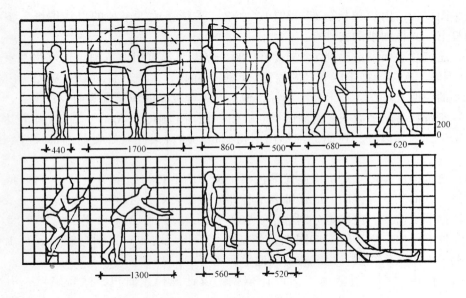

（b）人体活动所需空间尺度

图 1-1　人体尺度和人体活动所需空间尺度

三、气象条件

建设地区的温度、湿度、日照、雨雪、风向、风速等是建筑设计的重要依据。例如炎热地区的建筑应考虑隔热、通风、遮阳，建筑处理较为开敞；寒冷地区应考虑防寒保温，建筑处理较为封闭；雨量较大的地区要特别注意屋顶形式、屋面排水方案的选择以及屋面防水构造的处理；在确定建筑物间距及朝向时，应考虑当地日照情况及主导风向等因素。

图 1-3 为我国部分城市的风向频率玫瑰图。图中实线部分表示全年风向频率，虚线部分表示夏季风向频率。风向是指由外吹向地区中心，比如由北吹向中心的风称为北风。风向频率玫瑰图（简称风玫瑰图）是依据该地区多年来统计的各个方向吹风的平均日数的百分数按比例绘制而成，一般用 16 个罗盘方位表示。

四、地形、水文地质及地震烈度

基地的地形、地质及地震烈度直接影响到房屋的平面空间组织、结构选型、建筑构造

图 1-2 居住建筑常用家具尺寸

处理及建筑体型设计等。例如，位于山坡地的建筑常根据地形高低起伏变化采用错层、吊脚楼或依山就势较为自由的组合方式，位于岩石、软土或复杂地质条件上的建筑，要求基础采用不同的结构和构造处理。

水文条件是指地下水位的高低及地下水的性质，直接影响到建筑物基础及地下室。一般应根据地下水位的高低及地下水性质确定是否在该地区建造房屋，或采用相应的防水和防腐蚀措施。

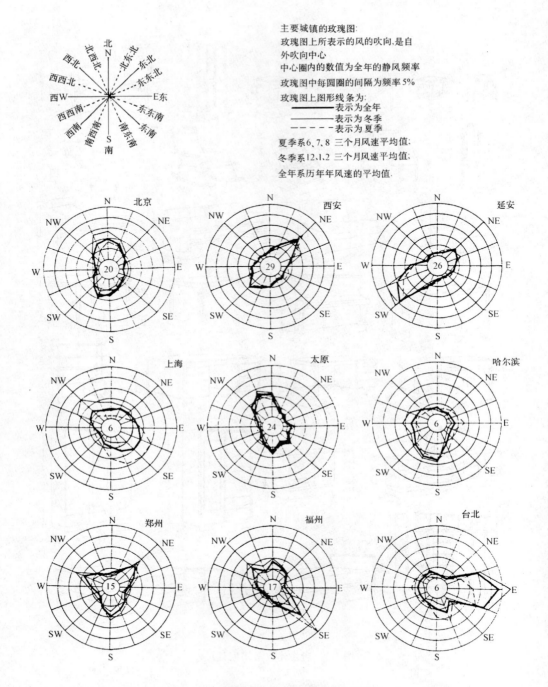

图1-3 我国部分城市风向频率玫瑰图

地震烈度表示：当发生地震时，地面及建筑物遭受破坏的程度。烈度在6度以下时，地震对建筑物影响较小，一般可不考虑抗震措施。9度以上地区，地震破坏力很大，一般应尽量避免在该地区建造房屋，否则需进行专门研究确定。建筑物抗震设防的重点是6、7、8、9度地震烈度的地区。

设计标准化是实现建筑工业化的前提。因为只有设计标准化,做到构件定型化,使构配件规格、类型少,才有利于大规模采用工厂生产及施工的机械化,从而提高建筑工业化的水平。为此,建筑设计应采用国家规定的建筑模数协调统一标准。有关这方面的详细内容见本书绪论部分。

除此以外,建筑设计应遵照国家制订的标准、规范以及各地或各部颁发的标准执行。如民用建筑设计通则、建筑设计防火规范、住宅设计规范等等。

小 结

1. 广义的建筑设计是指设计一个建筑物或建筑群所要做的全部工作,包括建筑设计、结构设计、设备设计。以上几方面的工作是一个整体,彼此分工而又密切配合,通常建筑工种先行,常常处于主导地位。

2. 为使建筑设计顺利进行,少走弯路,少出差错,取得良好的成果,设计工作必须按照一定的程序进行。为此,设计工作的全过程包括收集资料、初步设计、技术设计、施工图设计等几个阶段,其划分视工程的难易而定。

3. 两阶段设计是指初步设计(或扩大初步设计)和施工图设计。三阶段设计是指初步设计、技术设计和施工图设计。

4. 建筑设计是一项综合性工作,是建筑功能、工程技术和建筑艺术相结合的产物。因此,从实际出发,有科学的依据是做好建筑设计的关键,这些依据通常包括:人体尺度和人体活动所需的空间尺度;家具、设备的尺寸和使用它们的必要空间;气象条件、地形、水文、地质及地震烈度;建筑模数协调统一标准及国家制订的其他规范及标准等。

复习思考题

1. 建筑设计包括哪几个方面的设计内容?
2. 两阶段设计和三阶段设计的含义及适用范围?
3. 建筑设计的主要依据是什么?

第二章 建筑平面设计

一般而言，一幢建筑物是由若干单体空间有机地组合起来的整体空间，任何空间都具有三度性。因此，在进行建筑设计的过程中，人们常从平面、剖面、立面三个不同方向的投影来综合分析建筑物的各种特征，并通过相应的图示来表达其设计意图。

建筑的平面、剖面、立面设计三者是密切联系而又互相制约的。平面设计是关键，它集中反映了建筑平面各组成部分的特征及其相互关系；建筑平面与周围环境的关系；建筑是否满足使用功能的要求；是否经济合理。除此以外，建筑平面设计还不同程度地反映了建筑空间艺术构思及结构布置关系等。一些简单的民用建筑，如办公楼、单元式住宅等，其平面布置基本上能反映建筑空间的组合。因此，在进行方案设计时，总是先从平面入手，同时认真分析剖面及立面的可能性和合理性及其对平面设计的影响。只有综合考虑平、立、剖三者的关系，按完善的三度空间概念去进行设计，反复推敲，才能完成一个好的建筑设计。

第一节 建筑的空间组成与平面设计任务

一、空间构成

民用建筑类型繁多，各类建筑房间的使用性质和组成类型也不相同。无论是由几个房间组成的小型建筑物或由几十个甚至上百个房间组成的大型建筑物，均是由使用空间与交通联系空间组成，而使用空间又可以分为主要使用空间与辅助使用空间。

主要使用空间是建筑物的核心，它决定了建筑物的性质。往往表现为数量多或空间大，如住宅中的起居室、卧室；教学楼中的教室、办公室；商业建筑中的营业厅；影剧院中的观众厅等都是构成各类建筑中的主要使用空间。

辅助使用空间是为保证建筑物主要使用要求而设置的，与主要使用空间相比，则属于建筑物的次要部分，如公共建筑中的卫生间、贮藏室及其他服务性房间；住宅建筑中的厨房、厕所等。

交通联系空间是建筑物中各房间之间、楼层之间和室内与室外之间联系的空间，如各类建筑物中的门厅、走道、楼梯间、电梯间等。

图 2-1 是中学教学楼平面，其中教室、办公、实验室等是主要使用房间，而锅炉房、厕所则是辅助空间；门厅、楼梯间、走道则起着联系各房间的作用。

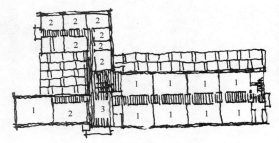

图 2-1 某中学教学楼平面
1—主要使用空间；2—辅助使用空间；3—交通联系空间

二、平面设计任务

建筑平面设计的任务是指在对设计任务、建设地点、周围环境及设计对象有了较为深刻理解的基础上进行的。设计时，首先进行总体分析，初步确定出入口的位置、建筑物平面形状、分析功能关系和流线组织、安排建筑物各部分的位置，然后再确定各部分尺寸。为了学习理解方便，我们从单一空间开始，即先讲房间设计，再讲交通联系设计，最后讲平面组合设计。

第二节 主要使用房间平面设计

使用房间是各类建筑的主要部分，是供人们工作、学习、生活、娱乐等的必要房间。由于建筑类别不同，使用功能不同，对使用房间的要求也不一致。如住宅中的卧室是满足人们休息、睡眠用的；教学楼中的教室是满足教学用的；电影院中的观众厅是满足人们观看电影和集会用的等等。虽然如此，但总的来说，使用房间设计应考虑的基本因素仍然是一致的，即要求有适宜的尺度、足够的面积、恰当的形状、良好的朝向、采光和通风条件、方便的内外交通联系、有效地利用建筑面积以及合理的结构布局和便于施工等。

一、房间面积

各种不同的使用房间都是为了供一定数量的人在里面进行活动和布置所需的家具和设备，因此，必需有足够的面积。按照使用要求，房间的面积可以分为以下三部分：

(1) 家具和设备所占用的面积；
(2) 人们使用家具设备及活动所需的面积；
(3) 房间内部的交通面积。

图 2-2 为一个教室室内使用面积分析示意。

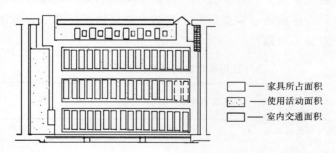

图 2-2 教室室内使用面积分析示意

影响房间面积大小的因素概括起来有以下几点：

(1) 房间用途、使用特点与要求；
(2) 房间容纳人数多少；
(3) 家具品种、数量及布置方式，见图 2-3、图 2-4；
(4) 室内交通活动；
(5) 采光通风；
(6) 结构经济合理性及建筑模数等。

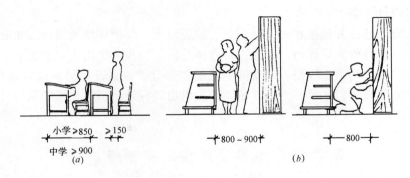

图 2-3 人在教室、营业厅中的活动空间尺寸
(a) 教室;(b) 营业厅

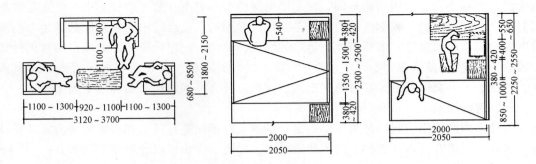

图 2-4 人在居室中的活动尺寸要求

在实际工作中,房间面积的确定主要是依据我国有关部门及各地区制订的面积定额指标。根据房间的容纳人数及面积定额就可以得出房间的总面积。应当指出,每人所需的面积除面积定额指标外,还需通过调查研究,并结合建筑物的标准综合考虑。表 2-1 是部分民用建筑房间面积定额参考指标。

部分民用建筑房间面积定额参考指标　　　　　　表 2-1

项目 建筑类型	房间名称	面积定额（m^2/人）	备　　注
中小学	普通教室	1.1～1.2	小学取下限
办公楼	一般办公室	≥3.0	不包括走道
铁路旅客站	普通候车室	1.1～1.3	
图书馆	普通阅览室	1.8～2.3	4～6 座双面阅览桌

有些建筑的房间面积指标未作规定,使用人数也不固定,如展览室、营业厅等。这就需要设计人员根据设计任务书的要求,对同类型、规模相近的建筑进行调查研究,充分掌握使用特点,结合经济条件,通过分析比较得出合理的房间面积。

二、房间形状

民用建筑常见的房间形状有矩形、方形、多边形、圆形等。在具体设计中,应从使用要求、结构形式与结构布置、经济条件、美观等各方面综合考虑,选择合适的房间形状。

绝大多数的民用建筑房间形状常采用矩形，其主要原因如下：

（1）矩形平面体型简单，墙体平直，便于家具布置和设备的安排，使用上能充分利用室内有效面积，有较大的灵活性。

（2）结构布置简单，便于施工。以中小学教室为例，矩形平面的教室，由于进深和面宽较大，如采用预制构件，结构布置方式一般有两种：一种是纵墙搁梁，楼板支承在大梁和横墙上；另一种是采用长板直接支承在纵墙上，取消大梁。以上两种方式均便于统一构件类型，简化施工。对于面积较小的房间，则结构布置更为简单，可将同一长度的板直接支承在横墙或纵墙上。

（3）矩形平面便于统一开间、进深，有利于平面及空间的组合。如学校、办公楼、旅馆等建筑常采用矩形房间沿走道一侧或两侧布置，统一的开间和进深使建筑平面布置紧凑，用地经济。当房间面积较大时，为保证良好的采光和通风，常采用沿外墙长向布置的组合方式。

当然，矩形平面也不是唯一的形式。就中小学教室而言，在满足视、听及其他要求的条件下，也采用方形及六角形平面（图2-5）。方形教室的优点是进深加大，长度缩短，外墙减少，相应交通线路缩短，用地经济。同时，方形教室缩短了最后一排的视距，视听条件有所改善。但为了保证水平视角α的要求，前排两侧均不能布置课桌椅。

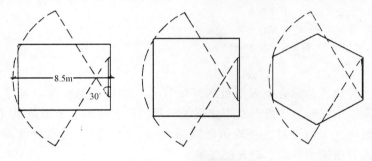

图2-5 教室平面形状

对于一些单层大空间如观众厅、杂技场、体育馆等房间，它的形状则首先应满足这类建筑的特殊功能及视听要求。如杂技场常用圆形平面，以满足演马戏时动物跑弧线的需要。观众厅要满足良好的视听条件，既要看得清也要听得好。在平面形状的选择上特别要注意良好的音质要求，做到音色不失真，声音丰满，没有回声、轰鸣、干涩等不良现象，使声场分布均匀，也要避免有害反射声造成的回声及聚焦现象。观众厅的平面形状一般有矩形、钟形、扇形、六角形、圆形等（图2-6）。有些情况下，为了改善房间朝向，避免东

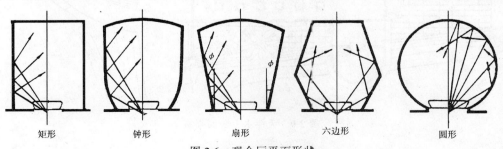

矩形　　钟形　　扇形　　六边形　　圆形

图2-6 观众厅平面形状

西晒或为了适应地形需要,房间可做成非矩形房间(图 2-7)。有些建筑因平面组合需要也可以出现非矩形房间(图 2-8)。

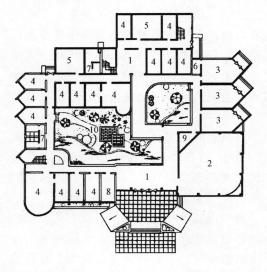
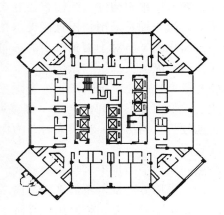

图 2-7　漯河市自由贸易区管委会办公楼
1—门厅；2—大会议室；3—技术服务；
4—办公；5—小会议室；6—贮藏；
7—卫生间；8—门卫；9—控制室；10—庭院

图 2-8　上海新锦江大酒店标准层平面

有的小型公共建筑,结合空间所处的环境特点、建筑功能要求以及建筑师的艺术构思,房间平面常采用圆形、多边形及不规则的形状。如天津水上公园茶室(图 2-9),半圆形的水榭伸入湖中,人们可以方便地俯瞰四周湖面,弧形的半开敞冷饮廊与地形巧妙结合,平面空间具有活泼、开敞、轻松的气氛。

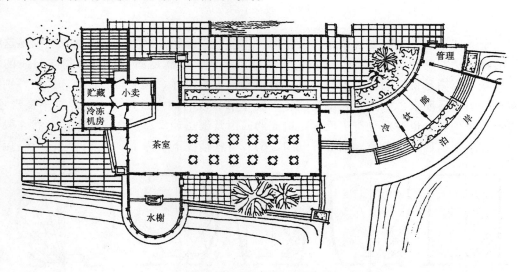

图 2-9　天津水上公园茶室

三、房间大小尺寸的确定

房间尺寸是指房间的面宽和进深,而面宽常常是由一个或多个开间组成。在确定了房间面积和形状之后,确定合适的房间尺寸便是一个重要问题。在同样面积的情况下,房间的平面尺寸可能多种多样,如何才能做到尺寸合适呢?一般从以下几方面进行综合考虑:

1. 满足家具设备布置及人们活动的要求

如卧室的平面尺寸应考虑床的大小、家具的相互关系,提高床位布置的灵活性。主要卧室要求床能两个方向布置,因此开间尺寸应保证床横放以后剩余的墙面还能开一扇门,常取 3.30m,进深方向应考虑横竖两个床中间再加一个床头柜或衣柜,常取 3.90~4.50m。小卧室考虑床竖放以后能开一扇门或放床头柜,开间尺寸常取 2.40~3.00m(图 2-10)。医院病房主要是满足病床的布置及医护活动的要求,3~4 人的病房开间尺寸常取 3.30~3.60m,6~8 人的病房开间尺寸常取 5.70~6.00m(图 2-11)。

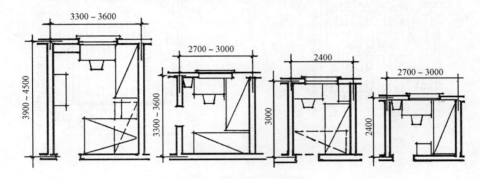

图 2-10 卧室的开间和进深

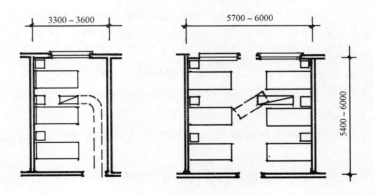

图 2-11 病室的开间和进深

2. 满足视听要求

有的房间如教室、会堂、观众厅等的平面尺寸除满足家具设备布置及人们活动要求外,还应保证有良好的视听条件。为使前排两侧座位不致太偏,后面座位不致太远,必须根据水平视角、视距、垂直视角的要求,充分研究座位的排列,确定适合的房间尺寸。

从视听的功能考虑,教室的平面尺寸应满足以下的要求(图 2-12)。

(1)为防止第一排座位距黑板太近,垂直视角太小易造成学生近视,因此,第一排座

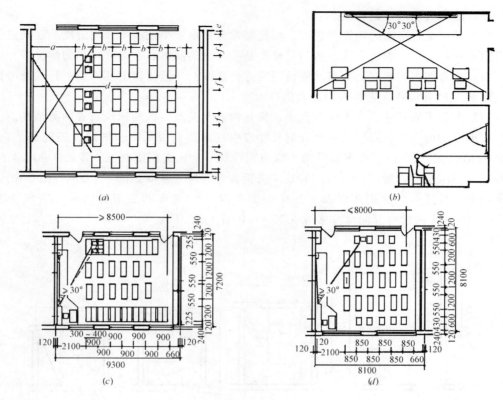

$a \geqslant 2000$；b 中学$\geqslant 900$；小学$\geqslant 850$；
$c \geqslant 600$；d 小学$\leqslant 8000$；中学$\leqslant 9000$；$e \geqslant 120$；$f \geqslant 550$

图 2-12 教室课桌、椅布置要求及常见的教室布置
（a）平面布置要求；（b）视角要求；（c）、（d）常见的教室布置

位距黑板的距离 a 必须$\geqslant 2.00$m，以保证垂直视角大于 45°。

（2）为防止最后一排座位距离黑板太远，影响学生的视觉和听觉，后排距黑板的距离 d 不宜大于 8.50m。

（3）为避免学生过于斜视而影响视力，水平视角（即前排边座与黑板远端的视线夹角）应$\geqslant 30°$。

按照以上要求，并结合家具设备布置、学生活动要求、建筑模数协调统一标准等的规定，中学教室平面尺寸常取 6.30m×9.00m、7.2m×9.00m、8.1m×8.1m。

3．良好的天然采光

民用建筑除少数有特殊要求的房间如演播室、观众厅等以外，均要求有良好的天然采光。一般房间多采用单侧或双侧采光，因此，房间的进深常受到采光的限制。为保证室内采光的要求，一般单侧采光时进深不大于窗上口至地面距离的 2 倍，双侧采光时进深可较单侧采光时增大一倍。图 2-13 为采光方式对房间进深的影响。

4．经济合理的结构布置

一般民用建筑常采用墙体承重的梁板式结构或框架结构体系。房间的开间、进深尺寸应尽量使构件规格化、统一化，同时使梁板构件符合经济跨度要求，所以较经济的开间尺

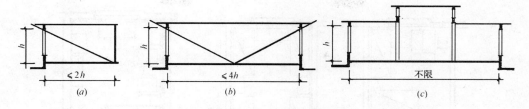

图 2-13 采光方式对房间进深的影响
(a) 单侧采光；(b) 双侧采光；(c) 混合采光

寸不大于 4.00m，钢筋混凝土梁较经济的跨度不大于 9.00m。对于由多个开间组成的大房间，如教室、会议室、餐厅等，应尽量统一开间尺寸，减少构件类型。

5. 符合建筑模数协调统一标准的要求

为提高建筑工业化水平，必须统一构件类型，减少规格，这就需要在房间开间和进深上采用统一的模数，作为协调建筑尺寸的基本标准。按照建筑模数协调统一标准的规定，房间的开间和进深一般以 300mm 为模数。如办公楼、宿舍、旅馆等以小空间为主的建筑，其开间尺寸常取 3.30m、3.60m，住宅楼梯间的开间尺寸常取 2.40m、2.70m。

四、房间中门的设置

房间的门是供出入和交通联系用的，有时也兼采光和通风。因此，门设计是一个综合性问题，它的大小、数量、位置及开启方式直接影响到房间的通风和采光、家具布置的灵活性、房间面积的有效利用、人流活动及交通疏散、建筑外观及经济性等方面。

1. 门的宽度及数量

门的宽度取决于人体尺寸、人流股数及家具设备的大小等因素。一般单股人流通行最小宽度取 550mm，一个人侧身通行宽度需要 300mm。因此，门的最小宽度一般为 650～700mm。这种门常用于住宅中的厕所、浴室。住宅中卧室、厨房、阳台的门应考虑一人携带物品通行，卧室常取 900mm，厨房可取 800mm。普通教室、办公室等的门应考虑一人正面通行，另一人侧身通行，常采用 1000mm。

当房间面积较大，使用人数较多时，单扇门宽度小，不能满足通行要求，此时应根据使用要求采用双扇门、四扇门或增加门的数量。双扇门的宽度可为 1200～1800mm，四扇门的宽度可为 2400～3600mm。

按照《建筑设计防火规范》有关规定的要求，当房间使用人数超过 50 人或面积超过 60m² 时，至少需设两个门。对于一些大型公共建筑，如影剧院的观众厅、体育馆的比赛大厅等，由于人流集中，为保证紧急情况下人流迅速、安全地疏散，门的数量和总宽度应按《建筑设计防火规范》进行计算，并结合人流通行方便分别设在通道处，且每樘门宽度不应小于 1400mm。

2. 门的位置及开启方式

门的位置及开启方式直接影响室内家具布置，人流路线简洁和房间的组合。因此合理确定门的位置是房间设计又一重要因素。

(1) 门的位置应便于家具设备布置和充分利用室内面积

图 2-14 为宿舍门的位置对家具布置影响。其 (a)、(b) 两者开间进深完全相同，仅

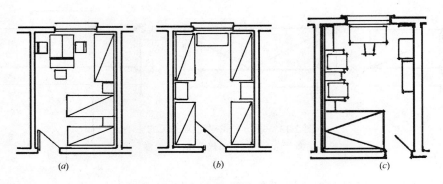

图 2-14 卧室、集体宿舍门位置

由于门的位置不同,(b)比(a)多布置一个床位。一般情况下,为便于家具合理布置,充分利用室内面积,常将门设于一角(图2-14c)。对于集体宿舍、普通旅馆客房,为多布置床,常将门设在墙中部(图2-14b)。

当一个房间门的数量不止一个时,应尽量使门靠拢,以减少交通面积。图 2-15(a)门分散,交通图线长,影响家具布置,图 2-15(b)调整门的位置,墙面完整,室内布置得以改善。

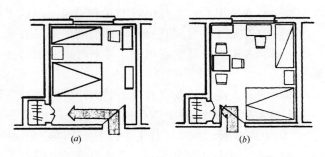

图 2-15 门的位置对室内布置影响

(2) 门的位置应方便交通利于疏散

对于多开间房屋(一般 3~4 个开间),为方便使用和人流疏散,常将门设于两端;而对于观众厅等人数众多且集中使用的场所,为便于疏散,常将门与室内通道位置密切配合(图 2-16)。

3. 门开启方式应有利于疏散和平面组合

门的开启方式一般有外开和内开,大多数房间的门均采用内开方式,可防止门开启时影响室外的人行交通。对于人流较多的公共建筑如影剧院、候车厅、体育馆、商店的营业厅,以及有爆炸危险的实验室等,为便于安全疏散,这些房间的门必须向外开。当房间内两个门紧靠在一起时,应防止门扇相互碰撞。图 2-17 为房间中门靠近时的开启方式。

五、房间中窗的设置

窗在建筑中主要起采光通风作用,当然它往往也是围护结构一部分,因此它的面积、位置直接影响采光、通风、立面美观、建筑节能和经济等。

1. 窗的面积

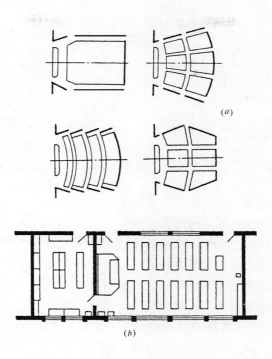

图 2-16 门与走道位置关系
（a）观众厅；（b）教室

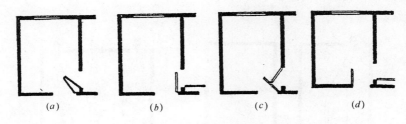

图 2-17 房间中两个门靠近时开启方式
（a）、（b）、（c）不正确；（d）正确

窗子的面积大小取决于空间用途，凡需光线强的房间，窗户应大一些，反之则小一些。一般根据房间用途，按有关建筑设计规范规定的窗地面积比，再根据室内地面面积求出窗洞面积。表 2-2 列出民用建筑部分房间窗地面积比，设计时可参考。

2. 窗的位置

窗的位置应认真考虑采光、通风、室内家具布置和建筑立面效果；例如学生教室为了保证学生的视觉卫生要求，在一侧采光情况下，窗应该在学生左边，窗间墙宽度一般不应大于 80cm，以保证室内光线均匀。同时为避免产生眩光，靠近黑板处最好不要开窗，一般离开黑板距离不应小于 80cm；如靠近黑板处一定要开窗，应设窗帘或用不反光毛玻璃黑板（图 2-18）。

民用建筑房间采光要求　　　　　表 2-2

序号	房 间 名 称	窗 地 比
1	托幼、音体室、办公建筑绘图、阅览室	≥1/5
2	餐厅、医务室、复印室	≥1/6
3	卧室、起居、厨房	≥1/7
4	厕所、大厅、库房	≥1/10
5	楼梯、走廊	≥1/14

因为一般窗均具有通风作用，生活、工作用房间的窗子位置要同门的位置一起考虑，最好把窗开在门或窗对面墙上或离门较远的位置，以使房间尽可能得到穿堂风（图2-19）。

就建筑节能与造价来看，窗户面积不宜太大。因为窗户为保温的最薄弱环节，它不仅冬季散热多，而且窗缝隙冷空气渗透也相当可观。所以，从节能来看，寒冷地区不宜开大窗户。在造价方面，由于单位面积窗的造价高于外墙，加大窗户就意味着建筑造价的提高。然而在实践中，为了建筑美观要求而加大窗户面积的情况也是经常存在的。问题在于要做具体分析，且要做到合理。

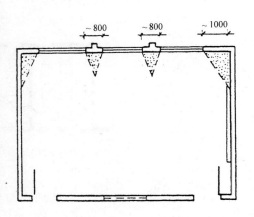

图 2-18　教室开窗位置要求

(a) 通风良好

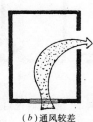
(b) 通风较差

(c) 教室设高窗通风

图 2-19　门窗位置对通风影响

第三节　辅助使用房间平面设计

民用建筑除了主要使用房间以外，还有很多辅助性使用房间，这些房间在整个建筑平面中虽然属于次要地位，但却是不可缺少的部分，如果处理不当，会造成使用、维修、管理不便或造价增加等缺陷。

辅助使用房间的设计原理和方法与使用房间基本相同。但由于在这类房间中大都布置有较多的管道、设备，因此，房间的大小及布置均受到一定的限制，如厕所、盥洗室、浴室、厨房、通风机房、水泵房、配电房等。

不同类型的建筑，辅助用房的内容、大小、形式均有所不同，而其中厕所、盥洗室、浴室、厨房是最为常见的。

一、卫生间设计一般要求（卫生间包括厕所、盥洗、淋浴等）

（1）在满足设备布置及人体活动要求的前提下，力求布置紧凑，节约面积。

（2）公共建筑使用人数较多，卫生间应有良好天然采光和自然通风，以便排除臭气。住宅、旅馆等少数人使用的卫生间允许间接采光，但必须有换气设施。

（3）为了节省管道，厕所、盥洗室宜左右相邻、上下相对。

（4）卫生间既要隐蔽，又要方便使用。

（5）要妥善解决卫生间防水、排水问题。

二、厕所

厕所设计首先应了解各种设备及人体活动所需要的基本尺度，再根据使用人数确定所需的设备数量及房间的基本尺寸和布置形式。

1．厕所设备及数量

厕所卫生设备有大便器、小便器、洗手盆、污水池等。

大便器有蹲式和坐式两种。可根据建筑质量标准及使用习惯分别选用。一般多采用蹲式，这是因为蹲式大便器使用卫生、便于清洁，对于使用频繁的公共建筑，如学校、医院、办公楼、车站等尤其适用。而标准较高、使用人数少或老年人使用的厕所，如宾馆、敬老院等则宜采用坐式大便器。

小便器有小便斗和小便槽两种。较高标准及使用人数少的可采用小便斗，一般厕所常用小便槽。图2-20为厕所单间及组合所需的尺寸。

卫生设备的数量及小便槽的长度主要取决于使用人数、使用对象、使用特点。如中、小学一般是下课后集中使用，因此卫生设备数量适当多一些，以免造成拥挤。一般民用建筑每一个卫生器具可供使用的人数如表2-3所列。具体设计中可参考各种类型建筑设计规范。

部分民用建筑厕所设备个数参考指标　　　　表2-3

建筑类型	男小便器（人/个）	男大便器（人/个）	女大便器（人/个）	洗手盆或龙头（人/个）	男女比例	备注
宿舍	20	20	12	12		男女比例按实际使用情况
小学	20	40	20	90	1:1	1000长大便槽折合一个大便器
中学	25	50	25	90	1:1	1100长大便槽折合一个大便器
火车站	80	80	50	150	2:1	
办公楼	30	40	20	40	3:1～5:1	
影剧院	40～50	100	50	150	1:1	
门诊部	60	120	75	150	6:4	总人数按全日门诊人次计算
幼托		5～10	5～10	2～5	1:1	

注：一个小便器折合0.6m长小便槽。

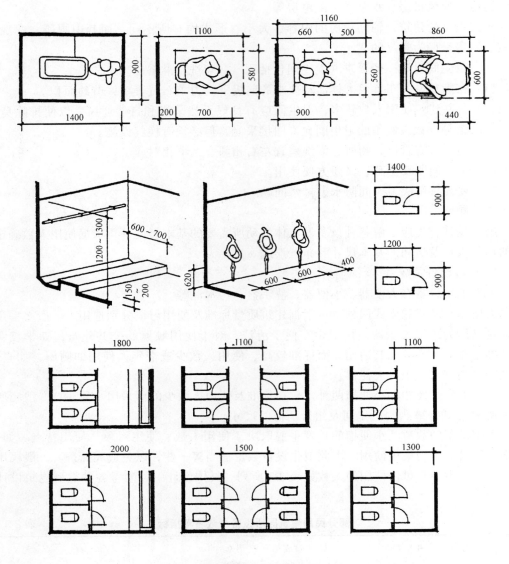

图 2-20 厕所单间及组合所需尺寸

2. 厕所布置

厕所布置见图 2-21。

厕所布置分为有前室与无前室两种,带前室的厕所常用于公共建筑中,它有利于隐蔽,可以改善通往厕所的走道和过厅的卫生条件。前室设双重门,通往厕所的门可设弹簧门,便于随时关闭。前室内一般设有洗手盆及污水池,为保证必要的使用空间,前室的深度应不小于 1.5~2.0m。当厕所面积小,不可能布置前室时,应注意门的开启方向,务使厕所蹲位及小便器处于隐蔽位置。

当男女厕所使用人数较少时,可将两者组合在一个开间内,见图 2-22。该布置缺点是女厕所通风采光不好,为了改善这种状况,常在男女厕所之间墙上设高窗。

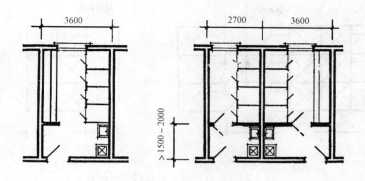

图 2-21 男女厕所布置形式

三、浴室、盥洗室

浴室和盥洗室的主要设备有洗脸盆(或洗脸槽)、污水池、淋浴器,有的设置浴盆等。除此以外,公共浴室还有更衣室,其中主要设备有挂衣钩、衣柜、更衣凳等。设计时可根据使用人数确定卫生器具的数量(表 2-4),同时结合设备尺寸及人体活动所需的空间尺寸进行房间布置。

图 2-23、图 2-24 分别表示浴室、盥洗室卫生设备及其组合尺寸。

浴室、盥洗室常与厕所布置在一起,称为卫生间,按使用对象不同,卫生间又可分为专用卫生间及公共卫生间。图 2-25 为专用卫生间的几种平面布置。

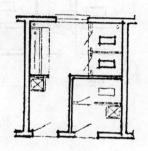

图 2-22 男女厕所在一个开间内布置

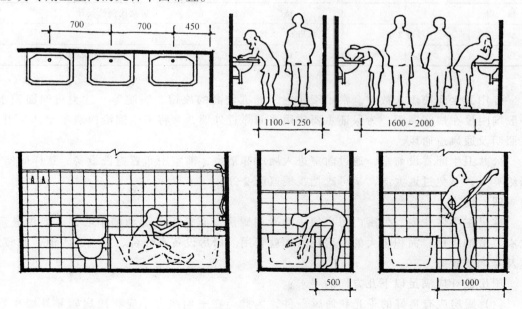

图 2-23 洗脸盆、浴盆设备及组合尺寸(mm)

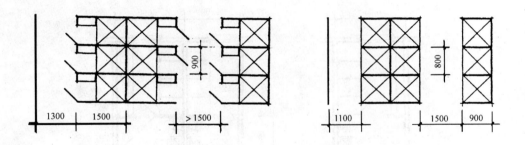

图 2-24 淋浴设备及组合尺寸（mm）

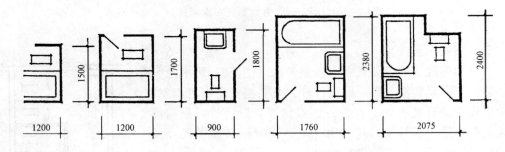

图 2-25 专用卫生间设备及布置方式举例（mm）

浴室、盥洗室设备个数参考指标   表 2-4

建筑类型	男浴器（人/个）	女浴器（人/个）	洗脸盆或龙头（人/个）	备注
旅馆	40	8	15	男女比例按设计
幼托	每班 2 个		每班 6~8 个	
宿舍			12	一个洗脸盆折合 600mm 盥洗槽

专用卫生间使用人数少，常用于住宅、标准较高的旅馆、医院等。这类房间面积小，一般均附设在房间周围。为保证主要使用房间靠近外墙，常将卫生间沿内墙布置，采用人工照明及通风道通风。

公共卫生间常设前室，通过前室进入厕所和浴室，前室中布置盥洗设备，这样既便于隔绝臭气，避免过道太湿，又可遮挡视线（图 2-26）。

四、厨房

这里主要讲住宅、公寓内每户使用的专用厨房。它是家务劳动的中心，主要供烹调、洗衣、清洁之用，面积较大的厨房还兼作就餐用。厨房设备有灶台、案台、水池、贮藏设施及排烟装置等。

厨房设计应满足以下几方面的要求：

（1）厨房应有良好的采光和通风条件，为此，在平面组合中应将厨房紧靠外墙布置。为防止油烟、废气、灰尘进入卧室、起居室，厨房布置应尽可能避免通过卧室、起居室来组织自然通风，厨房灶台上方可设置专门的排烟罩。

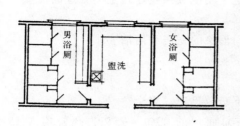 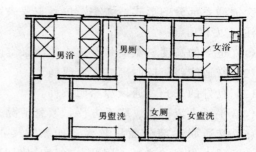

图 2-26 公共卫生间布置实例

(2) 尽量利用厨房的有效空间布置足够的贮藏设施,如壁龛、吊柜等。为方便存取,吊柜底距地高度不应超过 1.7m。除此以外,还可充分利用案台、灶台下部的空间贮藏物品。

(3) 厨房的墙面、地面应考虑防水、便于清洁。地面应比一般房间地面低 20~30mm。

(4) 厨房室内布置应符合操作流程,并保证必要的操作空间,为使用方便、提高效率、节约时间创造条件。

厨房的布置形式有单排、双排、L 形、U 形几种。从操作流程来看,L 形与 U 形较为理想,提供了连续案台空间,与双排布置相比,避免了操作过程中频繁转身的缺点。

图 2-27 为厨房布置的几种形式。

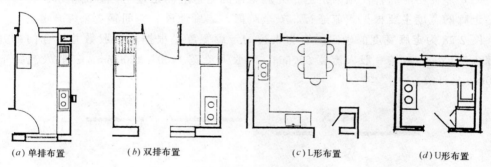

(a) 单排布置　　(b) 双排布置　　(c) L 形布置　　(d) U 形布置

图 2-27　厨房布置形式

第四节　交通联系部分的平面设计

以上讲到的主要使用房间及辅助使用房间都是单个独立的部分,而房间与房间之间水平与垂直方向上的联系,建筑物室内与室外之间的联系,都要通过其他空间来实现,这就是以下要介绍的交通联系部分的设计。

交通联系部分包括水平交通空间（走道或走廊）,垂直交通空间（楼梯、电梯、坡道）,交通枢纽空间（门厅、过厅）等。一幢建筑物是否适用,除主要使用房间和辅助房间本身及其位置是否恰当外,很大程度上取决于主要使用房间及辅助房间与交通联系部分相互位置是否恰当,以及交通联系部分本身是否使用方便。

交通联系部分的形式、大小、位置主要决定于功能关系及建筑空间处理的需要，设计时应注意以下几点：

（1）适当的高度、宽度和形式，并注意空间形象的完美和简洁。

（2）交通线路简捷明确，人流通畅。

（3）良好的采光、通风和照明条件。

（4）平时人流通畅、联系方便，紧急情况下疏散迅速、安全。

（5）交通联系部分面积较大，如教学楼占总面积的20%~25%，办公楼占15%~25%，医院占20%~38%。因此，在满足使用要求的前提下，应尽可能节约交通面积，提高建筑物的面积利用率。

一、走廊

走廊又称为过道、走道。走廊是用来联系同层内各个房间用的，有时也兼有其他的功能。

按走廊的使用性质不同，可以分为以下三种情况：

（1）完全为交通需要而设置的走廊，如电影院、体育馆的安全走廊等就是供人流集散用的。

（2）主要作为交通联系同时也兼有其他功能的走道，如教学楼中的走道，除作为学生课间休息活动的场所外，还可布置陈列橱窗及黑板，医院门诊部走道可作人流通行和候诊之用。

（3）多种功能综合使用的走道，如展览馆的走道应满足边走边看的要求。

走廊的宽度主要根据人流通行、安全疏散、走廊性质、空间感受来综合考虑。

图2-28为走廊宽度的确定。专为人行的走廊宽度是根据人流股数并结合门的开启方向综合确定。一般按一股人流宽550mm，两股人流宽1100~1200mm，三股人流宽1650~1800mm来计算。

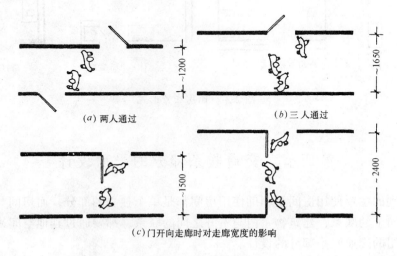

图2-28 走廊的宽度

对于携带物品为主或有车流的走廊还应结合物品及车子的尺寸来确定其宽度，如车站、航空港、候机楼等。对于兼有其他功能的走道，如医院、学校等应较一般人行通道的尺寸适当加宽。图2-29为医院候诊廊基本宽度的确定。

综上所述，一般民用建筑常用走廊宽度如下：当走廊两侧布置房间时，学校为2.10～3.00m，门诊部为2.40～3.00m，办公楼为2.10～2.40m，旅馆为1.50～2.10m，作为局部联系或住宅内部走廊宽度不应小于0.90m，当走廊一侧布置房间时，其宽度应相应减小。疏散走廊最小宽度≮1100。走廊的宽度除满足上述要求外，还要符合安全疏散规定（表2-5）。

考虑到采光、防火和观感等要求，走廊不宜过长。因此，平面组合时，在满足功能要求的前提下，应力求减少走廊的面积和长度，使平面布置紧凑合理。例如，加大房间进深；在走廊端部设大房间或辅助楼梯等（图2-30）。

走廊的采光和通风主要依靠天然采光和自然通风。外走廊，由于只在一侧布置房间，可

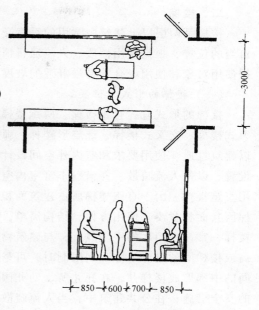

图2-29 医院候诊廊基本宽度的确定

楼梯、门和走廊的净宽度指标　　　　　　　　　表2-5

宽度指标 (m/百人) 层　数	一、二级	三　级	四　级
一、二层	0.65	0.75	1.00
三　层	0.75	1.00	—
≥四层	1.00	1.25	

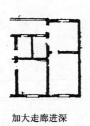
加大走廊进深

走廊端头设大房间

走廊端头设楼梯

图2-30 减少走廊长度措施示意

以获得较好的采光通风效果。内走廊，由于两侧均布置有房间，如果设计不当，就会造成光线不足、通风较差。一般是通过走廊尽端开窗；利用楼梯间、门厅或走廊两侧房间设高窗来解决。当走廊较长时，可在中部适当部位设开敞空间（如门诊部候诊厅、住院部护士站等）或玻璃隔断，还可以采用内外走廊相结合的方式来解决走廊的采光和通风。

二、楼梯

楼梯是两层以上建筑中常用的垂直交通联系手段,应根据使用要求选择合适的形式、恰当的位置,根据使用性质、人流通行情况及防火规范综合确定楼梯的宽度及数量,并根据使用对象和使用场合选择最舒适的坡度。

(一)楼梯的形式与位置

楼梯的形式有:直跑楼梯、两跑楼梯、曲尺形楼梯、三跑楼梯、两跑三段式楼梯、剪刀式楼梯、交叉式楼梯、螺旋形楼梯、弧形楼梯等(图2-31)。楼梯形式的选择,主要是以建筑性质、使用要求和室内外空间设计为依据。直跑楼梯多在公共建筑的门厅、大厅内设置,以便人流疏散,并借以丰富室内空间;在住宅建筑中,当楼梯横向布置时,通常采用直跑楼梯,由于直跑楼梯所占建筑面积较多,所以在其他多层建筑中采用较少。两跑楼梯因其面积紧凑、使用方便、结构简单,因而在一般民用建筑中,采用最广泛。两跑三段楼梯,常设在门厅的中轴线上,与建筑物的主要入口相对,以烘托建筑的气氛。当楼层较高或楼梯间的进深尺寸受到限制时,可采用三跑楼梯。这种楼梯由于梯段的转折,在楼梯间的中部形成楼梯井,在托儿所、幼儿园和中小学校建筑中采用三跑楼梯时,应采取适当的安全措施;在公共建筑中,当人流疏散量大时,可选用剪刀式楼梯或交叉式楼梯。弧形

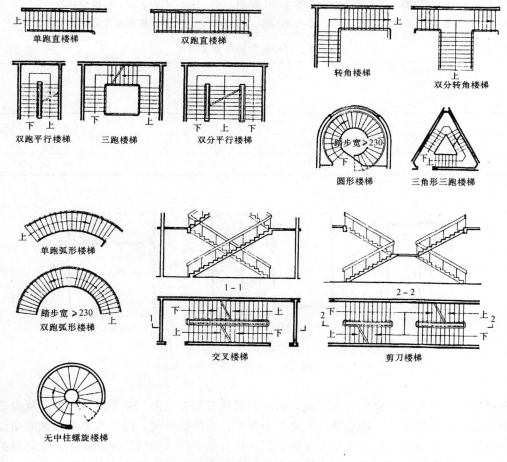

图 2-31 楼梯形式示意

楼梯因造型新颖，常在旅馆、影剧院、体育馆等公共建筑的门厅中设置，以增加建筑物轻快、活泼的气氛。螺旋形楼梯因其占地面积少、形式活泼，因而在楼梯间面积受到限制时采用，或在园林建筑中采用。

民用建筑楼梯按其使用性质可分为主要楼梯、次要楼梯、消防楼梯等。主要楼梯常布置在门厅中位置明显的部位，可丰富门厅空间且具有明显的导向性，也可布置在门厅附近较明显的地位，见图2-32（a）、（b）。次要楼梯常布置在建筑物次要入口附近，起着分担一部分人流和与主要楼梯配合共同起着人流疏散、安全防火的作用，见图2-32（c）、（d）。消防楼梯常设于建筑物端部，采用开敞的方式。除此以外，楼梯间的位置还应符合防火规范的要求。

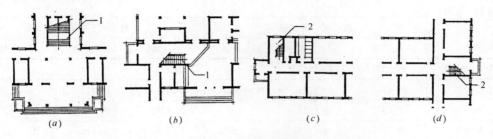

图2-32 楼梯位置示意
1—主要楼梯；2—次要楼梯

（二）楼梯数量与宽度

楼梯的宽度和数量主要根据使用性质、使用人数和防火规范来确定。一般供单人通行的楼梯宽度应不小于900mm，双人通行为1100～1200mm，三人通行1650～1950mm。一般按每股人流宽度0.55＋（0～0.15）m确定。一般民用建筑楼梯的最小净宽应满足两股人流疏散要求，但住宅内部楼梯可减小到850～900mm（图2-33）。所有楼梯梯段宽度的总和应按照防火规范规定的最小宽度进行校核（表2-5）。疏散楼梯最小宽度≮1100mm，高层住宅建筑≮1000mm。

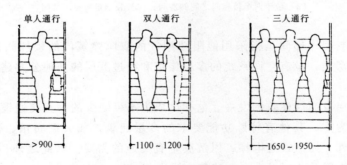

图2-33 楼梯梯段的宽度（mm）

楼梯的数量应根据使用人数及防火规范要求来确定，在通常情况下，每一幢公共建筑至少应设两个楼梯。对于使用人数少或除幼儿园、托儿所、医院以外的二、三层建筑符合表2-6的要求时，也可以只设一个疏散楼梯。此外，必须满足关于走廊内房间门至楼梯间最大距离的限制，见表2-7（图2-34）。

设置一个疏散楼梯的条件　　　　　　　　　表 2-6

耐火等级	层　数	每层最大建筑面积（m²）	人　　　　数
一、二级	2、3 层	500	第 2 层和第 3 层人数之和不超过 100 人
三　级	2、3 层	200	第 2 层和第 3 层人数之和不超过 50 人
四　级	2　层	200	第 2 层人数不超过 30 人

房间门至外部出口或封闭楼梯间的最大距离 l（m）　　　　　表 2-7

名　称	位于两个外部出口或楼梯间之间的房间（l_1）			位于袋形走廊两侧或尽端的房间（l_2）		
	耐　火　等　级			耐　火　等　级		
	一、二级	三　级	四　级	一、二级	三　级	四　级
托儿所、幼儿园	25（20）	20（15）	—	20（18）	15（13）	—
医院、疗养院	35（30）	30（25）	—	20（18）	15（13）	—
学　校	35（30）	30（25）	—	22（20）	20（18）	—
其他民用建筑	40（35）	35（30）	25（20）	22（18）	20（18）	15（13）

注：1. 敞开式外廊建筑的房间门至外部出口或楼梯间的最大距离可按本表增加 5m。
　　2. 设自动喷水灭火系统的建筑物，其最大疏散距离可按本表规定增加 25%。
　　3. 表内括号内数值适用于非封闭楼梯间。

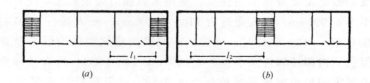

图 2-34　疏散距离示意
（a）位于两个楼梯间之间的房间；（b）袋形走廊尽端房间

　　上表中所提封闭楼梯间是指采用能阻挡烟气的双向弹簧门的楼梯间；它主要用于医院、疗养院的病房楼，设有空调系统的多层旅馆和超过五层的其他公共建筑。

三、电梯

　　随着城市多层及高层建筑的发展，电梯已成为不可缺少的垂直交通设施。高层建筑的垂直交通以电梯为主，其他有特殊功能要求的多层建筑，如大型宾馆、百货公司、医院等，除设置楼梯外，还需设置电梯，以解决垂直交通的需要。除此之外，层数为 7 层及 7 层以上住宅，或 6 层及 6 层以上办公建筑应设电梯。

　　电梯按其使用性质可分为乘客电梯、载货电梯、客货两用电梯及杂物电梯等几类。

　　确定电梯间的位置及布置方式时，应充分考虑以下几点要求：

　　（1）电梯间应布置在人流集中的地方，如门厅、出入口等。电梯前面应有足够的等候面积，以免造成拥挤和堵塞。

　　（2）按防火规范的要求，设置电梯时应配置辅助楼梯，供电梯发生故障时使用。布置时，可将两者靠近，以便灵活使用，并有利于安全疏散。

(3) 电梯井道无天然采光要求，布置较为灵活，通常主要考虑人流交通方便、通畅。电梯等候厅由于人流集中，最好有天然采光及自然通风。

电梯的布置形式一般有单面式和对面式，如图2-35所示。

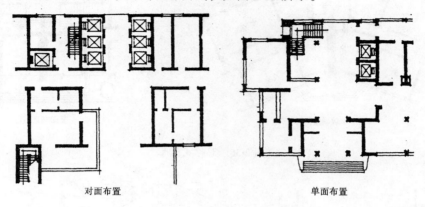

对面布置　　　　　　　　　　　单面布置

图2-35　电梯间布置示例

四、门厅

门厅作为交通枢纽，其主要作用是接纳人流，分配人流，室内外空间过渡及各方面交通（过道、楼梯等）的衔接。同时，根据建筑物使用性质不同，门厅还兼有其他功能，如医院门厅常设挂号、收费、取药的房间，旅馆门厅兼有休息、会客、接待、登记、小卖等功能。除此以外，门厅作为建筑物主要出入口，其不同空间处理可体现出不同的意境和形象，诸如庄严、雄伟、小巧、亲切等不同气氛。因此，民用建筑中门厅是建筑设计重点处理的部分。

门厅的大小应根据各类建筑的使用性质、规模及质量标准等因素来确定，也可参考有关面积定额指标，如中小学 $0.06 \sim 0.08 m^2/$学生，旅馆 $0.2 \sim 0.5 m^2/$床。

门厅的布局可分为对称式与非对称式两种。对称式的布置常采用轴线的方法表示空间的方向感，将楼梯布置在主轴线上或对称布置在主轴线两侧，具有严整的气氛（图2-36）。

非对称式没有明显的轴线，布置灵活，楼梯可根据人流交通布置在大厅中任意位置，室内空间富于变化。在建筑设计中，常常由于自然地形、布局特点、功能要求、建筑性格等因素的影响采用非对称式门厅（图2-37）。

门厅设计的主要要求如下：

(1) 门厅应处于总平面中明显而突出的位置，一般应面向主干道，使人流出入方便。

(2) 门厅内部设计要有明确的导向性，同时交通流线组织简洁明确，减少相互干扰或拥挤堵塞现象。因此，要求门厅与走廊、楼梯有直接方便的联系。对称式门厅常利用轴线来表达空间的导向性。如图2-36，教学楼门厅将主要楼梯布置在主轴线上，具有强烈的导向性，门厅内流线清晰，互不交叉，主要流线（即到该层教室和楼上房间）一目了然，通向办公室的流线从主楼梯平台下穿过，处于明显次要地位。又如图2-37，门厅采用非对称方式，主要楼梯位于门厅右侧敞开布置，不仅有利于引导人流，而且又丰富了室内空间艺术效果。由正对门厅的两扇大门及两侧的开口可分别到达观众厅及休息厅，水平及垂直流线既明确又互不交叉。

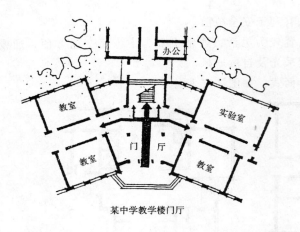
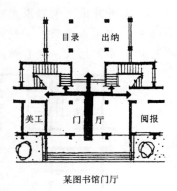

图 2-36 对称式门厅

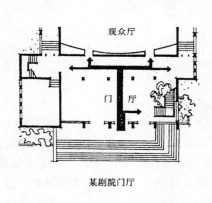

图 2-37 非对称式门厅

(3)门厅作为室外向室内过渡的空间,一般在入口处应设门廊等,供人们出入时暂时停留及在雨雪天张收雨具等之用,并可防止雨雪飘入室内,同时也能达到遮阳及建筑观感上的要求。对于一些大型公共建筑,门廊的大型雨篷下常用来作为上下汽车的地方(图 2-38)。

图 2-38 公共建筑门廊

(4) 门厅对外出口的宽度数量应满足防火疏散要求。总出入口数量不少于2个，人流较集中时按表2-5进行核算。

在寒冷地区或有集中空调的建筑中，为了防止冷风或热风侵袭室内，建筑物的出入口可做成门斗（图2-39）。由图可见，门斗是出入口处设有两道门的封闭小间，由于它的缓冲作用，人流出入时，冷空气或热空气向室内渗入的程度会显著减少，从而保证室内温度不会有太大的波动。

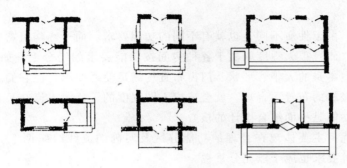

图 2-39　门斗举例

(5) 门厅空间设计和建筑造型，应按各种建筑不同要求，对顶棚、地面、墙面及建筑小品进行处理。同时还要处理如门厅的采光和人工照明等问题。

五、过厅

为了避免人流过于拥挤，常在公共建筑的走廊与楼梯间，走廊的转折处或走廊与人数较多的房间的衔接处，将交通面积扩大而成为过厅，起着人流的转折与缓冲的作用（图2-40）。设计过厅时，应注意结合楼梯间、走廊、采光口来改善其采光条件。

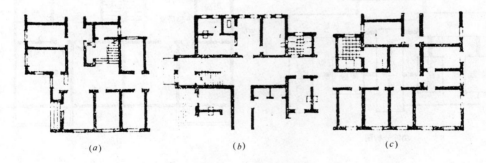

图 2-40　过厅形式

第五节　建筑平面组合设计

每一幢建筑物都是由若干房间组合而成。前面已经着重分析了组成建筑物的各种单个房间与交通联系部分的使用要求和平面设计。如何将这些单个房间与交通联系部分组合起来，使之成为一个使用方便、结构合理、体型简洁、构图完整、造价经济及与环境协调的建筑物，这就是平面组合设计的任务。

建筑平面组合涉及的因素很多，如基地环境、使用功能、物质技术、建筑美观、经济条件等。进行组合设计时，必须在熟悉各组成部分的基础上，紧密结合具体情况，通过调查研究，综合分析各种制约因素，分清主次，认真处理好各方面的关系，如建筑内部与总体环境的关系，建筑物内部各房间与整个建筑之间的关系，建筑使用要求与物质技术、经济条件之间的关系等。在组合过程中反复思考，不断调整修改，使平面设计趋于完善。

一、影响平面组合的因素

(一) 使用功能

不同的建筑，由于性质不同，也就有不同的功能要求。而一幢建筑物的合理性不仅体现在单个房间上，而且很大程度取决于各种房间按功能要求的组合上。如教学楼设计中，虽然教室、办公室本身的大小、形状、门窗布置均满足使用要求，但它们之间的相互关系及走廊、门厅、楼梯的布置不合理，就会造成不同程度的干扰，人流交叉、使用不便，因此，可以说使用功能是平面组合设计的核心。

平面组合的优劣主要体现在合理的功能分区及明确的流线组织两个方面。当然，采光、通风、朝向等要求也应予以充分重视。

1. 合理的功能分区

合理的功能分区是将建筑物若干部分按不同的功能要求进行分类，并根据它们之间的密切程度加以划分，使之分区明确，联系方便。在分析功能关系时，常借助于功能分析图来形象地表示各类建筑的功能关系及联系顺序。按照功能分析图将性质相同、联系密切的房间邻近布置或组合在一起，将使用中有干扰的部分适当分隔。这样，既满足联系密切的要求，又能创造相对独立的使用环境。

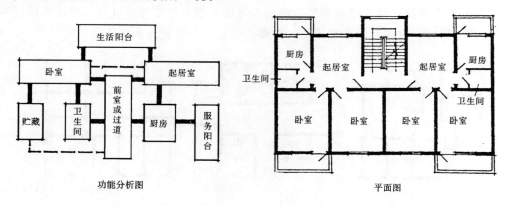

功能分析图　　　　　　　　　平面图

图 2-41　居住建筑房间的主次关系

具体设计时，可根据建筑物不同的功能特征，从以下几个方面进行分析：

(1) 主次关系

组成建筑物的各房间，按使用性质及重要性，必然存在着主次之分。在平面组合时应分清主次、合理安排。如教学楼中，教室、实验室是主要使用房间；办公室、管理室、厕所等则属于次要房间。居住建筑中的居室是主要房间，厨房、贮藏室是次要房间。商业建筑中的营业厅，影剧院中的观众厅、舞台皆属主要房间。平面组合中，一般是将主要使用房间布置在朝向较好的位置，靠近主要出入口，并有良好的采光通风条件，次要房间可布置在条件较差的位置。

图 2-41、图 2-42 分别表示居住建筑、商业建筑房间的主次关系。

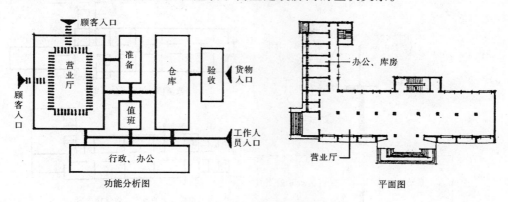

图 2-42 商业建筑房间的主次关系

（2）内外关系

各类建筑的组成房间中，有的对外联系密切，直接为公众服务；有的对内关系密切，供内部使用，如办公楼中的接待室、传达室是对外，而各种办公室是对内的。又如影剧院的观众厅、售票房、休息厅、公共厕所是对外，而办公室、管理室、贮藏室是对内的。平面组合时应妥善处理功能分区的内外关系，一般是将对外联系密切的房间布置在交通枢纽附近，位置明显便于直接对外，而将对内联系较多的房间布置在较隐蔽的位置。图 2-43 表示食堂房间的内外关系。对于食堂建筑，餐厅是对外的，人流量大，应布置在交通方便、位置明显处，而对内性强的厨房等部分则布置在后部，货物入口面向内院较隐蔽的场所。

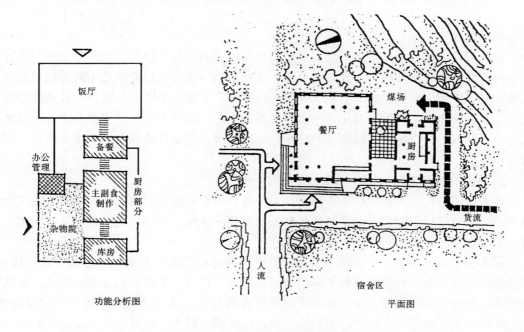

图 2-43 食堂房间的内外关系

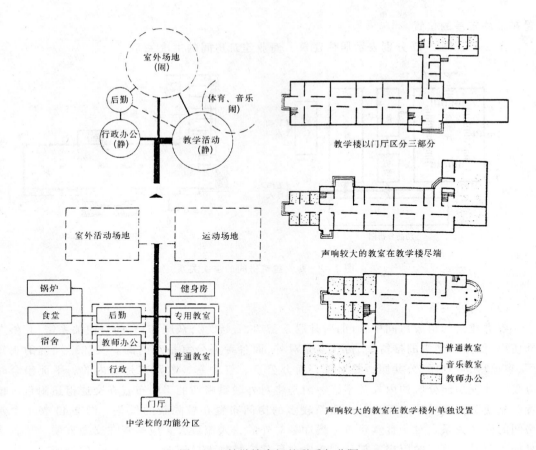

图 2-44 教学楼房间的联系与分隔

(3) 联系与分隔

在分析功能关系时，常根据房间的使用性质如"闹"与"静"、"清"与"污"等方面反映的特性进行功能分区，使其既有分隔，又有适当的联系。如教学楼中的普通教室和音乐教室同属教室，它们之间联系密切，但为防止声音干扰，必须适当隔开。教室与办公室之间要求方便联系，但为了避免学生影响教师的工作，需适当隔开。因此，在教学楼平面组合中，对以上三个部分不同要求的联系与分隔处理，是设计应该考虑的重要因素（图2-44）。

2. 明确的流线组织

各类民用建筑，因使用性质不同，往往存在着多种流线，归纳起来，分为人流及货流两类。所谓流线组织明确，即是要使各种流线简捷、通畅，不迂回逆行，尽量避免相互交叉。

在建筑平面设计中，各房间一般是按使用流线的顺序关系有机地组合起来的。因此，流线组织合理与否，直接影响到平面组合是否紧凑、合理，平面利用是否经济等。如展览馆建筑，各展室常常是按人流参观路线的顺序连贯起来。火车站建筑有旅客进出站路线、行包线路，人流路线按先后顺序为到站—问讯—售票—候车—检票—上车，出站时经由站台验票出站。平面布置时以人流线为主，使进出站及行包线分开，并尽量缩短各种流线的

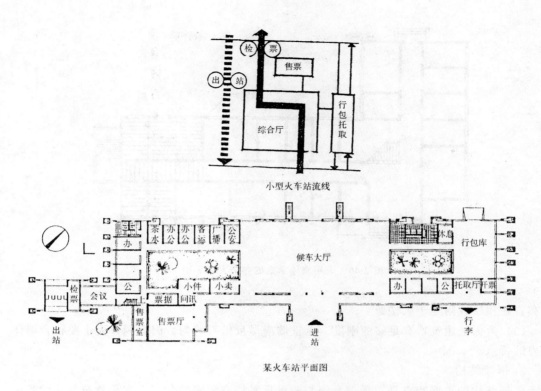

图 2-45 小型火车站流线关系及平面图

长度（图 2-45）。

(二) 结构类型

建筑结构与材料是构成建筑物的物质基础，在很大程度上影响着建筑的平面组合。因此，平面组合在考虑满足使用功能要求的前提下，应选择经济合理的结构方案，并使平面组合与结构布置协调一致。

目前，民用建筑常用的结构类型有三种，即混合结构、框架结构、空间结构。

1. 混合结构

建筑物的主要承重构件有墙、柱、梁板、基础等，以砖墙和钢筋混凝土梁板的混合结构为最普遍。这种结构形式的优点是构造简单、造价较低；其缺点是房间尺寸受钢筋混凝土梁板经济跨度的限制，室内空间小，开窗也受到限制，仅适用于房间开间和进深尺寸较小、层数不多的中小型民用建筑，如住宅、中小学校、医院及办公楼等。

混合结构根据受力方式可分为横墙承重、纵墙承重、纵横墙承重等三种方式。对于房间开间尺寸大部分相同，且符合钢筋混凝土板经济跨度的小空间建筑，常采用横墙承重。当房间进深较统一，且符合钢筋混凝土板的经济跨度，但开间尺寸多样，要求布置灵活时，可采用纵墙承重（图 2-46）。从混合结构的经济和安全性着眼，进行平面组合时应注意以下几点：

(1) 房间开间和进深尺寸应尽量统一，以利于楼板的合理布置，减少楼板类型，并符合钢筋混凝土楼板的经济跨度。

(2) 上下承重墙对齐，尽量避免在大房间上重叠布置小房间。一般情况下，可将大房

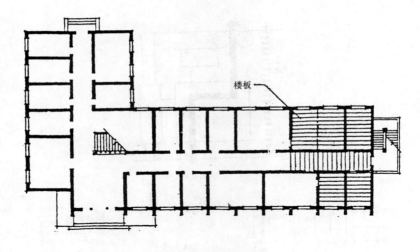

图 2-46 采用墙体承重的办公大楼平面

间布置在顶层或附建于大楼旁。

(3) 为保证建筑物有足够的刚度,承重墙应尽量做到均匀,门窗洞口大小要符合墙体受力的特点。

2. 框架结构

框架结构的主要特点是:承重系统与非承重系统有明确的分工,支承建筑空间的骨架是承重系统,而分割室内外空间的围护结构和轻质隔墙是不承重的。这种结构形式强度高,整体性好,刚度大,抗震性好,平面布局灵活性大,开窗较自由,但钢材、水泥用量大,造价较高。适用于开间、进深较大的商店、教学楼等公共建筑以及多、高层住宅旅馆等(图 2-47)。

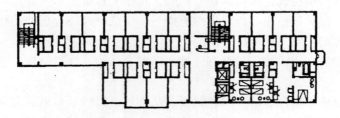

图 2-47 采用框架结构的旅馆平面

3. 空间结构

随着建筑技术、建筑材料和结构理论的进步,新型高效能的结构有了突出的发展,出现了各种大跨度的新型空间结构,如薄壳、悬索、网架等。这类结构用材经济,受力合理,并为解决大跨度的公共建筑提供了有利条件。

薄壳结构是一种新型薄壁空间结构,可充分利用钢筋混凝土的可塑性形成各种形状,如筒壳、折板、波形壳、双曲壳、半球形壳等。薄壳结构特点是壁薄、自重轻,能充分发挥材料的最大效能。当平面形状适合时,可获得较大的刚度,如图 2-48 (a)。

网架结构多采用钢管组合而成,能承受较大的纵向弯曲力,整体性好,刚度大,自重轻，能适用于多种平面形式。从发展上看，对于大跨度公共建筑，采用网架结构具有很大的现实性和经济意义。目前，我国一些大跨度的体育馆多采用网架结构。如南京五台山体育馆、首都体育馆、上海体育馆等，如图2-48（b）。

悬索结构是充分利用高强钢丝组合而成的钢索的耐拉特性来承受拉力，因而较大幅度地节省材料，减轻结构自重，并获得更大跨度的空间。悬索结构造型灵活，可以适应任何形状的平面，如图2-48（c）、（d）。

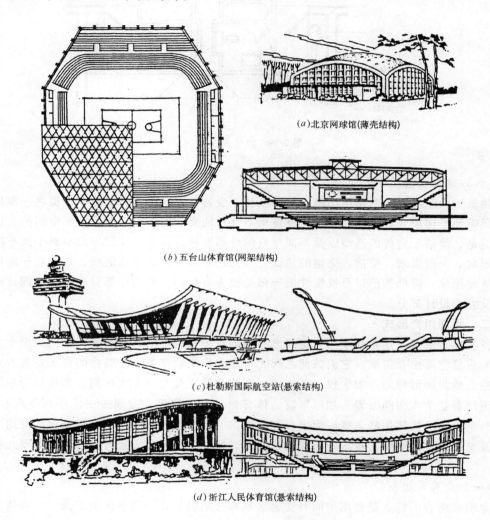

(a) 北京网球馆(薄壳结构)

(b) 五台山体育馆(网架结构)

(c) 杜勒斯国际航空站(悬索结构)

(d) 浙江人民体育馆(悬索结构)

图2-48 空间结构

(三) 设备管线

民用建筑中的设备管线主要包括给水排水、空气调节、采暖以及电气照明等所需的设备管线，它们都占有一定的空间。在进行平面组合时，除应考虑一定的设备位置，恰当地布置相应的房间，如厕所、盥洗，配电室、空调机房、水泵房等以外，对于设备管线比较多的房间，如住宅中的厨房、厕所；学校、办公楼中的厕所、盥洗，旅馆中的客房卫生间、公共卫生间等。在满足使用要求的同时，应尽量将设备管线集中布置，上下对齐，方便使用，有利施工和节约管线。

图2-49中，旅馆卫生间成组布置，利用两个卫生间中间的竖井作为管道垂直方向布置的空间——管道间。管道间上下叠合，管线布置集中。

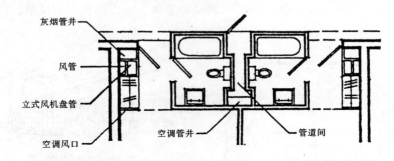

图 2-49 旅馆卫生间

（四）建筑造型

建筑平面组合除受到使用功能、结构类型、设备管线的影响外，建筑造型在一定程度上也影响到平面组合。当然，造型本身是离不开功能要求的，它一般是内部空间的直接反映。但是，简洁、完美的造型以及不同建筑的外部性格特征又会反过来影响到平面布局及平面形状。一般说来，简洁、完整的建筑造型无论对缩短内部交通流线，还是对于简化结构、节约用地、降低造价以及抗震性能等都是极为有利的。有关这部分内容见第四章建筑体型及立面设计部分。

二、平面组合形式

各类建筑由于使用功能不同，房间之间的相互关系也不同。有的建筑，由一个个大小相同的重复空间组合而成，它们彼此之间无一定的使用顺序关系，各房间形式是既联系又相对独立的封闭形房间，如学校、办公楼；有的建筑主要有一个大房间，其他均为附属房间，围绕着这个大房间布置，如电影院、体育馆；有的建筑，房间按一定序列排列而成，即排列顺序完全按使用联系顺序而定，如展览馆、火车站等。平面组合就是根据使用功能特点及交通路线的组织，将不同房间组合起来。这些平面组合大致可以归纳为如下几种形式：

（一）走廊式组合

走廊式组合的特点是使用房间与交通联系部分明确分开，各房间沿走廊一侧或两侧并列布置，房间门直接开向走廊，通过走廊相互联系；各房间基本上不被交通穿越，能较好地保持相对独立性。走廊式组合的优点是：各房间有直接的天然采光和通风，结构简单，施工方便等。因此，这种形式广泛应用于一般民用建筑，特别适用于房间面积不大、数量较多的重复空间组合，如学校、宿舍、医院、旅馆等。

根据房间与走廊布置关系不同，走廊式又可分为内走廊与外走廊两种（图2-50）。外走廊基本上可保证主要房间有好的朝向，并可获得良好的采光通风条件，因此，南方地区的建筑多采用单侧外走廊的布置形式。但这种布局造成走廊过长，交通面积大，房屋进深小，占地面积大和造价不够经济等缺点。个别建筑由于特殊要求，也采用双侧外走廊形

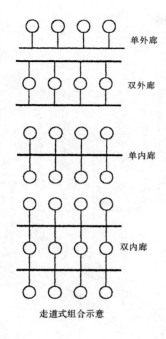
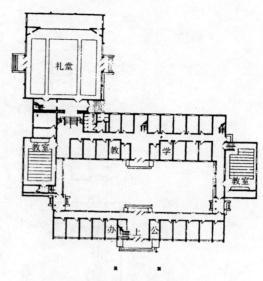

走道式组合示意　　　　　丹东市委党校办公楼平面

图 2-50　走廊式组合实例

式。内走廊各房间沿走廊两侧布置，平面紧凑，占地面积小，节约用地，外墙长度较短，对建筑节能有利。但这种布局难免出现一部分使用房间布置在朝向较差的一面，且走廊采光通风较差，房间之间相互干扰较大等缺点。

（二）套间式组合

套间式组合的特点是用穿套的方式按一定的序列组织空间。房间与房间之间相互穿套，不再通过走廊联系。因此，平面布置紧凑，面积利用率高，房间之间联系方便。缺点是各房间使用不灵活，相互干扰大。

套间式组合按其空间序列的不同又可分为串联式和放射式两种。串联式是按一定的顺序关系将房间连接起来的；放射式是将各房间围绕交通枢纽呈放射状布置（图 2-51、图 2-52）。

（三）大厅式组合

大厅式组合是以公共活动的大厅为主穿插布置辅助房间。这种组合的特点是主体房间使用人数多，面积大，层高大；辅助房间与大厅相比，尺寸大小悬殊，常布置在大厅周围，并与主体房间保持一定的联系。随功能要求的不同，大厅式平面组合又可分为两大类：

（1）有视、听要求的大厅；如影剧院、体育馆等。大厅基本上是封闭的，采用人工照明甚至机械通风。厅内无柱子，对视线无遮挡，大厅常采用大跨度的空间结构或桁架结构，辅助房间布置在大厅周围（图 2-53）。

（2）供人流聚集或进行商业活动的大厅，如火车站、航空港、大型商场、食堂等。这类建筑大厅平面尺寸也很大，在满足使用要求的前提下，大厅内允许布置柱子，因此可形成多层大厅（图 2-54）。

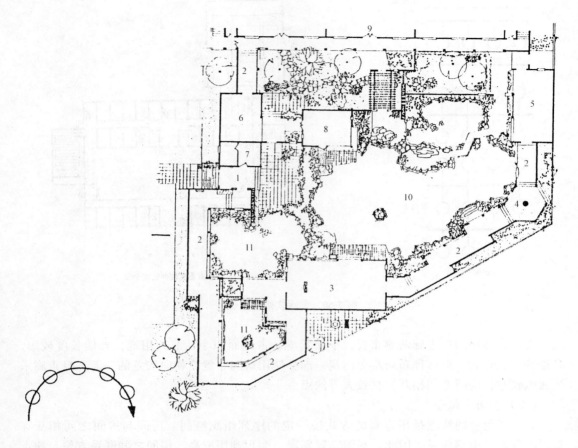

图 2-51 串联式空间组合实例

1—主要入口门廊；2—碑石展廊；3—南碑石展厅；4—唐碑亭；5—东碑石展厅；6—西碑石展厅；
7—管理室；8—接待室；9—原有展览楼；10—红鲤鱼池；11—金鱼池；

大厅式组合除应满足使用要求以外，要特别注意交通路线的组织，以满足人流畅通，导向明确，疏散安全等要求。

（四）单元式组合

将关系密切的房间组合在一起成为一个相对独立的整体，称为单元。将一种或多种单元按地形和环境情况在水平或垂直的方向重复组合起来成为一幢建筑，这种组合方式称为单元式组合。

单元式组合的优点是能提高建筑标准化，节省设计工作量，简化施工，同时功能分区明确，平面布置紧凑，单元与单元之间相对独立，互不干扰。除此以外，单元式组合布局灵活，能适应不同的地形，形成多种不同组合形式，因此，广泛用于大量性民用建筑，如住宅、学校、医院、幼儿园等（图 2-55、图 2-56）。

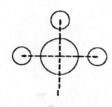
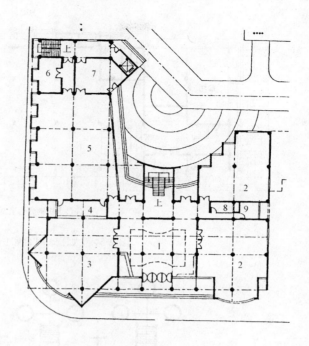

放射式组合示意　　　　　　　　　　上海崇明图书馆平面

图 2-52　放射式空间组合实例
1—门厅；2—报刊阅览室；3—目录大厅；4—借还书处；
5—基本书库（设夹层）；6—电脑检索；7—采编室；8—女厕；9—男厕

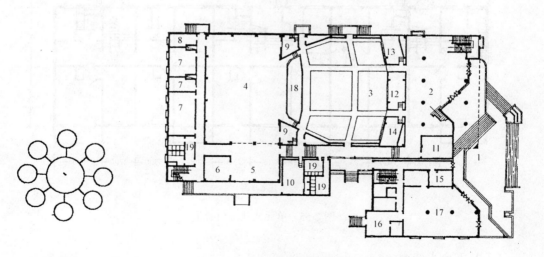

大厅式组合示意　　　　　　　　　　山西洪洞县飞虹影剧院平面

图 2-53　大厅式组合实例之一
1—平台；2—前厅；3—池座；4—主台；5—侧台；6—道具；
7—化妆；8—配电；9—耳光；10—贵宾室；11—值班室；
12—放映室；13—声控室；14—光控室；15—售票室；16—办公室；17—商店；18—乐池；19—卫生间

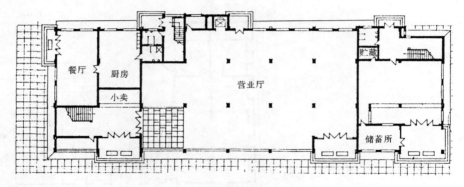

许昌市供销商场平面

图 2-54 大厅式组合实例之二

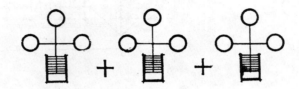

组合示意

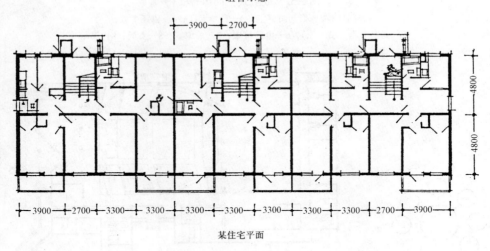

某住宅平面

图 2-55 单元式住宅组合形式

（五）混合式组合

某些民用建筑，由于功能关系复杂，往往不能局限于某一种组合形式，而必须采用多种形式综合地加以解决，这样的组合形式称为混合式组合，常用于旅馆、俱乐部、图书馆等建筑。如图 2-57 长春电影宫，由较小空间的洽谈室、小电影厅和大空间的观众厅、休息厅、中厅等组成，小电影厅和洽谈室采用走廊式组合，而大厅则采用大厅式组合，局部采用套房式布局。整幢建筑形成功能分区明确，既有联系又相互分隔的有机整体。

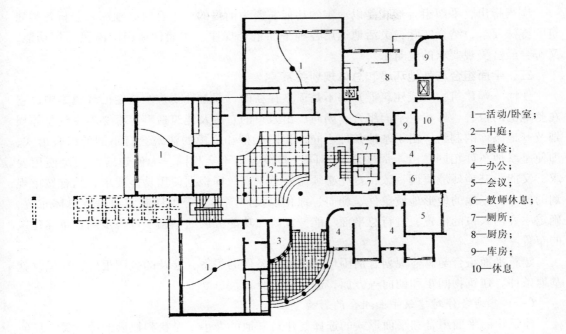

图 2-56 采用单元式组合的幼儿园平面

1—活动/卧室；
2—中庭；
3—晨检；
4—办公；
5—会议；
6—教师休息；
7—厕所；
8—厨房；
9—库房；
10—休息

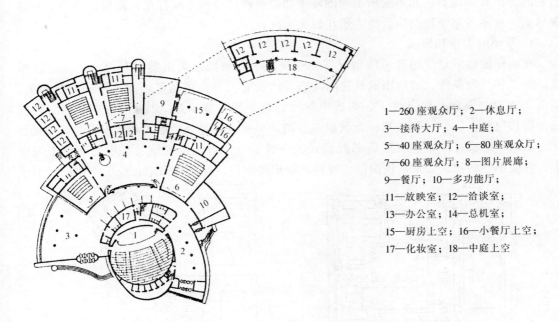

1—260座观众厅；2—休息厅；
3—接待大厅；4—中庭；
5—40座观众厅；6—80座观众厅；
7—60座观众厅；8—图片展廊；
9—餐厅；10—多功能厅；
11—放映室；12—洽谈室；
13—办公室；14—总机室；
15—厨房上空；16—小餐厅上空；
17—化妆室；18—中庭上空

图 2-57 混合式组合实例

以上是民用建筑常用的平面组合形式，随着时代的前进，使用功能也必然会发生变化，加上新结构、新材料、新设备的不断出现，新的形式将会层出不穷，如自由灵活的大空间分隔形式及庭园式空间组合形式等。

61

应当指出，平面组合形式是以一定的功能需要为前提的，组合时必须深入分析各类建筑的特殊要求，结合实际，灵活地运用各种平面组合规律，才能创造出既满足使用功能，又符合经济美观要求的建筑来。

三、平面组合与基地环境和总体规划关系

任何一幢建筑物（或建筑群）都不是孤立存在的，而是处于一个特定的环境之中，它在基地上的位置、形状、平面组合、朝向、出入口的布置及建筑造型等都必然受到总体规划及基地条件的制约。由于基地条件不同，相同类型和规模的建筑会有不同的组合形式，即使是基地条件相同，由于周围环境不同，其组合也不会相同。为使建筑既满足使用要求，又能与基地环境协调一致，首先必须做好总平面。即根据使用功能要求，结合城市规划的要求，场地的地形地质条件、朝向、绿化以及周围建筑等因地制宜地进行总体布置，确定主要出入口的位置，进行总平面功能分区。在功能分区的基础上进一步确定单体建筑的布置。

建筑平面组合与总体规划、周围环境、基地条件的关系，涉及的范围很广，这里仅就基地条件、建筑物间距和朝向等方面，进行扼要分析。

（一）基地条件对建筑平面组合的影响

建筑物的平面组合和平面形式的选择与建筑基地的大小、形状和地形条件有关。任何建筑，只有当它和周围环境融合在一起而构成一个统一、谐调的整体时，才能充发地显示出它的价值和表现力；如果脱离了周围环境和建筑群体而孤立地存在，即使建筑物本身尽善尽美，也不可避免地会因为失去烘托而大为减色。

1. 基地的大小和形状

在同样能够满足使用要求的情况下，建筑的平面布局是采用集中布置，还是分散布置，除了和气候条件、节约用地及管网设施等因素有关外，还与基地的大小和形状有关。如图2-58是在不同基地条件下，两所中学校的总平面布置示意，其中（a）基地面积宽畅，形状规整；（b）基地狭窄，形状也不规则，形成了两幢平面形式截然不同的教学楼。

基地状况又直接影响着建筑平面形式。一般来说，当场地规整、平坦时，对于规模小，性质单一的建筑，常采用简洁、规整的矩形平面，以使结构简单，施工方便；对于建

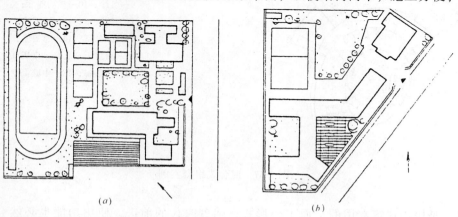

图2-58 不同基地条件的中学校总平面布置示意

筑规模大、功能关系复杂、房间数量较多的公共建筑，根据功能要求，结合地段状况，考虑室外场地（包括集散广场、活动场地、停车场地和堆放场地等）的设置，可采用"L"形、"Π"形、"I"形、"口"形、"Ⅲ"形以及由此派生出来的其他平面形式。当建筑场地狭窄，则考虑建筑的性质和使用要求，结合场地的具体情况，可设计为圆形、三角形，梯形、"Y"形、扇形或其他不规则的平面形状。图2-59为天津市贵州路中学，地段处于六条道路的交叉口处，为弧状三角形用地，其西边为城市主要干道。该教学楼采用"Y"形平面形式，这样处理既争取了好的朝向，又照顾了城市的街景面貌，达到充分利用环境特点，丰富室内外空间的目的。

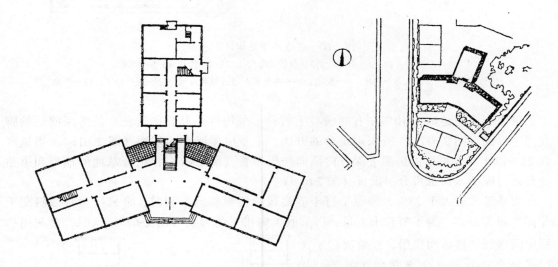

图 2-59　基地状况对平面布置影响示例

此外，城市沿街建筑，要考虑城市交通和沿街景观的要求，在平面组合时，采取相应的措施。当建筑物位于城市干道的交叉口处，为了避免建筑物出入人流与街道转角处的来往行人的相互干扰，常把建筑作曲尺形，并后退一定距离，形成一个开阔场地，这样也有利于车辆转弯时，避免视线遮挡。图2-60为太原三江商场布局。

2. 基地的地形条件

建筑基地的地形条件，对建筑平面组合的影响也十分明显。在地势平坦，地形有利的条件下，建筑布局有较大的回旋余地，可以有多种布局形式；在地势起伏变化，地形比较特殊的条件下，平面组合必然要受到多方面的限制和约束。但是，如果能够巧妙地利用地形条件，不仅具有良好的经济效果，而且还可以赋予设计方案以鲜明的特点。

坡地建筑的平面设计，应依山就势，顺应地势的起伏变化，按照坡度大小，朝向以及通风要求，使建筑布局、平面组合、剖面关系与地形条件紧密结合。坡地上房屋位置的选择，应进行详细勘测调查，注意滑坡、溶洞、地下水的分布情况；地震区应尽量避免在陡坡及断层上建造房屋。

建筑物与等高线的相互关系，可分为平行于高等线和垂直于等高线两种布置方式。当基地坡度小于25%时，可以将房屋平行于等高线布置。这种布置方式，节省土方和基础

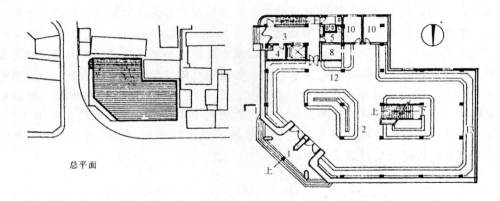

图 2-60 街道转变处建筑布置

1—顾客入口；2—营业厅；3—货物及办公入口；4—传达室；5—厕所；
6—值班室；7—橱窗；8—仓库；9—配电；10—办公室；11—服装开架；12—家具开架；13—外廊

工程量。当房屋建造在10%左右的缓坡上时，可采用提高勒脚的方法，使房屋前后勒脚在同一标高（图2-61a），或采用筑台的方法，平整房屋所在的基地（图2-61b）。当坡度在25%以上时，可以沿房屋进深方向横向错层布置（图2-61c），结合基地的地形和道路分布，房屋的入口也可分层设置（图2-61d）。

当基地坡度大于25%，房屋平行于等高线布置对朝向不利时，常采用垂直或斜交于等高线布置方式。为了节省土方量，可采取纵向错层的方法（图2-62）。这时，常利用房屋中间部分的楼梯间错层，以解决错层部分之间的垂直交通联系（图2-62b）；单元式住宅，也可以按住宅单元纵向错层，以使结构合理，构造简单。

（二）建筑物间距

建筑物间距的确定，主要考虑以下因素：

（1）房屋的室外使用要求，如行人、车辆通行的道路，房屋之间的噪声、视线干扰等；

（2）日照，通风等卫生要求；

（3）防火安全要求（应符合建筑设计防火规范的规定）；

（4）建筑观瞻、室外活动空间及绿化用地的要求；

（5）建筑施工的要求；

（6）节约用地等。

对于住宅、宿舍等成排布置的建

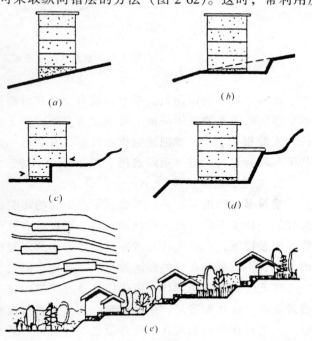

图 2-61 建筑物平行于等高线布置示意

(a) 前后勒脚调整到同一标高；(b) 筑台；
(c) 横向错层；(d) 入口分层设置；(e) 平行于等高线布置示意

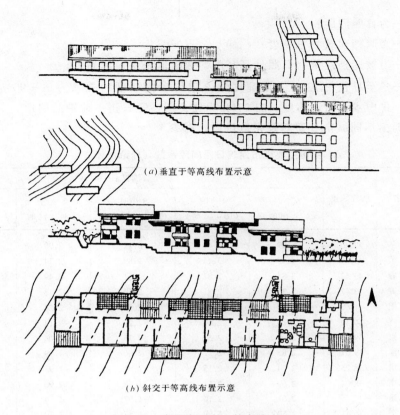

(a) 垂直于等高线布置示意

(b) 斜交于等高线布置示意

图 2-62 建筑物垂直于等高线布置

筑，日照要求通常是确定房屋间距的主要因素。因为在一般情况下，除了室外庭院所需的室外空间外，满足了日照间距的要求，其他因素就基本能得到满足。日照间距应满足使后排房屋在底层窗台高度以上部分，冬季能有一定日照时间的要求（图 2-63）。通常计算时，以当地冬至日（12月22日左右）正午12时的高度角作为确定房屋日照间距的依据。当建筑物朝向为正南，日照间距由下式计算：

$$L = (H - H_1)\text{ctg}h$$

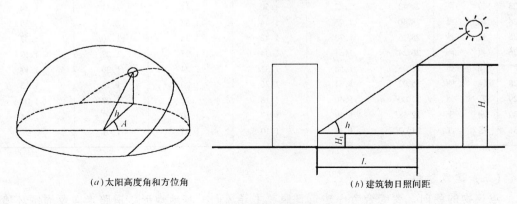

(a) 太阳高度角和方位角 　　　(b) 建筑物日照间距

图 2-63 日照和建筑物的间距

65

式中　　L——为日照间距；

　　　　H——为遮挡建筑物总高度；

　　　　H_1——为被遮挡建筑物日照计算高度，通常取底层窗台高度；

　　　　h——冬至日正午12时太阳高度角，它与当地纬度的关系为 $h = 90° - 23°27' - \phi$，式中ϕ为当地纬度，$23°27'$为赤纬，即冬至日正午地轴的偏角。

表2-8列出不同城市日照间距系数供设计时参考。

我国主要城市建筑日照间距系数（理论计算值）　　表2-8

序号	地名	地理纬度	冬至日满窗日照时数				
			6小时 (9~15时)	4小时 (10~14时)	3小时 (10:30~13:30)	2小时 (11时~13时)	正午12时
1	齐齐哈尔	47°20′	5.09	3.47	3.12	2.99	2.87
2	哈尔滨	45°45′	4.43	3.15	2.89	2.74	2.63
3	长春	43°52′	3.83	2.82	2.61	2.49	2.39
4	乌鲁木齐	43°47′	3.36	2.81	2.60	2.48	2.38
5	沈阳	41°46′	3.15	2.52	2.35	2.24	2.17
6	呼和浩特	40°49′	3.05	2.41	2.27	2.14	2.07
7	北京	39°57′	2.98	2.31	2.15	2.06	2.00
8	天津	39°07′	2.85	2.22	2.06	1.99	1.93
9	银川	38°25′	2.74	2.15	2.01	1.93	1.87
10	石家庄	38°04′	2.69	2.11	1.98	1.90	1.84
11	太原	37°55′	2.67	2.10	1.97	1.89	1.83
12	济南	36°41′	2.50	1.99	1.87	1.79	1.74
13	西宁	36°35′	2.49	1.98	1.86	1.79	1.73
14	兰州	36°01′	2.38	1.93	1.82	1.74	1.70
15	郑州	34°44′	2.28	1.83	1.72	1.65	1.61
16	西安	34°15′	2.22	1.78	1.70	1.62	1.58
17	南京	32°04′	2.01	1.64	1.55	1.50	1.46
18	合肥	31°53′	2.00	1.63	1.54	1.49	1.45
19	上海	31°12′	1.99	1.59	1.49	1.45	1.41
20	成都	30°40′	1.89	1.56	1.47	1.42	1.38
21	武汉	30°38′	1.89	1.55	1.45	1.42	1.38
22	杭州	30°20′	1.86	1.53	1.43	1.40	1.37
23	拉萨	29°43′	1.82	1.50	1.41	1.37	1.34
24	南昌	28°40′	1.75	1.44	1.37	1.32	1.29
25	长沙	28°15′	1.72	1.42	1.35	1.30	1.27
26	贵阳	26°24′	1.61	1.34	1.27	1.22	1.19
27	福州	26°05′	1.58	1.31	1.24	1.20	1.17
28	昆明	25°02′	1.51	1.26	1.20	1.16	1.13
29	广州	23°00′	1.40	1.18	1.12	1.08	1.05
30	南宁	22°48′	1.39	1.17	1.10	1.07	1.04
31	湛江	21°02′	1.31	1.10	1.05	1.01	0.98

（三）建筑朝向

建筑物的朝向，要综合考虑建筑日照、主导风向、基地地形、道路走向及周围环境等因素。在一般情况下，建筑物的朝向应有利于在冬季能获得较多的阳光直射、紫外线和太阳辐射热；在夏季应避免过多的日照，以减少太阳辐射热。根据我国所处的地理纬度，建筑物的朝向以南向或南偏东（西）一定的角度为好。在南方炎热地区，为了改善夏季室内的气候状况，确定建筑朝向时，应兼顾到夏季主导风向。当条件许可时，建筑物长轴与夏季主导风向的夹角不小于45°。在多风沙地区，建筑朝向还应考虑到尽可能避开风沙出现季节的主导风向。

一些人流比较集中的公共建筑，主要朝向通常和街道位置、人流走向、周围环境有关；风景区的建筑，一般又以山河景色，绿化条件作为考虑建筑朝向的主要因素。

沿街建筑物的朝向，还应考虑到道路的走向。一般常将建筑物的长轴与道路平行布置。当街道为南北走向时，为使街道两侧建筑物获得好的朝向，常把建筑的主体部分南北向布置，将辅助用房或商业服务性建筑沿街布置，两者连成一个整体（图2-64），这样既照顾了城市街景要求，又使主体建筑处于好的朝向。

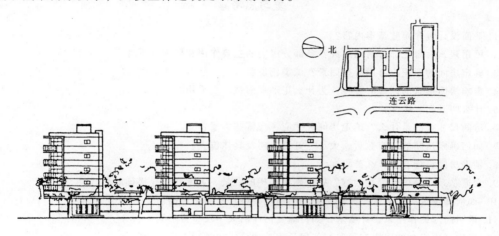

图 2-64　沿街建筑布置

小　结

1. 民用建筑平面设计包括房间设计和平面组合设计。各种类型的民用建筑，其平面均可归纳为使用和交通联系两个基本组成部分。

2. 使用房间是供人们生活、工作、学习、娱乐等的必要房间。为满足使用要求，必须有适合的房间面积、尺寸、形状及良好的朝向、采光、通风、疏散条件。同时，还应符合建筑模数协调统一的要求，并保证经济合理的结构布置等。

3. 辅助房间的设计原理和方法与使用房间设计基本相同。但是，由于这一类房间设备管线较多，设计中要特别注意房间的布置和与其他房间的位置关系，否则会造成使用、维修管理不便和造价增加等缺点。

4. 建筑物内各房间之间以及室内外之间均要通过交通联系部分组合成有机整体。交通联系部分应具有足够的尺寸，流线简捷、明确，不迂回，有明显的导向性，有足够的照度和舒适感，保证安全防火等。

5. 平面组合设计应遵循以下原则：功能分区合理，流线组织明确，平面布局紧凑，结构经济合理，设备管线布置集中，体型简洁。

6. 民用建筑平面组合的方式有走廊式、套间式、大厅式、单元式及混合式等。

7. 任何建筑都处在一个特定的建筑地段上，单体建筑必然要受到基地环境、大小、形状、地形起伏变化、气象、道路及城市规划等的制约。因此，建筑组合设计必须密切结合环境，做到因地制宜。

8. 建筑物之间的距离主要根据建筑物的日照通风条件，防火安全要求来确定。除此以外，还应综合考虑防止声音和视线的干扰，兼顾绿化、室外工程、地形利用及建筑空间环境等的要求。对于一般建筑，只着重考虑日照间距问题。

9. 建筑朝向是建筑设计考虑的重要问题，要综合考虑日照、风向、地形、道路走向、周围环境等，在我国地理纬度条件下，以向南和南偏东（西）为好。

复习思考题

1. 平面设计包含哪些基本内容？
2. 民用建筑由哪几部分房间组成？各部分房间的主要作用和要求有哪些？
3. 确定房间的面积应考虑哪些因素？试举例说明？
4. 影响房间形状的因素有哪些？为什么矩形平面被广泛采用？
5. 什么叫开间、进深？
6. 房间尺寸指的是什么？确定房间尺寸应考虑哪些因素？
7. 如何确定房间的门窗数量、大小、开启方向及具体位置？
8. 辅助房间设计有些什么要求？
9. 交通联系部分包括哪些内容？如何确定楼梯的数量、宽度和选择楼梯的形式？
10. 如何确定走廊的宽度？试说明走廊的类型、特点及适用范围。
11. 说明门厅的作用及设计要求，如何确定门厅的大小及布置形式？
12. 影响平面组合的因素有哪些？如何运用功能分析法进行平面组合？
13. 大量性民用建筑常用的结构类型有哪些？说明其主要特点及适用范围。
14. 走廊式、套间式、大厅式、单元式、混合式等各种组合形式的特点和适用范围是什么？并以图例说明。
15. 基地的大小、形状、高低起伏对平面组合有什么影响？试举例说明。
16. 建筑物如何争取好的朝向？建筑物之间的间距如何确定？

第三章 建筑剖面设计

　　剖面设计是建筑设计的基本组成部分之一，它与平面设计是从两个不同的方面来反映建筑物内部空间的关系。平面设计着重解决内部空间在水平方向上的问题，而剖面设计则主要研究竖向空间的处理，两个方面同样都涉及到建筑的使用功能、技术经济条件、周围环境等问题。一般说来，剖面设计是在平面设计的基础之上进行的，而不同的剖面关系又会反过来影响到建筑平面的布局。如旅馆建筑，由于使用功能要求，常设有很多大小不同、性质各异的房间，在平面设计中常将客房、办公、管理等小房间集中布置在一起，而将餐厅、厨房等大房间附建于主体建筑周围或与之脱开。因此，由于大小空间的不同以及数量上的差异，在剖面上常形成高低错落的空间组合方式；平面设计中房间的面积大小、进深尺寸直接影响到房屋层高的确定等等。因此，在建筑设计中，必须将平面与剖面密切结合起来考虑，并充分注意两者的相互联系与制约关系，不断调整修改，使设计更加完善、合理。

　　概括起来，剖面设计应包括以下主要内容：

1．确定房屋层数和各部分高度。
2．解决房屋天然采光、自然通风、保温、隔热等。
3．进行房屋竖向空间的组合，研究建筑空间的利用。

第一节　建筑层数的确定

建筑层数在房屋设计初期就必须确定，否则平面布置、剖面和立面设计将无法进行。

一、影响建筑层数的因数

（一）使用要求

　　由于建筑用途不同，使用对象不同，对建筑层数往往有不同的要求。如对于托儿所、幼儿园等建筑，考虑到儿童的生理特点和安全，同时为便于室内与室外活动场所的联系，其层数不应超过3层。医院门诊部大楼为方便病人的就诊，层数也以不超过3层为宜。影剧院、体育馆等一类公共建筑都具有面积和高度较大的房间，人流集中，为迅速而安全地进行疏散，宜建成一层或低层为主。而住宅、办公楼、旅馆等建筑，使用人数不多，室内空间高度较低，多由若干面积不大的房间组成，即使是灵活分隔的大空间办公室，其空间高度、房间荷重也不大。因此，这一类建筑可采用多层和高层，利用楼梯、电梯作为垂直交通工具。

（二）建筑结构、材料等技术条件影响

　　建筑结构类型和材料是决定房屋层数的基本因素。如一般混合结构的建筑是以墙或柱承重的梁板结构体系，墙体材料多采用砖或砌块，自重大，整体性差。墙体厚度随层数的增加，下部墙体愈来愈厚，既费材料又减少有效的使用空间。因此，混合结构的建筑一般为1～6层，常用于一般大量性民用建筑，如一般住宅、宿舍、中小学教学楼、中小型办公楼、医院、食堂等。

多层和高层建筑，可采用梁柱承重的框架结构、剪力墙结构或框架剪力墙结构等结构体系。图3-1 表示各种结构体系的适用层数。

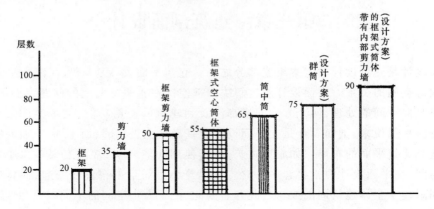

图3-1　不同结构体系适用层数（美国著名工程师坎恩建议）

空间结构体系，如薄壳、网架、悬索等则适用于低层大跨度建筑，如影剧院、体育馆、仓库、食堂等。

抗震区建筑，由于结构形式与地震烈度的不同对建筑层数也有相应限制。

确定房屋的层数除受结构类型的影响外，建筑的施工条件、起重设备、吊装能力以及施工方法等均对层数有所影响。如吊装能力的大小对构件的重量、建筑总高度的限制；又如滑模施工，由于是利用一套提升设备使模板随着浇筑的混凝土不断向上滑升，直至完成全部钢筋混凝土工程量，建筑结构整体性较预制装配好，同时可以节约大量模板，缩短工期，降低造价。因此，对于多层和高层钢筋混凝土结构的建筑是适宜的，而且层数愈多，经济效果也愈显著。

（三）建筑基地环境与城市规划要求

房屋的层数与所在地段的大小、高低起伏变化有关。如在相同建筑面积的条件下，基地范围小，底层占地面积也小，相应层数也可能多一些；地形变化陡，从减少土石方、布置灵活考虑，建筑物的长度、进深不宜过大，从而建筑物的层数也可相应增加。

此外，确定房屋的层数也与建筑设计的其他部分一样，不能脱离一定的环境条件。特别是位于城市街道两侧、广场周围、风景园林区等，必须重视建筑与环境的关系，做到与周围建筑物、道路、绿化等协调一致。同时要符合各地区城市规划部门对整个城市面貌的统一要求。如西安钟楼附近建筑，当决定其建筑高度时，往往要考虑与钟楼高度协调一致。

风景园林区显然与街道的环境特点不同，应以自然环境为主，充分借助大自然的美来丰富建筑空间，并通过建筑处理使风景更加宜人，因此宜采用小巧、低层的建筑群，避免采用多层和高层房屋形成喧宾夺主的效果。图3-2 为桂林伏波山伏波楼，采用低层的建筑布局，使建筑与景色融为一体。

（四）建筑防火要求

按《建筑设计防火规范》和《高层民用建筑设计防火规范》的规定，建筑的层数与建

图 3-2 桂林伏波山伏波楼

筑耐火等级有关，如一、二级耐火等级建筑，原则上层数不受限制；三级耐火等级的民用建筑物，允许层数为1~5层，四级耐火等级建筑物，允许1~2层。

（五）建筑经济效果

建筑物的造价一般与层数有密切关系，以砖混结构的住宅为例，在墙身截面尺寸不变的情况下，随着层数的增加，单方造价将有所降低。这是由于建筑面积相同，层数愈多，占地面积愈少，地坪、基础、屋盖等的费用也相应减少的缘故。但是到了6层以上时，由于砖墙截面尺寸的变化，层数增加使单方造价显著上升。一般情况下以5层比较经济。

除此以外，在建筑群体组合中，个体建筑的层数愈多，用地愈经济。如图3-3，把一幢5层房屋和5幢单层平房相比较，在保证日照间距的条件下，用地面积要增加近1倍。层数的增多不仅可以节约用地，同时还可以降低市政工程费用。应当指出，层数的增多也会随着结构形式的变化以及公共设施费用的增加而提高单方造价，因此，在确定层数时必须综合考虑各方面的因素。

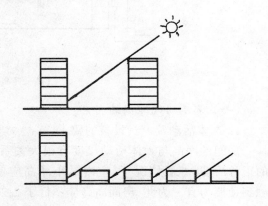

图 3-3 单层和多层房屋用地比较

二、根据具体情况确定建筑层数

以上阐明影响层数的因素不都是等同的，具体确定建筑层数时，应根据实际情况进行分析。

当城市规划对建筑层数有明确要求时,要局部服从整体,按规划要求层数进行建设。如规划与使用要求有矛盾时,也应在符合城市规划要求的前提下,或另行选址,或几个单位合建,或削减层数。

当城市规划对建筑层数无特殊要求时,应以使用要求为主选择层数。一般情况下,当建设办公、住宅、宿舍等大量性建筑时,应以五、六层为主。经济条件允许,或基地限制需向高空发展,也可建高层。

至于材料、结构技术条件及防火要求,可在满足使用与城规条件下,选择与层数相适应的结构形式与建筑耐火等级。

第二节 建筑各部分高度的确定

一、房间的净高与层高

房间的净高是指楼地面到顶棚下表面之间的距离。如果顶棚有暴露大梁,则净高应算至梁底面。层高是指相邻两层楼地面之间的距离(图3-4)。房间的高度恰当与否,直接影响到房间的使用、经济以及室内空间的艺术效果。在通常情况下,房间的高度是根据室内家具设备尺寸、人体活动要求、采光、通风、照明、技术经济条件以及室内空间比例等因素综合确定的。

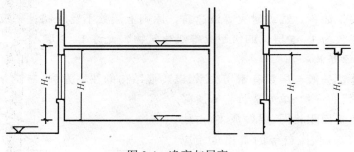

图3-4 净高与层高
(H_1—净高;H_2—层高)

(一)影响房间净高的因素

1. 人体活动及家具设备的要求

房间的净高与人体活动尺度有很大关系,为保证人们的正常活动,一般情况下,室内最小净高应使人举手不接触到顶棚为宜。为此,房间净高应不低于2.20m(图3-5)。

不同类型的房间,由于使用人数不同、房间面积大小不同,对房间的净高要求也不相同。卧室使用人数较少,面积不大,又无特殊要求,故净高≥2.4m;教室使用人数多,面积相应增大,净高宜高一些,一般常取3.10~3.40m;公共建筑的门厅是接纳、分配人流及联系各部分的交通枢纽,也是人们活动的集散地,人流较多,高度可较其他房间适当提高;商店营业厅净高受房间面

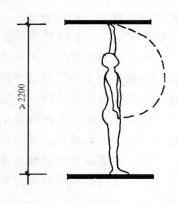

图3-5 房间的最小净高

积及客流量多少等因素的影响，国内大中型营业厅（无空调设备的）净高3.0~3.5m。

除此以外，房间的家具设备以及人们使用家具设备所需的必要空间，也直接影响到房间的净高。图3-6表示家具设备和使用活动要求对房间高度的影响。其中（a）图，学生宿舍通常设有双层床，考虑床的尺寸及必要的使用空间，净高应比一般住宅适当提高，净高不宜小于3.0m；（b）图医院手术室净高应考虑手术台、无影灯以及手术操作所必要的空间。

2. 采光、通风的要求

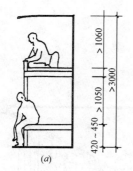 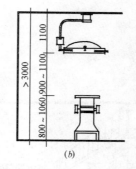 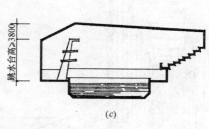

图3-6 家具设备和使用活动要求对房间高度的影响
(a) 宿舍；(b) 手术室；(c) 跳水馆

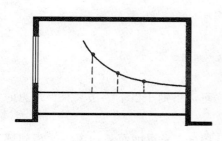

图3-7 单侧采光室内照度变化示意

房间的净高应满足自然采光和自然通风要求，以保证房间必要的卫生条件。理论和实践证明，当窗户面积不变时，侧窗上缘的高度愈高，对室内远窗点的照度愈有利。图3-7为单侧采光室内照度变化示意，从图中可以看出，沿进深方向照度衰减很大，因此进深大的房间，为满足房间的采光要求，常提高窗上缘的高度，此时房间净高亦相应加大。

除此之外，为保证室内二氧化碳浓度低于一定水平，保证必要的卫生条件，对一些使用人数多，无空调设备，又经常关闭门窗的房间，如影剧院观众厅、中小学教室、电化教室等，每人应占有一定的空气量。如中小学教室为$3~5m^3$/人，影剧院为$3.5~5.5m^3$/人，据此可确定出符合卫生要求的房间净高。

3. 室内空间比例

按照上述要求合理地确定房间高度的同时，还应注意房间的高宽比例，给人以正常的空间感觉。一般说，面积大的房间高度应高一些，面积小的房间则可适当降低。同时，不同的比例尺度往往得出不同的心理效果。高而窄的比例易使人产生兴奋、激昂、向上的情绪，且具有严肃感，但过高就会觉得不亲切；宽而矮的空间使人感觉宁静、开阔、亲切，但过低又会使人产生压抑、沉闷的感觉。住宅建筑要求空间具有小巧、亲切、安静的气氛；纪念性建筑则要求高大的空间以造成严肃、庄重的气氛；大型公共建筑的休息厅、门厅要求具有开阔、博大的气氛。巧妙地运用空间比例的变化，使物质功能与精神感受结合起来，就能获得理想的效果。某建筑运用高而窄的比例处理门廊空间，从而获得庄严、雄伟的效果。图3-8（b），某建筑用宽而较矮的空间处理手法，使人感到亲切与开阔。

（a）高而窄的空间比例　　　　　　　　　　　（b）宽而较矮的空间比例

图3-8　空间比例不同给人以不同的感受

处理空间比例时，在不增加房间高度的情况下，可以借助于以下手法来获得理想的空间效果：

（1）利用窗户的不同处理来调节空间的比例感。图3-9采用细而长的窗户使房间感觉高一些，宽而扁的窗户则感觉房间低一些。德国萨尔布吕肯画廊门厅，宽而低矮的房间由于侧面开了一排落地窗，将窗外景色引入室内，扩大了视野，起到了改变空间比例的效果（图3-10）。

（2）运用以低衬高的对比手法，将次要房间顶棚降低，从而使主要空间显得更加高大，次要空间感到亲切宜人（图3-11）。

综上所述，一般民用建筑净高可取以下数值：住宅≮2.4m；宿舍单层床≮2.5m，双层床≮3.0m；办公室≮2.6m，小学教室≮3.1m，中学教室≮3.4m，大餐厅≮3.0m。

（二）层高的确定

层高是剖面设计的重要参数，是工程常用的控制尺寸。从图3-4可知确定建筑层高时，除考虑净高以外；应考虑楼层的结构构造尺寸，因层高尺寸随结构层的高度而变化。结构层愈高则层高愈大，结构层愈小，则层高相应也小。其次还应考虑符合建筑模数要求及建筑的经济效果等因素，大量性民用建筑层高当≤3.6m时，符合1m，当＞3.6m时，符

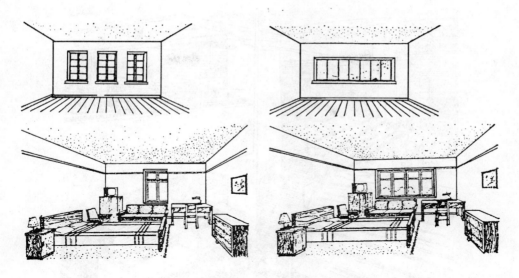

图 3-9 窗户的比例不同对房间的高度感的影响

图 3-10 设大片落地窗来改变房间的比例效果

合 3M,另外,在满足使用要求和卫生要求的前提下,适当降低层高可相应减小房屋的间距、节约用地、减轻房屋自重,改善结构受力情况,节约材料。寒冷地区及有空调要求的建筑,可减少空调费用、节约能源。实践表明,普通砖混结构的建筑物,层高每降低 100mm,可节省投资 1%。

一般大量性民用建筑常用层高为:住宅 2.7~2.8m,宿舍 2.7~2.8m(单层床)和 3.2~3.3m(双层床);中学教室,3.9~4.2m;小学教室 3.6~3.9m,办公室 2.8~3.3m。

二、其他各部分高度的确定

(一)室内外高差

建筑物室内外地面高差主要由以下因素确定:

(1)内外联系方便:建筑物室内外高差应方便内外联系,特别对于一般住宅、商店、医院等建筑更是如此。室内外高差≯600mm 为好。对于仓库一类建筑,为便于运输,在入口处常设置坡道,为不使坡道过长影响室外道路布置,室内外地面高差以不超过 300mm 为宜。

(2)防水、防潮要求:为了防止室外雨水流入室内,并防止墙身受潮,底层室内地面应高于室外地面,一般为 300 或 300mm 以上。对于地下水位较高或雨量较大的地区以及要求较高的建筑物,也有意识地提高室内地面以防止室内过潮。

(3)建筑物沉降及经济因素:建筑在使用期间的沉降量也应考虑,否则,日后可能反而使室内地面低于室外地面。另外室内外高差太大,势必加大回填土方量,造成不必要的

图 3-11 运用以低衬高的对比手法来改变房间的比例效果

浪费。

(4) 建筑物的性格特征：一般民用建筑如住宅、旅馆、学校、办公楼等，是人们工作、学习和生活的场所，应具有亲切、平易近人的感觉，因此室内外高差不宜过大。纪念性建筑除在平面空间布局及造型上反映出它独自的性格特征以外，还常借助室内外高差值的增大，如采用高的台基和较多的踏步处理，以增强严肃、庄重、雄伟的气氛。

在建筑设计中，一般以底层室内地面标高为±0.000，高于它的为正值，低于它的为负值。

大量性民用建筑室内外高差常取 300~600mm，最小为 150mm。

(二) 窗台高度

窗台高度与使用要求、人体尺度、家具尺寸、通风要求及立面处理需要有关。大多数的民用建筑，窗台高度主要考虑方便人们工作、学习，保证书桌上有充足的光线，常取 900~1000mm（图 3-12）。

对于有特殊要求的房间，设有高侧窗的陈列室，为消除和减少眩光，应避免陈列品靠近窗台布置。为此，一般将窗下口提高到离地 2500mm 以上。厕所、浴室窗台可提高到 1800mm 左右。托儿所、幼儿园窗台高度应考虑儿童的身高及较小的家具设备，医院儿童病房应方便护士照顾病儿，窗台高度均应较一般民用建筑低一些，常取 600~700mm。

除此以外，某些公共建筑的房间如餐厅、休息厅、娱乐活动场所，尤其是风景区建筑，为争取最大限度地扩大视野范围，丰富室内空间，常将窗台做得很低，甚至采用落地窗。

图 3-12 窗台高度与人体尺度关系

第三节 建筑的空间组合与利用

建筑空间组合就是根据建筑使用要求,结合基地环境等条件,将各种不同形状、大小、高低的空间组合起来,使之成为使用方便、结构合理、体型简洁完美的整体。空间组合包括水平方向及垂直方向的组合关系,前者除反映功能关系外,还反映出结构关系以及空间的艺术构思,而剖面的空间关系也在一定程度上反映出平面关系,因而将两方面结合起来就成为一个完整空间概念。在第二章中我们已经详细阐述了空间的水平关系,这一节将重点叙述剖面的空间组合以及空间利用问题。

一、建筑空间组合

(一) 高度相同或相近的房间组合

高度相同、使用性质接近的房间,如教学楼中的普通教室和实验室,住宅中的起居室和卧室等,可以组合在一起。高度比较接近,使用上关系密切的房间,考虑到房屋结构构造的经济合理和施工方便等因素,在满足室内功能要求的前提下,可以适当调整房间之间的高差,尽可能统一这些房间的高度。如图 3-13 所示的教学楼平面方案中,教室、阅览室、贮藏室以及厕所等房间,由于结构布置时是从这些房间所在的平面位置考虑,要求组合在一起,因此把它们调整为同一高度,平面一端的阶梯教室和普通教室的高度相差较大,故采用单层附建于教学楼主体旁。行政办公部分从功能分区考虑,平面组合上和教学活动部分有所分隔,这部分房间的高度可比教室部分略低,仍按行政办公房间所需要的高度进行组合,它们和教学活动部分的层高高差,通过踏步解决 (图 3-13),这样的空间组合方式,使用上能满足各个房间的要求,也比较经济。

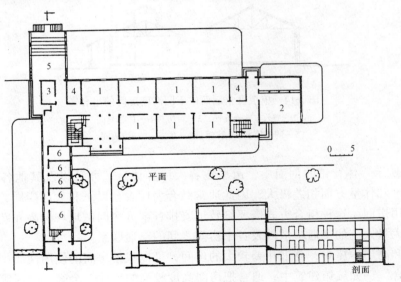

图 3-13 中学教学楼方案的空间组合关系
1—教室;2—阅览室;3—贮藏室;4—厕所;5—阶梯教室;6—办公室

（二）高度相差较大的房间组合

高度相差较大的房间，可以根据房间实际使用要求所需的高度，设置不同高度的屋顶，图3-14为一单层食堂不同高度房间的组合示意，餐厅部分由于使用人数多、房间面积大，相应房间的高度高，可以单独设置屋顶；厨房、库房以及管理办公部分，各个房间的高度有可能调整为同一高度，由于厨房部分有较高的通风要求，故在厨房间的上部加设气窗，备餐部分使用人数少，房间面积小，房间的高度可以低些，从平面组合使用顺序和剖面中楼顶搭接的要求考虑，把这部分设计成餐厅和厨房间的一个连接体，房间的高度相应也可以低一些。

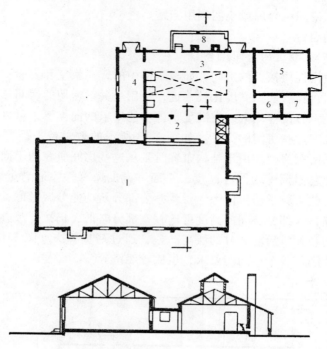

图3-14 单层食堂剖面中不同高度房间的组合
1—餐厅；2—备餐；3—厨房；4—主食库；
5—调味库；6—管理；7—办公；8—烧火间

图3-15所示一体育馆的剖面中，由于比赛大厅和休息、办公以及其他各种辅助房间相比，在高度和体量方面相差极大，因此通常结合大厅看台以下和大厅四周，组织各种不同高度的使用房间，这种组合方式需要细致地安排各部分房间的地坪标高和室内净高，合理解决厅内大量人流的交通疏散以及各个房间之间的交通联系。

在多层和高层房屋中，高度相差较大的房间，可以根据房间的使用性质，在垂直方向进行分层组合。例如旅馆建筑中，通常把房间高度较高的餐厅、会客、会议等部分组织在楼下的一、二层或顶层，旅馆的客房部分相对说来它们的高度要低一些，可以按客房标准层的层高组合。高层建筑中通常还把高度较低的设备房间组织在同一层，成为设备层（图3-16）。

多层和高层房屋中少量高度较大的房间，根据使用上的具体情况，把高度较大的房间

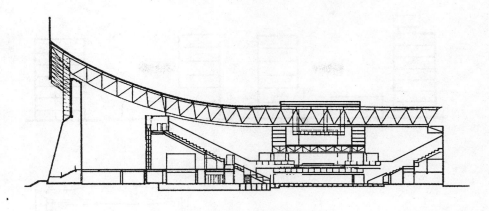

图 3-15 体育馆剖面中不同高度房间的组合

设置在顶层或附设在房屋的端部。如果基地条件允许，使用上也有可能，也可以把高度较大的房间单独设置或以走廊和主要房屋相连接（图 3-17）。

在多层和高层房屋中，上下层的厕所、浴室等房间应尽可能对齐，以便设备管道能够直通，使布置较为经济合理。

二、建筑剖面组合方式

建筑剖面的组合方式，主要是由建筑物中各类房间的高度和剖面形状、使用要求和结构布置特点等因素决定的，剖面的组合方式大体上可以归纳为以下几种：

（一）单层

单层剖面组合方式便于房屋中各部分人流或物品和室外直接联系，它适应于覆盖面及跨度较大的结构布置，一些顶部要求自然采光和通风的房屋，也常采用单层的剖面组合方式，如食堂、会场、车站、展览大厅等建筑类型都有不少单层剖面的例子（图 3-18）。单层房屋的主要缺点是用地很不经济，道路和室外管线设施也都相应增加。

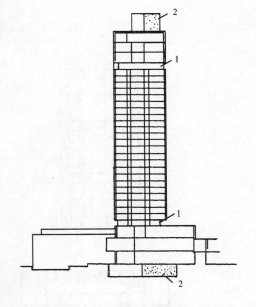

图 3-16 有设备层的高层建筑剖面
1—设备层；2—机房

（二）多层和高层

多层剖面组合方式的室内交通联系比较紧凑，适应于有较多相同高度房间的组合，垂直交通通过楼梯联系。多层剖面的组合应注意上下层墙、柱等承重构件的对应关系，以及各层之间相应的面积分配。许多单元式平面的住宅和走廊式平面的学校、宿舍、办公、医院等房屋的剖面，较多采用多层的组合方式，图 3-19（a）、（b）分别为单元式住宅和内廊式教学楼的剖面组合示意。

一些建筑类型如旅馆、办公楼等，由于城市用地、规模布局等因素制约，也有采用高

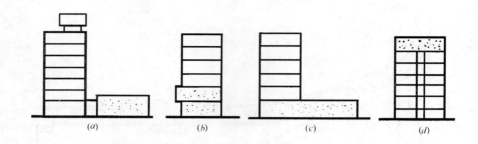

3-17 大空间在空间组合中处理方法

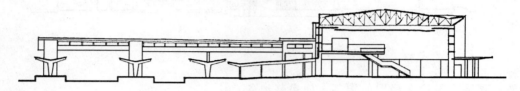

图 3-18 某火车站建筑剖面组合示意

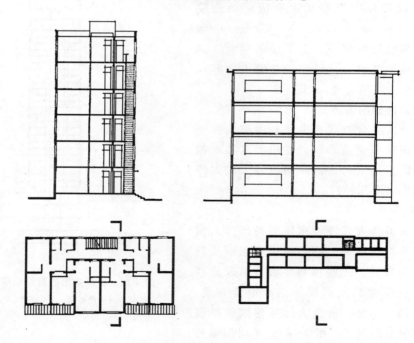

图 3-19 多层剖面组合示意
（a）住宅楼；（b）教学楼

层剖面的组合方式，大城市中有的居住区内，根据所在地段和用地情况考虑，建成不少高层住宅，图 3-20 是我国近年建造的高层旅馆和高层住宅的剖面示意。高层剖面能在占地面积较小的条件下，建造使用面积较多的房屋，这种组合方式有利于室外辅助设施和绿化等布置。但是，高层建筑的垂直交通需用电梯联系，管道设备等设施也较复杂，使其费用较高。

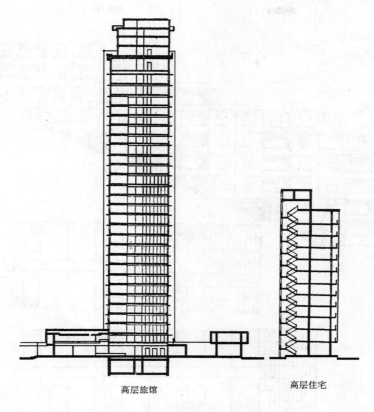

高层旅馆　　　高层住宅

图 3-20　高层剖面组合示意

（三）错层和跃层

错层剖面是指在建筑物纵向或横向剖面中，房屋几部分之间的楼地面，高低错开。它主要适应于结合坡地地形建造住宅、宿舍以及其他类型的房屋。

房屋剖面中的错层高差，通常有以下几种方法解决：

（1）利用室外台阶解决错层高差。图 3-21 为住宅垂直于等高线布置，用室外台阶解决高差的实例。

（2）利用楼梯间解决错层高差。即通过选用楼梯梯段的数量（如二梯段、三梯段、四梯段等）调整梯段的踏步数，使楼梯平台的标高和错层楼地面的标高一致。这种方法能够较好地结合地形，灵活地解决横向的错层高差。图 3-22 是以楼梯间解决错层高差的住宅和教学楼实例。

（3）利用踏步解决错层高差，见图 3-13。

跃层剖面的组合方式主要用于住宅建筑中。这些房屋的公共走廊每隔 1~2 层设置一条，每个住户可有前后相通的一层和上下层的房间，住户内部以小楼梯上下联系。跃层住宅的特点是节约公共交通面积，各住户之间的干扰较少，由于每户都有二个朝向，因此通风条件好，但跃层房屋的结构布置和施工比较复杂，通常每户所需的面积较大，居住标准要高一些（图 3-23）。

此外，有些建筑层数的划分因位置不同而有所不同，其空间特征是利用坡道或少量踏步形成的立体通道，使空间具有延续性、流动性。如古根海姆美术馆，通过逐层对应层层

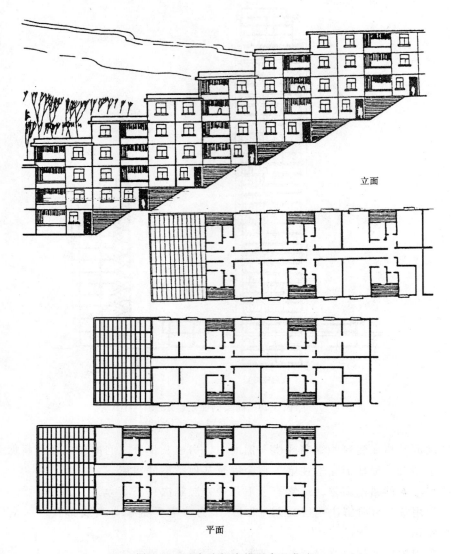

立面

平面

图 3-21 以台阶解决错层高差住宅

悬挑,使展室围绕中庭,沿螺旋形坡道,形成一个连续的参观路线(图 3-24)。

(四)门厅高度处理

在多层建筑的空间组合中,门厅高度处理要视平面设计中门厅的位置、底层层高及门厅需要的空间观感来确定。

当门厅设在主体之外,单独成一体部时,可按门厅需要高度确定其层高,并用连接体作为门厅与主体间的过渡(图 3-25a)。当门厅设在主体楼内,其高度与同层高度相差不大时,一种处理是提高底层层高,这样做可能造成一定的空间浪费(图 3-25b);另一种处理是局部降低门厅地坪标高,在门厅与走廊衔接处设踏步(3-25c)。当门厅需要具有高大、宏伟的效果时,常将门厅做成 2~3 层通高,也可用走马廊使门厅形成空间对比(图 3-25d),但要妥善解决防火分区问题,否则,一旦发生火灾,火势将沿通高部分蔓延至上层。

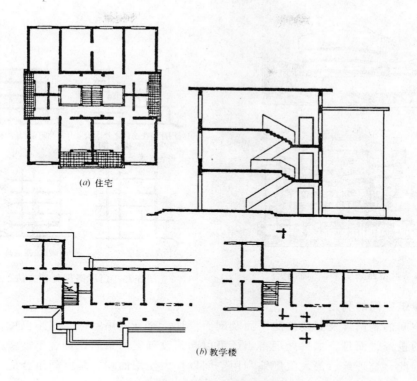

图 3-22 以楼梯解决错层高差

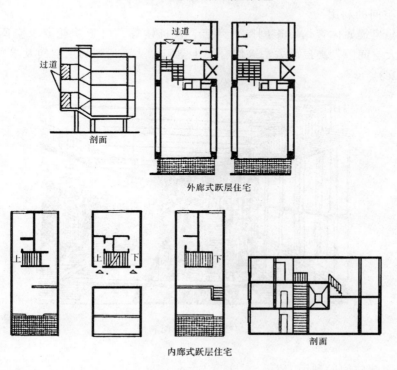

图 3-23 跃层式住宅剖面

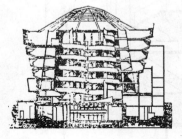
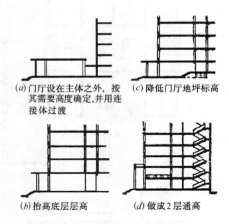

图3-24 古根海姆美术馆剖面组合

图3-25 门厅高度处理方法
(a) 门厅设在主体之外，按其需要高度确定，并用连接体过渡
(b) 抬高底层层高
(c) 降低门厅地坪标高
(d) 做成2层通高

三、建筑空间的利用

建筑空间的利用涉及到建筑的平面及剖面设计，充分利用室内空间不仅可以增加使用面积，节约投资，而且，如果处理得当还可以起到改善室内空间比例、丰富室内空间艺术的效果。因此，合理地、最大限度地利用空间以扩大使用面积，是空间组合的重要问题。

利用空间的处理手法一般有以下几种：

1. 夹层空间的利用

一些公共建筑如体育馆、影剧院、商店、候机楼等，由于功能要求空间大小很不一致。常采用大空间中设夹层的方法来组合大小空间，从而达到利用空间及丰富室内空间的效果（图3-26）。

图3-26 夹层空间利用

2. 房间上部空间的利用

房间上部空间主要是指除了人们日常活动和家具布置以外的空间。如住宅中常利用房间上部空间设置搁板、吊柜作为贮藏之用（图3-27）。

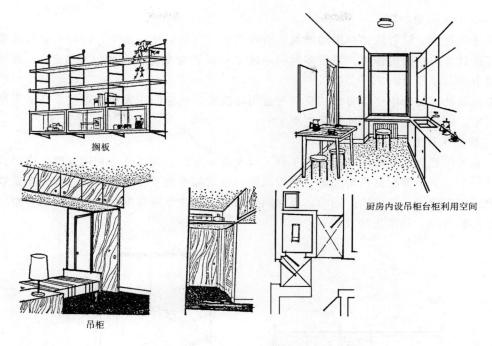

图 3-27 住宅内空间利用

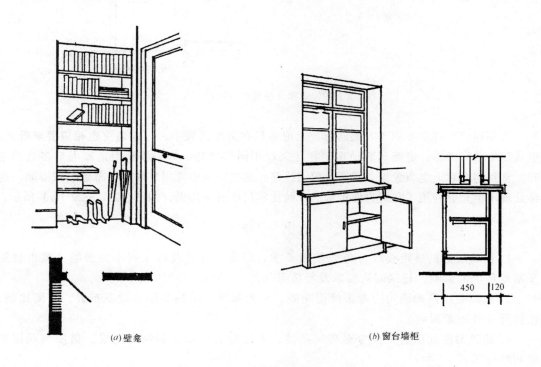

图 3-28 墙体空间利用

3. 结构空间的利用

在建筑物中，随着墙体厚度的增加，所占用室内空间也相应增加，因此充分利用墙体空间可起到节约空间的作用。通常多利用墙体空间设置壁龛、窗台柜（图3-28），利用角柱布置书架及工作台。

除此以外，设计中还应将结构空间与使用功能要求的空间在大小、形状、高低上尽量统一起来，以达到最大限度地利用空间。

4. 楼梯间及走廊空间的利用

一般民用建筑，楼梯间底层休息平台下至少有半层高，为了充分利用这部分空间，可采取降低平台下地面标高或增加第一梯段高度，以增加平台下的净空高度，作为布置贮藏室、辅助用房及出入口之用。同时，楼梯间顶层有一层半空间高度，可以利用部分空间布置一个小贮藏间，如图3-29（b）。

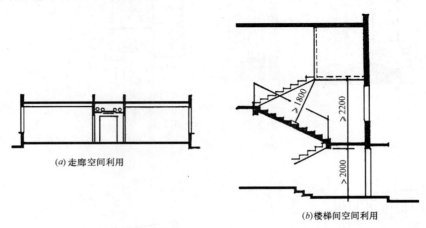

图3-29 走廊及楼梯间空间的利用

民用建筑走廊主要用于人流通行，无论面积和宽度都较小，因此高度也相应要求低些。但从简化结构考虑，走廊和其他房间往往采取相同的层高。为充分利用走廊上部多余的空间，常利用走廊上空布置设备管道及照明线路。居住建筑中常用走廊上空布置贮藏空间，这样处理不但充分利用了空间也使走廊的空间比例尺度更加协调，如图3-27、3-29（a）所示。

小　　结

1. 建筑层数的确定要综合考虑使用要求，结构、材料及施工技术的影响，城市规划及基地环境的影响，建筑防火要求及经济等条件。

2. 层高与净高的确定应考虑使用功能、采光通风、结构类型、设备布置、空间比例、经济等主要因素影响。

3. 建筑的空间组合主要考虑房间高度，常见的有单层、多层与高层，错层与跃层的空间组合形式。

4. 在设计中充分利用空间，不仅可以起到增加使用面积和节约投资的作用，而且处理得好，还能丰富室内的空间艺术效果。一般处理手法有：利用夹层空间、房间上部空间、楼梯间及走廊空间、墙体空间等。

复习思考题

1. 确定建筑层数应考虑哪些因素？举例说明。
2. 什么是层高、净高？确定净高时应考虑哪些因素？举例说明。
3. 层高的确定应考虑哪些因素？为什么？
4. 窗台高度，室内外高差确定应考虑哪些因素？常用尺度是多少？
5. 建筑空间组合形式有哪些？各有什么特点？
6. 建筑门厅空间通常可采取哪些手法解决空间高度较低的矛盾？
7. 改变空间尺度与建筑空间利用手法有哪些？

第四章　建筑体型和立面设计

建筑不仅要满足人们生产、生活等物质功能的要求，而且要满足人们精神文化方面的要求，为此，不仅要赋予它实用的属性，同时也要赋予它美观的属性。建筑的美观主要是通过内部空间及外部造型的艺术处理来体现，同时也涉及到建筑的群体空间布局，而其中建筑物的外观形象经常地、广泛地被人们所接触，对人的精神感受产生的影响尤为深刻。比如轻巧、活泼、通透的园林建筑；雄伟、庄严、肃穆的纪念性建筑；朴素、亲切、宁静的居住建筑以及简洁、完整、挺拔的高层公共建筑等等。

建筑外部造型包括体型及立面两个部分。体型和立面设计着重研究建筑物的体量大小、体型组合、立面及细部处理等。在满足使用功能和经济合理的前提下，运用不同的材料、结构形式、装饰细部、构图手法等创造出预想的意境，从而不同程度地给人以庄严、挺拔、明朗、轻快、简洁、朴素、大方、亲切的印象，加上建筑物体型庞大、与人们目光接触频繁，因此具有独特的表现力和感染力。

建筑体型和立面设计是整个建筑设计的重要组成部分。外部体型和立面反映内部空间的特征，但绝不能简单地理解为体型和立面设计只是内部空间的最后加工、是建筑设计完成后的最后处理，而应和平、剖面设计同时进行，并贯穿整个设计的始终。在方案设计一开始，就应在功能、物质技术条件等的制约下按照美观的要求，考虑建筑体型及立面的雏形。随着设计不断深入，在平、剖面设计的基础上对建筑外部形象从总体到细部反复推敲、协调、深化，使之达到形式与内容完美的统一，这是建筑体型和立面设计的主要方法。

建筑体型和立面设计不能离开物质技术发展的水平和特定的功能、环境而任意塑造，它在很大程度上要受到使用功能、材料、结构、施工技术、经济条件及周围环境的制约。因此，每一幢建筑物都具有自己独特的形式和特点。除此以外，还要受到不同国家的自然社会条件、生活习惯和历史传统等各方面综合因素的影响，建筑外形不可避免地要反映出特定历史时期、特定民族和地区的特点，使之具有时代气息、民族风格和地区特色。只有全面考虑上述因素，运用建筑艺术造型构图规律来塑造建筑体型和立面造型，才能创造出美的、具有强烈感染力的建筑形象。

第一节　建筑体型和立面设计的要求

一、反映建筑的性格特征

不同功能要求的建筑类型，具有不同的内部空间组合特点，而室内空间与外部体型又是互相制约不可分割的两个方面。任何一个优秀建筑的外部形象必然要反映室内空间的要求和建筑物的不同性格特征，达到形式与内容的辨证统一。因此，各类建筑由于使用功能的千差万别，室内空间完全不同，在很大程度上必然导致出不同的外部体型及立面特征。

(a)住宅

(b)百货商店

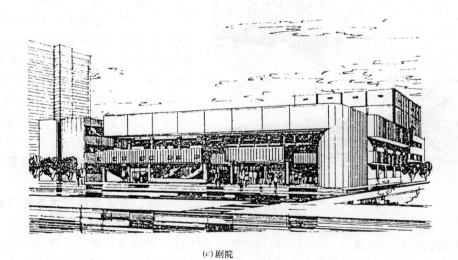

(c)剧院

图 4-1 不同建筑类型的外形特征

例如：住宅建筑，由于内部空间小，人流出入较少的特性，立面上常以较小的窗户、成组排列的阳台、凹廊等反映出住宅建筑性格特征（图4-1a）；而大片玻璃的陈列橱窗和接近人流的明显入口，显示出商业建筑的性格特征（图4-1b）；而剧院建筑则以巨大而封闭的观众厅、舞台和宽敞明亮的门厅、休息厅等三大部分的体量变化显示出其明朗、轻快活泼的性格特征（图4-1c）。在表现建筑性格特征时，也可以通过某些特殊形象或标志体现，如图4-2中医院红"十"字。还可以运用象征手法来表现一定的艺术构思，并以此来突出建筑的性格特征。图4-3为纽约肯尼迪机场候机楼建筑，设计者使其

图4-2　杭州邵逸夫医院

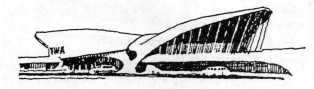

图4-3　纽约肯尼迪机场候机楼建筑

外部形象表现为一只展翅欲飞的大鸟形式，这种造型虽然不是出自功能要求，但对表现航空港建筑的性格却十分贴切。

又如澳大利亚的悉尼歌剧院，建造在悉尼风光旖旎的班尼朗岛上，由于它的三组白色的尖拱形屋顶的覆盖，整个剧院像一艘迎风扬帆破浪前进的帆船（图4-4）。它背弃了"形式因循功能"的准则，结构不合理，造价惊人，形式与内容不一致，但它充满浪漫色彩，富有诗意，是班尼朗岛这个特定环境下的杰出建筑艺术品。

二、考虑物质技术条件的特点

建筑不同于一般的艺术品，它必须运用大量的材料、并通过一定的结构施工技术等手段才能建成。因此，建筑体型及立面设计必然在很大程度上受到物质技术条件的制约，并反映出结构、材料和施工的特点。

图4-4　悉尼歌剧院

一般中小型民用建筑多采用混合结构，由于受到墙体承重及梁板经济跨度的局限，室内空间小，层数不多，开窗面积受到限制。这类建筑的立面处理可通过外墙的色彩、材料

质感、水平垂直线条及门窗的合理组织等来表现混合结构建筑简洁、朴素、稳重的外观特征（图4-5a）。

钢筋混凝土框架结构，由于墙体仅起围护作用，给空间处理赋予了较大的灵活性。它的立面开窗较自由，既可形成大面积独立窗，也可组成带形窗，甚至底层可以全部取消窗间墙而形成完全通透的形式。框架结构建筑是具有简洁、明快、轻巧的外观形象（图4-5b）。

随着现代新结构、新材料、新技术的发展，给建筑外形设计提供了更大的灵活性和多样性。特别是各种空间结构的大量运用，更加丰富了建筑物的外观形象，使建筑造型呈现出千姿百态（图4-5c）。

由于施工技术本身的限制，各种不同的施工方法对建筑造型都具有一定的影响。如采用各种工业化施工方法的建筑：滑模建筑、升板建筑、大模板建筑、盒子建筑等都具有自己不同的外型特征。

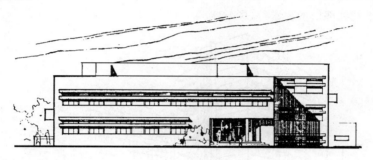

（a）徐州矿大分析测试中心（混合结构）

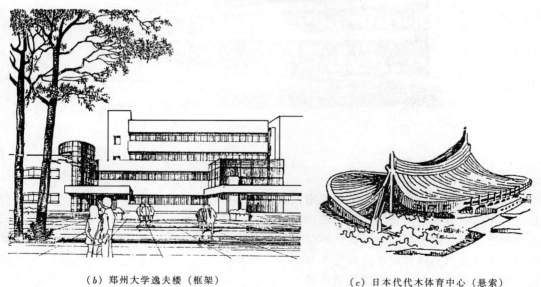

（b）郑州大学逸夫楼（框架）　　　　　　（c）日本代代木体育中心（悬索）

图4-5　不同结构体现不同外观形象

三、适应环境和建筑群体规划要求

建筑本身处于一定的环境之中，是构成该处景观的重要因素。因此，建筑外形设计与室内空间一样，不能脱离环境而孤立进行，必须与周围环境协调一致。

位于自然环境中的建筑要因地制宜,结合地形起伏变化使建筑高低错落、层次分明,并与环境融为一体。如著名美国建筑师赖特设计的流水别墅(图4-6),建于幽雅的山泉峡谷之中,造型多变,高低悬挑的钢筋混凝土平台纵横错落、互相穿插,凌跃于奔泻而下的瀑布之上,建筑与山石、流水、树林的巧妙结合使建筑寓于环境之中。

位于城市街道和广场的建筑物,一般由于用地紧张,受城市规划约束较多,建筑造型设计要密切结合城市道路、基地环境、周围原有建筑物的风格及城市规划部门的要求等(图4-7)。

图 4-6 流水别墅

图 4-7 上海第九百货商店

四、符合形式美的规律

建筑体型和立面设计中的美学原则,也就是指建筑构图的一些基本规律。例如均衡与稳定,主从与重点,对比与谐调,比例与尺度,韵律与节奏及虚实与对比等等。这些有关造型和立面设计的美学基本原则,不仅适用于单体建筑的外部,而且同样适用于建筑内部空间处理和建筑总体布置中。详见本章第二、三节。

五、掌握建筑标准、考虑经济条件

建筑物从总体规划、建筑空间组合、材料选择、结构形式、施工组织直到维修管理等都包含着经济因素。同样建筑外形设计也应严格掌握质量标准,尽量节约资金。对于大量性民用建筑、大型公共建筑或国家重点工程等不同项目,应根据它们的规模、重要程度和地区特点等分别在建筑用材、结构类型、内外装修等方面加以区别对待,防止滥用高级材料,造成不必要的浪费。同时,也要防止片面强调节约,盲目追求低标准,造成使用功能不合理，破坏建筑形象和增加建筑物的经常维修管理费用。

应当指出，建筑外形的艺术美并不是以投资的多少为决定因素。只要充分发挥设计者的主观能动性，在一定的经济条件下，巧妙地运用物质技术手段和构图法则，努力创新，完全可以设计出适用、安全、经济、美观的建筑物来。

第二节 建筑构图规律要点

一切造型艺术美与不美都存在其内在规律，建筑艺术也不例外，要创造出美的建筑，就必须遵守形式美的规律。不同时代，不同地区，不同民族，尽管建筑形式千差万别，尽管人们的审美观各不相同，但形式美的规律是被人们普遍承认的客观规律，因而具有普遍性。

古今中外所有的优秀建筑师都遵循一个共同法则："多样统一"，即"统一中求变化"，"变化中求统一"的法则，它是形式美的根本规律，广泛适用于建筑以及建筑以外的其他艺术，因此具有广泛的普遍性和概括性。

任何一幢建筑物本身都是由若干部分组成的，客观上存在着统一与变化的因素。如一幢教学楼，分别由功能要求不同的教室、办公室、厕所等组成，旅馆建筑分别由客房、餐厅、休息厅、厕所等组成。由于功能要求不同，各房间高低、形状、大小、结构处理等均有不同程度的差异，也必然反映在建筑的外观形象上。同时，就构成建筑外形的各种因素来看，也是不相同的，如门窗、墙柱、阳台、屋顶、雨篷等各部分形式、材料、色彩、质地等各不相同。这些不同的功能组成和不同的外形因素，构成了建筑外表的多样化。另一方面，它们彼此之间也有一定的内在联系，如共同一致的功能要求使性质不同的房间在门窗处理、层高、开间及装修方面采取一致的处理方式，在结构、材料和建筑上尽可能协调一致，这些都为建筑外形设计的整体统一性提供了客观的基础。因此，任何建筑无论总体和单体、平面和空间、体型和细部等都存在着统一与变化的因素。在体型和立面设计中如何充分利用这些相同与不同的因素，处理好它们之间的关系，做到统一与变化，使之完美地结合，确实是一个非常重要的问题，建筑外形缺乏多样性和变化，就显得"单调"、"呆板"；反之，过多的变化，缺乏和谐的整体统一感，就会显得"杂乱"、"繁琐"。具体讲就是做到既有秩序，又有变化。

为取得多样统一的效果，可采用以下的基本手法：

一、以简单的几何形体求统一

任何简单的、容易被人们辨认的几何形体都具有一种必然的统一性，如圆柱体、圆锥体、长方体、正方体、球体等。这些形体也常常用于建筑上。由于它们的形状简单、明确与肯定，很自然取得统一。如我国古代的天坛、园林建筑中的亭、台均以简单的几何形体而给人以明确统一的印象。如图4-8（b）巴基斯坦伊斯兰堡体育馆，以简单的几何形体获得高度统一、稳定的效果。

二、主从分明，重点突出

复杂体量的建筑，根据其功能的要求常有主要部分和从属部分之分，如果不加以区别对待，则建筑必然显得平淡、松散，缺乏统一中的变化。在外形设计中，恰当地处理好主要与从属，重点与一般的关系，使建筑形成主从分明，以次衬主，就可以加强建筑的表现力，取得完整统一的效果。

(a) 建筑的基本形体

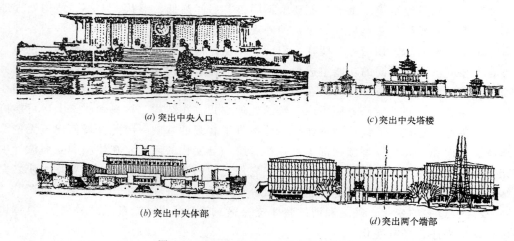

(b) 巴基斯坦伊斯兰堡体育馆

图 4-8 以简单几何形体求统一

(a) 突出中央入口   (c) 突出中央塔楼

(b) 突出中央体部   (d) 突出两个端部

图 4-9 运用轴线突出主体的处理方法

1. 运用轴线的处理突出主体

从古至今，对称手法在建筑中运用较为普遍，通常可以采取突出中央入口、突出中央体部、突出中央塔楼及突出两个端部（图4-9）等手法。尤其是纪念性建筑和大型办公建筑常采用这种手法（图4-10a）。

2. 以低衬高突出主体

在建筑外形设计中，可以充分利用建筑功能要求上所形成的高低不同，并有意识加以强调某个部分，使之形成重点，而其他部分则明显处于从属地位。这种采取体量差别形成以低衬高，以高控制整体的处理手法也是取得完整统一的有效措施。荷兰建筑师杜道克设计的希尔浮森市政厅，以低矮的两翼依附于转角处的高塔，形成明显的主从关系。这种以低衬高，以高控制全体的巧妙构图技巧使建筑取得了完整统一的优美形象（图4-10c），除此以外，在近代机场建筑中也常常以较高体量的了望塔与低而平的候机大厅体量的对比，取得主从分明、完整统一的形体组合。

（a）印度泰姬陵　　　　　　　　（b）上海龙柏饭店

（c）荷兰希尔浮森市政厅

图 4-10

3. 利用形象变化突出主体

一般说来，弯曲的部分要比直的部分更引人注目，更易于激发人们的兴趣。在建筑造型上运用圆形、折线等比较复杂的轮廓线都可取得突出主体、控制全局的效果，如图 4-10（a）、（b）。

(a) 绝对对称均衡　　　(b) 基本对称均衡

(c) 不对称平衡

图 4-11　均衡的力学原理

三、均衡与稳定

一幢建筑物，由于各体量的大小、高低，材料的质感、色彩及虚实变化不同，常表现出不同的轻重感。一般说来，体量大的、实体的、材料粗糙及色彩暗的，感觉上要重些，体量小的、通透的，材料光洁和色彩明快的，感觉上要轻一些。研究均衡与稳定，就是要使建筑形象获得安定、平稳的感觉。

均衡主要是研究建筑物各部分前后左右的轻重关系。在建筑构图中，均衡与力学的杠杆原理是有联系的。如图4-12中的支点表示均衡中心，根据均衡中心的位置不同，又可分为对称的均衡与不对称的均衡。

对称的建筑是绝对均衡的。它以中轴线为中心，并加以重点强调，两侧对称容易取得完整统一的效果，给人以端庄、雄伟、严肃的感觉，常用于纪念性建筑或者其他需要表现庄严、隆重的公共建筑。如毛主席纪念堂、人民大会堂、北京电报大楼等都是通过对称均衡的形式体现出不同建筑的特性，获得明显的完整统一。图4-12为对称均衡的实例。

（a）对称均衡示意　　　　　　（b）对称均衡实例——杭州剧院

图4-12　对称均衡

建筑物，由于受到功能、结构、材料、地形等各种条件的限制，不可能都采用对称形式。同时随着科学技术的进步以及人们审美观念的发展变化，要求建筑更加灵活、自由。因此，不对称的均衡得以广泛采用。

不对称均衡是将均衡中心（视觉上最突出的主要出入口）偏于建筑的一侧，利用不同体量、材质、色彩、虚实变化等的平衡达到不对称均衡的目的。它与对称均衡相比显得轻巧、活泼。图4-13南京丁山宾馆为不对称均衡的实例。其采用大雨篷，入口上部宽敞的窗及电梯机房等突出均衡中心，并以一侧高而窄的垂直体量和另一侧低矮的水平体量相平衡，取得了不对称均衡的效果。

以上所述的均衡属于静态均衡的范围，在古典建筑和砖石结构的建筑中，一直是这样处理的。均衡的另一种表现形式为动态均衡，就如同奔驰的动物、旋转的陀螺一样，是在运动中保持平衡的。随着建筑材料和新型结构的发展，动态平衡的观点也进入建筑领域，使一些著名的建筑取得很好的造型效果（图4-14）。

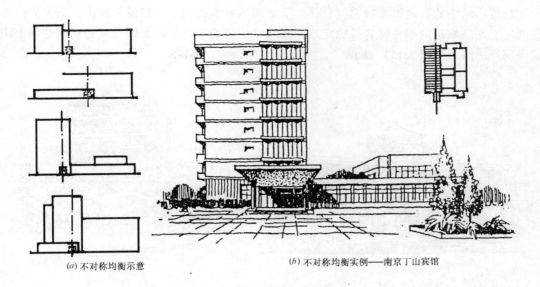

(a) 不对称均衡示意

(b) 不对称均衡实例——南京丁山宾馆

图 4-13 不对称均衡

(a) 朝鲜千里马

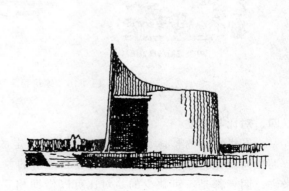

(b) 巴西小教堂

图 4-14 动态均衡建筑实例

建筑构图中的稳定概念指建筑整体上下之间的轻重关系。一般说上面小，下面大，由底部向上逐层缩小的手法易获得稳定感，如北京中国美术馆和西安钟楼就是利用这种手法获得较好的效果（图 4-15）。

（a）中国美术馆　　　　　　　　　　　（b）西安钟楼

图 4-15　体型组合的稳定构图

随着现代新结构、新材料的发展，引起了人们审美观的变化。传统的砖石结构上轻下重、上小下大的稳定观念也在逐渐发生变化。近代建造了不少底层架空的建筑，利用悬臂结构的特性、粗糙材料的质感和浓郁的色彩加强底层的厚重感，只要处理得当，同样达到稳定的效果（图 4-16）。

(a) 突尼斯鸟翼旅馆　　　　　　　　　(b) 美国达拉斯市政厅

图 4-16　建筑稳定新概念

四、对比与微差

一个有机统一的整体，各种要素除按照一定的秩序结合在一起外，必然还有各种差异，而微差就是指这种差异性。对比是指显著的差异，而微差是指不显著的差异。就形式美来讲，两者都是不可缺少的。对比可以借助相互之间的烘托、陪衬而突出各自的特点，以求变化，微差可以借彼此之间的连续性求得协调，只有把这两者巧妙地结合，才能获得统一性。

建筑中的对比与微差只限于同一性质的差别之间，主要表现在不同大小，不同形状，不同方向及曲与直、虚与实、色彩与质感等方面，图 4-17（a）、（b）、（c）分别为方向对

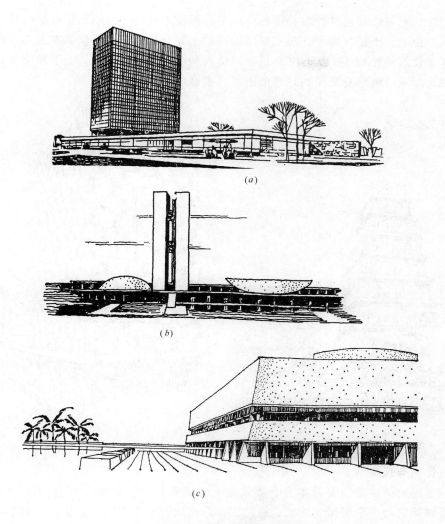

图 4-17 对比与微差提高建筑表现力

比、形状对比、曲与直对比的实例。

其中（a）图为罗马尼亚派拉旅馆，竖向的高层客房与横向的公共活动部分，构成了形体组合上强烈的方向对比，从而取得了良好的效果。（b）图为巴西利亚国会大厦，这个建筑运用直与曲以及形状之间的对比手法大大加强该建筑表现力。（c）图为坦桑尼亚国会大厦，由于功能特点及气候条件，实墙面积大而开窗小，虚实对比极为强烈。

五、韵律与节奏

韵律是任何物体各要素重复出现所形成的一种特性，它广泛渗透于自然界一切事物和现象中，如心跳、呼吸、水纹、树叶等。这种有规律的变化和有秩序的重复所形成的节奏，能给人以美的感受。

建筑物由于使用功能的要求和结构技术的影响，存在着很多重复的因素，如建筑形体、空间、构件乃至门窗、阳台、凹廊、雨篷、色彩等，为建筑造型提供了很多的有规律的基础。在建筑构图中，有意识地对自然界一切事物和现象加以模仿和运用，从而出现了具有条理性、重复性和连续性为特征的韵律美。西安大雁塔（图 4-18）根据墙身和结构的稳定要求，由下至上逐渐缩小，加上每层檐部的重复交替出现，不仅具有渐变的韵律，而且也丰富了建筑外轮廓线。图 4-19 利用框梁结构和灵活开窗的特点，上下层交错开窗，通过虚实对比形成一种具有交错韵律感的图案，丰富建筑立面。

图 4-18　西安大雁塔　　　　　　　　图 4-19　旧金山希尔顿旅馆

六、比例与尺度

建筑上的比例主要指要素本身、要素之间、要素与整体之间在度量上的一种制约关系。如整幢建筑与单个房间长、宽、高之比；门窗或整个立面的高宽比；立面中的门窗与墙面之比等等。良好的比例能给人以和谐、完美的感受，反之，比例失调就无法使人产生美感。

一般来说，抽象的几何形状以及若干几何形状之间的组合处理得当就可获得良好的比例，而易于为人所接受。如圆形、正方形、正三角形等具有肯定的外形而引起人们的注意；"黄金率"的比例关系（即长宽之比为 1∶1.618）要比其他长方形好；大小不同的相似形之间对角线互相垂直或平行，由于具有"比率"相等而使比例关系谐调（图 4-20），以相似的比例求得和谐统一。建筑物的各部分一般都是由一定的几何形体所构成。因此，在建筑设计中，有意识地注意几何形体的相似关系，对于推敲和谐的比例是有帮助的。

图 4-21 所示是用几何学分析巴黎凯旋门。

尺度所研究的是建筑物整体或局部与人之间在度量上的制约关系，两者如果统一，建筑形象就可以正确反映出建筑物的真实大小。如果不统一，建筑形象就会歪曲建筑物的真实大小。

抽象的几何形体显示不了尺度感，但一经尺度处理，人们就可以通过这种处理感觉出它的大小来。在建筑设计过程中，人们常常以人或与人体活动有关的一些不变因素如门、

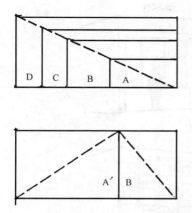
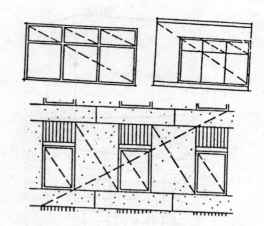

图 4-20　以相似比例求统一

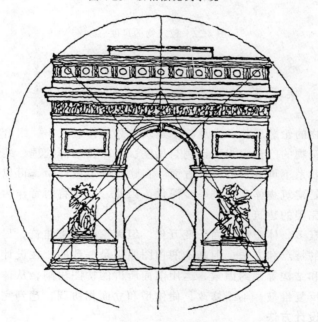

图 4-21　巴黎凯旋门

台阶、栏杆等作为比较标准，通过它们的对比而获得一定的尺度感。如窗台、栏杆高度一般为 900~1000mm，门扇高度为 2000~2400mm，踏步高为 150~175mm 等，通过这些固定的尺度与建筑整体或局部进行比较，就会得出很鲜明的尺度感。图 4-22 表示建筑物的尺度感，其中（a）图表示抽象的几何形体，没有任何尺度感。（b）、（c）、（d）图通过与人的对比就可以得出建筑物的大小、高低来。

在设计工作中，尺度的处理除自然尺度外，有时为了显示建筑物的高大、雄伟的气氛采用夸张的尺度，有时为了创造亲切、小巧的气氛，如庭院建筑，常可采用亲切的尺度。

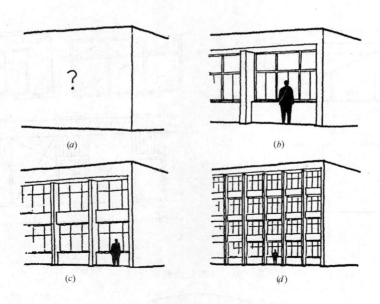

图 4-22　建筑物的尺度感

第三节　建筑体型与立面设计方法

体型是指建筑物的轮廓形状，它反映了建筑物总的体量大小、组合方式以及比例尺度等。而立面是指建筑物的门窗组织、比例与尺度、入口及细部处理、装饰与色彩等。体型和立面是建筑相互联系不可分割的两个方面。在建筑外形设计中，可以说体型是建筑的雏形，而立面设计则是建筑物体型的进一步深化。因此，只有将两者作为一个有机的整体统一考虑，才能获得完美的建筑形象。

民用建筑类别繁多，体型和立面千变万化。但无论哪一类建筑，尽管在体型和立面的处理上有各自不同的特点和方法，但基本的构图原则是一致的。在设计过程中，应充分考虑建筑功能、材料和结构等制约因素，运用前面所讲的构图法则，从体型入手，逐步深入到每个立面，进行反复推敲，不断修改，使体型和立面相协调，达到完美统一。

一、建筑体型设计方法

（一）体型组合主要类型

建筑体型反映建筑物总的体量大小和形状。由于建筑物规模大小、功能特点及基地条件不同，建筑物的体型有的比较简单，有的比较复杂。虽然建筑外形千差万别，但可分为对称和不对称的两大类型。

对称的体型具有明确的中轴线，建筑物各部分的主从关系分明，形体比较完整，给人以端正、庄严的感觉，多为古典建筑所采用，一些纪念性建筑，如大型会堂等，为了使建筑物显得庄重，严谨，也采用对称的体型。

不对称的体型，它的特点是布局比较灵活自由，能适应各种复杂的功能关系和不规则的基地形状，在造型上容易使建筑物取得轻快、活泼的表现效果，常为医院、疗养院、园林建筑、旅游建筑等采用。

在对称体型中,由于其主从关系分明,形体完整,重点运用对比与微差,韵律与节奏和比例与尺度规律。而在不对称体型组合中,除了对称体型注意事项外,应特别注意均衡与稳定,主从与重点的处理。

(二)体型转折与转角处理

在特定的地形或位置条件下,如丁字路口、十字路口或任意角度的转角地带布置建筑物时,如果能够结合地形巧妙地进行转折与转角处理,不仅可以扩大组合的灵活性,以适应地形的变化,而且可以使建筑物显得更加完整统一。

转折主要是指建筑物顺道路或地形的变化作曲折变化。因此这种形式的临街部分实际上是长方形平面的简单变形和延伸,具有简洁流畅、自然大方、完整统一的外观形象。

根据功能和造型的需要,转角地带的建筑体型常采用主附体相结合,以附体陪衬主体、主从分明的方式。也可采取局部体量升高以形成塔楼的形式,以塔楼控制整个建筑物及周围道路,使交叉口、主要入口更加醒目(图4-23)

图4-23 体型的转折与转角

(三)体型联系与交接

复杂体型中,各体量的大小、高低、形状各不相同,如果连接不当,不仅影响到体型的完整,而且将会直接损害到使用功能和结构的合理性。组合设计中常采取以下几种连接方式:

1. 直接连接

在体型组合中,将不同体量的面直接相连称为直接连接。这种方式具有体型分明、简洁、整体性强的优点,常用于功能要求各房间联系紧密的建筑,如图4-24(a)。

2. 咬接

各体量之间相互穿插,体型较复杂,但组合紧凑,整体性强,较前者易于获得有机整体的效果,是组合设计中较为常用的一种方式,如图4-24(b)。

3. 以走廊或连接体相连

这种方式的特点是各体量之间相对独立而又互相联系,走廊的开敞或封闭、单层或多层,常随不同功能、地区特点、创作意图而定。建筑给人以轻快、舒展的感觉,如图4-24(c)、(d)。

二、建筑立面设计方法

建筑立面是由许多构件组成的,这些构件包括门窗、墙柱、阳台、遮阳板、雨篷、檐

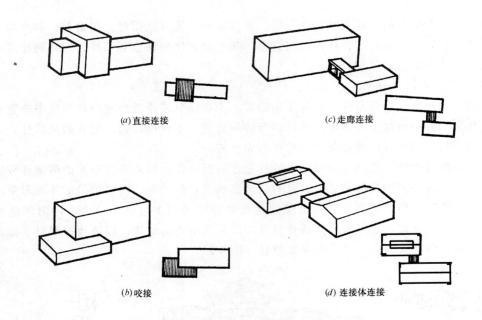

图 4-24 体型连接方式

口、勒脚、花饰等。立面设计就是恰当地确定这些部件的尺寸大小、比例关系以及材料色彩等,并通过形的变换、面的虚实对比、线的方向变化等求得外形的统一与变化以及内部空间与外形的协调统一。

进行立面处理,应注意以下几点:

首先,建筑立面是为满足施工要求而按正投影绘制的,分别为正立面、背立面和侧立面,而一般人看到的是两个面。因此,在推敲建筑立面时不能孤立地处理每个面,必须认真处理几个面的相互协调和相邻面的衔接关系,以取得统一。

其次,建筑造型是一种空间艺术,研究立面造型不能只局限于立面尺寸大小和形状,应考虑到建筑空间的透视效果。例如,对高层建筑的檐口处理,其尺度需要夸大,如果仍采用常规尺度,从立面图看虽然合适,但建成后在地面观看,由于透视的原因,就会感到檐口尺度过小。

再次,立面处理是在符合功能和结构要求的基础上,对建筑空间造型的进一步深化。因此,建筑外形应立足于运用建筑物构件的直接效果、入口的重点处理以及少量装饰处理等手段,尤其对于中小型建筑更应力求简洁、明朗、朴素、大方,避免繁琐装饰。重点注意以下几点:

(一) 比例适当尺度正确

比例适当、尺度正确是立面完整统一的重要之处。

立面的比例和尺度的处理是与建筑功能、材料性能和结构类型分不开的。由于使用性质、容纳人数、空间大小、层高等不同,形成全然不同的比例和尺度关系。如图 4-25 中,砖混结构的建筑,由于受结构和材料的限制,开间小,窗间墙又必须有一定的宽度,因而窗户多为狭长形,尺度较小;框架结构的建筑,窗户可以开得宽大而明亮,两者在比例和尺度上显示出很大的差别。

 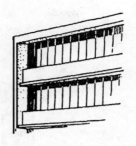

图 4-25　混合结构、框架结构建筑的比例关系

建筑立面常借助于门窗、细部等的尺度处理反映出建筑物的真实大小。如北京火车站候车厅局部立面，层高为一般建筑两倍，由于采用了拱形大窗，从而获得应有的尺度感（图 4-26）。

（二）立面的虚实与凹凸的对比

建筑立面中"虚"的部分——窗、空廊、凹廊等，给人以轻巧、通透的感觉，"实"的部分——墙、柱、屋面、栏板等，给人以厚重、封闭的感觉。建筑外观的虚实关系主要是由功能和结构要求决定的。充分利用

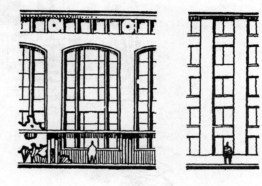

图 4-26　北京站候车厅局部立面

这两方面的特点，巧妙地处理虚实关系可以获得轻巧生动、坚实有力的外观形象。

以虚为主、虚多实少的处理手法能获得轻巧、开朗的效果。常用于剧院门厅、餐厅、车站、商店等大量人流聚集的建筑，如图 4-27（a）。

以实为主、实多虚少能产生稳定、庄严、雄伟的效果。常用于纪念性建筑及重要的公共建筑，如图 4-27（b）

虚实相当的处理容易给人单调、呆板的感觉。在功能允许的条件下，可以适当将虚的部分和实的部分集中，使建筑物产生一定的变化，如图 4-27（c）。

在立面处理中，还常借助于大面积花格起过渡作用。在大片实墙上设置花格，此时花格起着虚的作用；反之，在大片玻璃窗中处理适当花格，则花格起着实的作用。

由于功能和构造上的需要，建筑外立面常出现一些凹凸部分。凸的部分一般有阳台、雨篷、遮阳板、挑檐、凸柱、凸出的楼梯间等，凹的部分有凹廊、门洞等。通过凹凸关系的处理可以加强光影变化，增强建筑物的体积感，丰富立面效果。住宅建筑常常利用阳台和凹廊来形成虚实、凹凸变化（图 4-28）。

（三）运用线条的变化使立面具有韵律和节奏感

任何线条本身都具有一种特殊的表现力和多种造型的功能。从方向变化来看，垂直线具有挺拔、高耸、向上的气氛；水平线使人感到舒展与连续、宁静与亲切；斜线具有动态的感觉；网格线有丰富的图案效果，给人以生动、活泼而有秩序的感觉。从粗细、曲折变化来看，粗线条表现厚重、有力；细线条具有精致、柔和的效果；直线表现刚强、坚定；曲线则显得优雅、轻盈。

(a) 以虚为主

(b) 以实为主

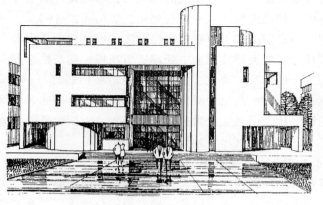

(c) 虚实相当

图 4-27　立面中落实对比效果

图 4-28　立面中凸凹对比（某沿街住宅）

（a）广州白云宾馆（以横线为主）　　　　　（b）赤峰市民族饭店（以竖线为主）

（c）北京民族饭店新楼（混合划分）
图 4-29　立面中线条处理的不同韵律

建筑立面上客观存在着各种各样的线条，如立柱、墙垛、窗台、遮阳板、檐口、通长的栏板、窗间墙、分格线等。任何好的建筑，立面造型中千姿百态的优美形象也正是通过各种线条在位置、粗细、长短、方向、曲直、疏密、繁简、凹凸等方面的变化而形成的。图4-29为横线、竖线、网格线在立面上的运用。

（四）正确配置立面色彩和材料质感

建筑物的体型和立面是以形、色、质三方面的综合给人一个完整的外观形象。材料质感和色彩的选择与配置，是使建筑立面产生丰富而生动效果的又一重要方面。根据不同的经济条件和建筑物的标准，建筑物所在地区的基地环境和气候条件，在材料和色彩的选配上，也应有所区别。

不同的色彩具有不同的表现力，给人以不同的感受。一般说来，以浅色或白色为基调的建筑给人以明快清新的感觉，深色显得稳重，橙黄等暖色调使人感到热烈、兴奋，青、蓝、紫、绿等色使人感到宁静。运用不同色彩的处理，可以表现出不同建筑的性格、地方特点及民族风格。

建筑外形色彩设计包括大面积墙面的基调色的选用和墙面上不同色彩的构图等两方面，设计时应注意。色彩处理必须和谐统一而富有变化，应与建筑性格一致，还应注意和周围环境协调一致，其次基色运用还应考虑气候特征。

由于材料质感不同，建筑立面也会给人以不同的感觉。材料的表面，根据纹理结构的粗和细、光亮和暗淡的不同组合，会产生以下四种典型的质地效果：

（1）粗而无光的表面：有笨重、坚固、大胆和粗犷的感觉；

（2）细而光的表面：有轻快、平易、高贵、富丽和柔弱的感觉；

（3）粗而光的表面：有粗壮而亲切的感觉；

（4）细而无光的表面：有朴素而高贵的感觉。

材料质感的处理包括两个方面，一方面是利用材料本身的特性，如大理石、花岗石的天然纹理，金属、玻璃的光泽等；另一方面是人工创造的某种特殊的质感，如仿石饰面砖、仿树皮纹理的粉刷等。

色彩和质感都是材料表面的属性，在很多情况下两者合为一体，很难把它们分开。一些住宅的外墙常采用浅色抹面与红砖，由于两种不同色彩、不同质感的材料之间互相对比和衬托而收到悦目和生动明快的效果。

图4-30为运用天然石材的粗糙质感与木材的细致纹理和抹灰产生的对比，显得生动而富有变化。

（五）注意重点部位和细部处理

根据功能和造型需要，在建筑某些部位进行重点和细部处理，可以突出主体，打破单调感。立面重点处理常通过对比手法取得。建筑的主要出入口和楼梯间是人流最多的部位，要求明显易找。为了吸引人们的视线，常在这个部位进行重点处理（图4-31）。

在立面设计中，对于体量较小或人们接近时才能看得清的部分，如墙面线脚、花格、漏窗、檐口细部、窗套、栏杆、遮阳、雨篷、花台及其他细部装饰等的处理称为细部处理。细部处理必须从整体出发，接近人体的细部应充分发挥材料色泽、纹理、质感和光泽度的美感作用。对于位置较高的细部，一般应着重于总体轮廓和注意色彩、线条等大效果，而不宜刻划得过于细腻（图4-31b）。

图 4-30 立面中材料质感的处理

入口重点处理

细部处理

图 4-31 重点处理

小 结

建筑体型和立面设计是建筑设计的重要组成部分,是建筑物美观属性的重要体现。

1. 建筑体型与立面设计主要应考虑建筑的性格特征,物质技术条件,环境与规划,形式美的规律及建筑经济等问题。

2. 形式美的规律主要体现为多样性的统一,具体表现为用简单几何体来统一,均衡与稳定,对比与微差,韵律与节奏,主从与重点,比例与尺度。

3.建筑体型组合主要分对称与不对称两种；体型连接方式有对接、咬接、连接体和连廊连接。立面设计主要是正确处理比例与尺度，韵律与节奏，虚实凸凹的对比，材料色彩和质感配置，重点与细部处理。

<h2 style="text-align:center">复习思考题</h2>

1. 影响体型及立面设计的因素有哪些？
2. 建筑构图中的统一的与变化、均衡与稳定、韵律、对比、比例、尺度等的含义是什么？并月图例加以说明。
3. 建筑体型组合有哪几种方式？并以图例进行分析。
4. 简要说明建筑立面的具体处理手法。

第五章 建筑构造概述

第一节 建筑构造研究的对象及研究的目的

建筑构造是一门专门研究建筑物各组成部分的构造原理和构造方法的学科,是建筑设计不可分割的一部分,其主要任务在于根据建筑物的功能要求,提供合理、经济的构造方案,作为建筑设计中综合解决技术问题及进行施工图设计的依据。

解剖一座建筑物,不难发现它是由许多部分构成的,这些组成部分在建筑上被称为构件或配件,而这些构、配件依所处部位不同又各有着不同的作用和要求。

建筑构造原理便是研究如何使那些组成建筑物的构件、配件能最大限度地满足使用要求,并根据使用要求去进行构造方案设计的理论。

构造方法则是在理论指导下,进一步研究如何运用各种建筑材料去有机地组成各种构件、配件,并提出各种有效的防范措施和解决构、配件之间牢固结合的具体方法。

因此,学习建筑构造就是要求在掌握构造原理的基础上,根据建筑物的使用要求、空间尺度和客观条件,综合各种因素,正确选用建筑材料,然后提出符合坚固、安全、经济、合理的最佳构造方案,以便提高建筑物抵御自然界各种影响的能力,延长建筑物的使用年限。

构造方案设计是建筑初步设计的继续和深入,它将从技术上为建筑设计的合理性和可行性提供可靠保证,以利于设计意图的贯彻。但它涉及的面很广,除需满足建筑使用功能要求外,还涉及到材料性能、结构选型、构件制作以及建筑物理、建筑设备、建筑施工等方面的知识。因此,建筑构造是一门实践性和综合性都很强的学科,需要全面地、综合地运用有关知识。只有这样,才能在实践中提出理想的构造方案,从而使整个设计符合适用、安全、经济、美观的原则。

第二节 建筑物的基本组成及各组成部分的作用

建筑的外观形形色色,内部空间变化多样,规模有大有小,但其组成的基本构件变化不大。主要包括基础、墙或柱、楼地面、楼梯、屋顶和门窗六大部分(图5-1)。它们各处在不同的部位发挥各自的作用。

基础——基础是位于建筑物最下部的承重构件,承受着建筑物的全部荷载,并将这些荷载传给地基。因此,基础必须具有足够的强度、耐久性和稳定性。

墙——墙是建筑物的承重、围护和分隔空间的构件。作为承重构件,承受着建筑物由屋顶和楼板层传来的荷载,并将这些荷载再传给基础;作为围护构件,外墙起着抵御自然界各种因素对室内的侵袭;内墙起着分隔空间、组成空间、隔声、遮挡视线以及保证舒适

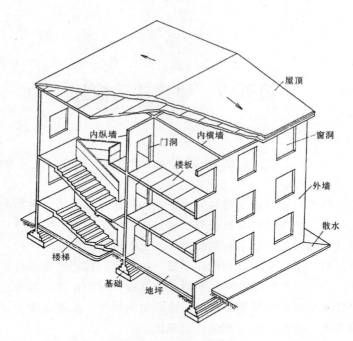

图 5-1 民用建筑的组成

环境的作用。为此，要求墙体具有足够的强度、稳定性、保温、隔热、隔声、防火、防水等能力以及具有经济性和耐久性。

柱——柱是框架主要承重构件。和承重墙一样，承受着屋顶和楼板层传来的荷载。柱所占空间小，受力比较集中，因此，它必须具有足够的强度和刚度。

楼板层——楼板层用于将建筑物沿竖向分为若干空间。楼板层还承受着家具设备、人体荷载以及本身自重，并将这些荷载传给墙或梁。它是建筑水平方向承重构件，同时，还对墙身起着水平支撑作用。因此，作为楼板层，要求具有足够的强度、刚度和隔声能力。同时，对有水的空间，则要求楼板层具有防潮、防水的能力。

地坪——地坪是底层空间与土层相接的构件，它承受底层房间的荷载。作为地坪则要求具有耐磨、防潮、防水和保温的能力。

楼梯——楼梯是楼房建筑的垂直交通设施，供人们上下楼层和紧急疏散之用。故要求楼梯具有足够的通行能力以及防火的能力。

屋顶——屋顶是建筑物顶部的围护构件和承重构件。由屋面层和结构层构成。屋面层抵御自然界风、雨、雪及太阳热辐射与寒冷对顶层房间的侵袭；结构层承受房屋顶部荷载，并将这些荷载传给墙或柱。因此，屋顶必须具有足够的强度、刚度及防水、保温、隔热等能力。

门与窗——门、窗均属非承重构件。门主要供人们内外交通和分隔房间之用，窗则主要起采光、通风以及分隔、围护作用。对某些有特殊要求的房间，则要求门、窗具有保温、隔热、隔声的能力。

以上构件中，基础、墙、楼板、屋顶构成了房屋的承重结构，它们的坚固耐久性，对整个房屋的坚固耐久性能影响极大。

外墙、门窗、屋顶又构成了房屋的"外壳",也称为外围护结构。外围护结构对房屋除起着防护作用以外,对其观感也有很大的影响。

第三节 影响建筑构造的因素

一幢建筑物的使用质量和耐久性能,经受着自然界各种因素的检验。为了提高建筑物对外界各种影响的抵御能力以及延长建筑物的使用年限,以便更好地满足各类建筑的使用功能,在进行建筑构造设计时,必须充分考虑各种因素对它的影响,以便根据影响程度,提供合理的构造方案。影响的因素很多,大致可分为以下几方面:

一、外界环境因素的影响

环境因素包括外界各种自然条件以及种种人为的因素,大致有以下三个方面(图5-2)。

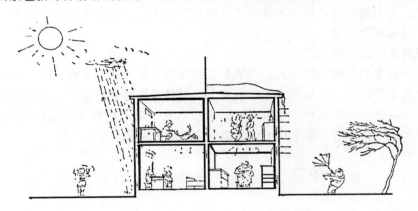

图 5-2 各种自然因素和人为因素对建筑物的影响

(一) 外力作用的影响

作用在建筑物上的各种外力统称为荷载。荷载可分为恒载(如结构自重)和活荷载(如人群、家具、吊车、雪荷载、风荷载以及地震荷载等)两大类。荷载的大小是建筑结构设计的主要依据,也是结构造型的重要基础,它决定着构件尺度和用料的多少。而构件的选材、尺度、形状等又与构造方式密切相关。所以,在确定建筑构造方案时,必须考虑外力的影响。

在荷载中,风力的影响不可忽视,风力往往是高层建筑水平荷载的主要因素,特别在沿海地区,风力影响更大。地震力对建筑物的破坏是目前各种自然影响因素中最为严重的。我国是多地震国家之一,地震的分布也相当广,因此必须引起重视。

(二) 自然气候的影响

我国幅员辽阔,各地区地理环境不同,自然的条件多有差异。由于南北纬度相差较大,从炎热的南方到寒冷的北方,气候差别悬殊。太阳的热辐射,自然界的风、霜、雨、雪等,构成了影响建筑物的多种因素。有的构、配件因材料热胀冷缩而开裂,有的出现渗漏水现象,还有的因室内过冷或过热而妨碍工作等等。因此在构造设计时,需针对建筑物所受影响的性质与程度,对各有关部位采取相应的防范措施,如防潮、防水、保温、隔热及设变形缝，设隔蒸汽层等等，以防患于未然。

（三）各种人为因素的影响

人们所从事的生产和生活活动，也往往会造成对建筑物的影响，如机械振动、化学腐蚀、爆炸、火灾、噪声等，都属人为因素的影响。因此在进行建筑构造设计时，必须针对各种有关的影响因素，从构造上采取防振、防腐、防爆、防火、隔声等相应的措施，以避免建筑物遭受不应有的损失。

二、物质技术条件的影响

建筑材料、结构和施工等物质技术条件是构成建筑的基本要素。材料是建筑物的物质基础；结构则是建筑物的骨架，这些都与建筑构造密切相关。

随着建筑业的不断发展，各种新型建筑材料、配套产品、新结构、新设备以至施工技术都在不断改进和更新。因而建筑构造要解决的问题也愈来愈多，构造方式也愈来愈多样化。因此，由于物质技术条件的改变，新材料、新工艺、新技术的不断涌现，同样也会对构造设计带来很大影响。

三、经济条件的影响

随着建筑技术的不断发展和人们生活水平的提高，各种新型装修材料、家用电器、配套家具与设备等大量中、高档产品相继出现，人们对建筑的使用要求，包括居住条件及标准也随之改变。标准的变化势必带来建筑的质量标准、建筑造价等出现较大差别。因此，对建筑构造的要求将随着经济条件的改变而发生极大的变化。

第四节　建筑构造设计原则

建筑构造是建筑设计不可分割的一部分。建筑作为一种产品，在设计过程中，必须全面考虑，综合处理好构造设计中的各种技术问题，以便使建筑满足适用、安全、经济、美观等要求。为此，需注意以下设计原则：

一、满足建筑使用功能要求

根据建筑物所处环境和使用性质的不同，往往会对建筑设计提出不同的技术设计要求，如北方地区要求建筑物冬季能保温；南方地区则要求建筑物通风、隔热；影剧院、会堂、音乐厅要求具有良好的音响；住宅区应控制噪声干扰，要求隔声；对有水浸蚀的构件则要求防水等等。为满足上述使用功能要求，应综合运用有关技术知识，提出合理的构造方案。

建筑物除根据荷载大小，对主要承重构件进行结构设计外，对一些构、配件的设计，如阳台、楼梯栏杆、顶棚、墙面等装修，门、窗与墙体的结合以及抗震加固等等，都必须在构造上采取相应的措施，以确保这些构、配件在使用时的安全。

二、适应建筑工业化需要

在建筑构造设计中应大力改进传统的建筑方法，广泛采用标准设计，标准构、配件及其制品，使构、配件生产工厂化，节点构造定型化，并在此基础上，因地制宜地发展适用的工业化建筑体系，以适应建筑工业化发展的需要。

与此同时，在开发新材料、新结构、新设备的基础上，注意促进对传统材料、结构、设备和施工方式的更新和改造。

三、考虑建筑的经济、社会和环境的综合效益

各种构造设计，既要注意整体建筑物的经济效益，也要注意它的社会效益和环境效益，贯彻可持续发展思想。在经济效益中，既要注意节约建筑投资，又要有利于降低经常运行、维修和管理的费用。还须保证工程质量，绝不可为了节约、追求效益而偷工减料，粗制滥造。

四、注意美观

一座建筑物的美观除了取决于建筑设计中的体型组合和立面处理外，一些细部构造处理对整体美观也有很大影响。例如栏杆的形式，室内、外的细部装修，各种转角、收头、交接的处理等，都应合理处置，相互协调。

总之，在构造设计中，全面考虑坚固适用，技术先进，经济合理，美观大方，是最基本的原则。

小　　结

1．建筑构造是研究组成建筑各种构、配件的构造原理和构造方法的学科，是建筑设计不可分割的一部分。学习建筑构造的目的在于做建筑设计时能综合各种因素，正确选用建筑材料，提出符合坚固、经济、合理的最佳构造方案，从而提高建筑抵御自然界各种影响的能力，保证建筑物的使用质量，延长建筑物的使用年限。

2．一座建筑物主要是由基础、墙或柱、楼板层及地坪、楼梯、屋顶及门窗等六大部分所组成。它们各处在不同的部位，发挥着各自的作用。但是一座建筑物建成后，其使用质量和耐久性能经受着各种因素的检验。影响建筑构造的因素包括外界环境因素、物质技术条件以及经济条件等。

3．为使建筑物满足适用、经济、安全、美观的要求，在进行建筑构造设计时，必须注意满足使用功能要求，确保结构坚固、安全，适应建筑工业化需要，考虑建筑的经济、社会和环境的综合效益以及美观要求等构造设计的原则。

复习思考题

1．学习建筑构造的目的何在？
2．建筑物的基本组成有哪些？它们的主要作用是什么？
3．影响建筑构造的主要因素有哪些？
4．建筑构造设计应遵循哪些原则？

第六章 基础与地下室

第一节 基 础

一、基础与地基

在建筑工程中,建筑物与土层直接接触的部分称为基础;支承建筑物重量的土层叫地基。基础是建筑物的组成部分,它承受着建筑物的全部荷载,并将它们传给地基。而地基则不是建筑物的组成部分,它只是承受建筑物荷载的土壤层。

地基有天然地基和人工地基之分。凡天然土层具有足够的承载能力,不须经人工改良或加固便可作为建筑物地基者称天然地基。当建筑物上部的荷载较大或地基的承载能力较弱,缺乏足够的稳定性,须预先对土壤进行人工加固后才能作为建筑的地基者称人工地基。人工加固地基通常采用压实法、换土法和打桩法。压实法是利用人工方法挤压土壤,排走土中空气,提高土的密实性,从而提高土的承载能力,如夯土法、重锤压实法等;换土法是将软弱土层全部或部分挖去,换以承载能力高的坚实土壤,从而提高土壤承载能力;打桩法则是将灰土、砂、钢桩或钢筋混凝土桩打入或灌入土中,把土壤挤实或把桩打入地下坚实的土壤层上,从而提高土壤的承载能力。

地基与基础是作用与反作用的关系,基本要求是建筑物作用在基底压力小于地基承载力;当建筑荷载与地基承载力一定时,要满足上述要求,只有调节基础底面积;这一要求是选择基础类型的主要依据。

二、基础的埋深

室外设计地面至基础底面的垂直距离称为基础的埋置深度,简称基础的埋深(图6-1)。建筑物上部结构荷载的大小、地基土质好坏、地下水位的高低以及土壤冰冻深度,邻近建筑物基础埋深,地下管网深度等均影响着基础的埋深。一般要求基础底面做在地下水位以上,冰冻线以下。根据基础埋置深度的不同,有深基础、浅基础和不埋基础之分。埋深大于5m的称深基础;埋深小于5m的称浅基础。

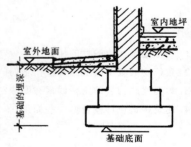

图 6-1 基础的埋置深度

三、基础的类型

基础的类型较多,按基础所用材料及其受力特点分,有刚性基础和非刚性基础。依构造形式分,有条形基础、单独基础、片筏基础和箱形基础等。

(一)按所用材料及受力特点分类

1. 刚性基础

由刚性材料制作的基础称为刚性基础。刚性材料一般是指抗压强度高,而抗拉、抗剪强度较低的材料。在常用材料中,砖、石、混凝土等均属刚性材料。所以,砖基础、石基础、混凝土基础称为刚性基础。

由于地基承载能力的限制,当基础承受墙或柱传来的荷载后,为使其单位面积所传递的力与地基的允许承载能力相适应,便以台阶的形式逐渐扩大其传力面积,然后将荷载传给地基,这种逐渐扩展的台阶称为大放脚。这时,基础底面便承受了地基的反作用力。根据刚性材料受力的特点,基础在传力时只能在材料的允许范围内控制,这个控制范围的夹角称为刚性角,用 α 表示(图 6-2a)。在这种情况下,基础底面拉应力极小,基础也不致破坏。如果基础底面宽度超过了刚性角的控制范围,即由 B_0 增大至 B_1,这时,由于地基反作用力的原因,使基础底面产生拉应力而破坏(图 6-2b)。所

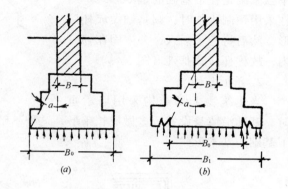

图 6-2 刚性基础的受力特点
(a)基础在刚性角范围内传力;
(b)基础底面宽超过刚性角范围而遭破坏

以,刚性基础底面宽度的增大要受到刚性角的限制。不同材料基础的刚性角是不同的,通常混凝土 $\mathrm{tg}\alpha = 1:1 \sim 1:1.5$,砖 $\mathrm{tg}\alpha = 1:1.5$,灰土 $\mathrm{tg}\alpha = 1:1.25 \sim 1:1.5$。

2. 非刚性基础

当建筑物的荷载较大而地基承载能力较小时,基础底面 B 必须加宽,如果仍采用刚性基础,势必加大基础的深度,这样,既增加了挖土工作量,又使材料的用量增加,对工期和造价都十分不利(图 6-3a)。如果在混凝土基础的底部配以钢筋,利用钢筋来承受拉应力(图 6-3b),使基础底部能够承受大的弯矩,这时,基础宽度的加大不受刚性角的限制,故称钢筋混凝土基础为非刚性基础或柔性基础。

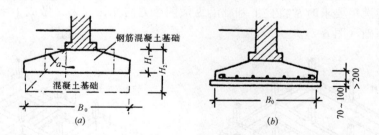

图 6-3 钢筋混凝土基础
(a)混凝土基础与钢筋混凝土基础比较;(b)基础配筋情况

(二)按基础构造形式分类

基础构造形式随建筑物上部结构形式、荷载大小及地基土壤性质的变化而不同。在一般情况下,上部结构形式直接影响基础的形式,但当上部荷载增大,且地基承载能力有变化时,基础形式也随之变化。常见基础有以下几种形式。

1. 单独基础

当建筑物上部结构采用框架结构或单层排架结构承重时，基础常采用方形或矩形的单独基础（图6-4a）。单独基础是柱下基础的基本形式。当柱采用预制构件时，则基础做成杯口形，然后将柱子插入，并嵌固在杯口内，故称杯口式基础（图6-4b）。

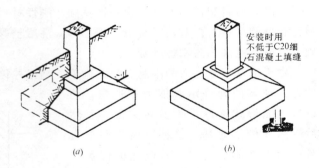

图6-4 单独基础
（a）现浇基础；（b）杯口基础

2. 条形基础

当建筑物上部结构采用墙承重时，基础沿墙身设置，多做成长条形，这种基础称为条形基础或带形基础（图6-5），是墙下基础的基本形式。

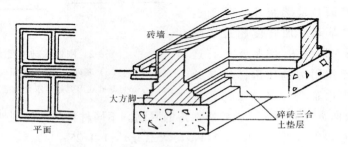

图6-5 墙下条形基础

当建筑采用框架结构，但地基条件较差时，为满足地基承载力的要求，提高建筑的整体性，可把柱下单独基础在一个方向连接起来，称为柱下条形基础（图6-6）。

3. 井格基础

当地基条件较差，为了提高建筑物的整体性，防止柱子之间产生不均匀沉降，而柱下条形基础不能满足要求时常将柱下基础沿纵横两个方向连接起来，做成十字交叉的井格基础或称联合基础（图6-7）。

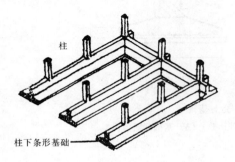

图6-6 柱下条形基础

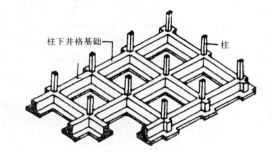

图6-7 井格基础

4. 筏板基础

当建筑物上部荷载较大，而地基又较弱，这时采用简单的条形基础或井格基础也不能适应地基变形的需要，通常将墙或柱下基础连成一片，使建筑物的荷载承受在一块整板上称为片筏基础。片筏基础有平板式和梁板式两种，图6-8系梁板式片筏基础。

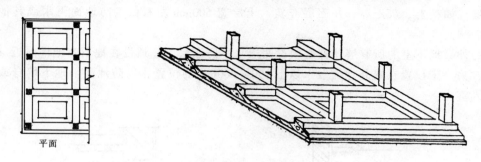

图6-8 片筏基础

5．箱形基础

当板式基础做得很深时，常将基础改做箱形基础（图6-9）。箱形基础是由钢筋混凝土底板、顶板和若干纵、横隔墙组成的整体性结构，基础的中空部分可用作地下室。它的主要特点是刚度大，能调整基底压力，常用于高层建筑中。

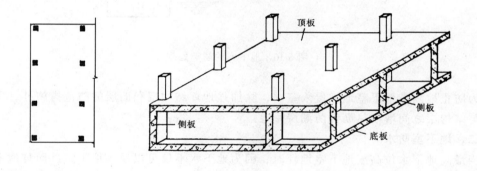

图6-9 箱形基础

第二节 地下室防潮、防水构造

当今城市用地紧张，除建筑向高空发展以外，地下空间利用也很普遍。由于地下室的墙身、底板长期受到地下潮气或地下水的浸蚀，如果忽视防潮、防水工作，会使地下室受到水的渗透，轻则引起室内墙面粉刷脱落、发霉，影响人体健康，重则进水，使地下室不能使用或影响建筑物的耐久性。因此，如何保证地下室在使用时不受潮、不渗漏，是地下室构造设计的主要任务。设计人员必须根据地下水的情况和工程的要求，对地下室设计采取相应的防潮、防水措施。

一、**地下室防潮**

当地下水的最高水位处在地下室地面标高以下时（图6-10a），地下水未直接浸入室内，墙和地坪仅受到土层中潮气的影响。这时只需做防潮处理。防潮处理只针对地表无压水，对于砖墙，其构造要求是：墙体必须采用水泥砂浆砌筑，灰缝必须保满；在墙面外侧设垂直防潮层。做法是在墙体的外表面先抹一层20mm厚1:2.5水泥砂浆找平层，再涂一道冷底子油和两道热沥青，或用防水涂料、防水砂浆均可，然后在防潮层外侧回填低渗透性土壤，如粘土、灰土等，并逐层夯实，土层宽500mm左右，以防地面雨水或其他地表水的影响。

另外，地下室的所有墙体都必须设两道水平防潮层。一道设在地下室地坪附近（图6-10b）；另一道设置在室外地面散水以上150～200mm的位置，以防地潮沿地下墙身或勒脚处侵入室内。

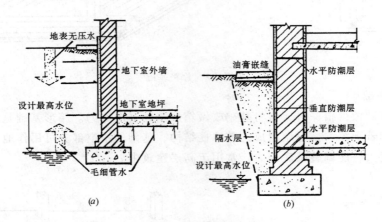

图6-10 地下室的防潮处理

为防止地潮沿地下室地坪侵入室内，除加强地坪结构层和面层的防范措施外，还应在面层与结构层之间增设热沥青防潮层一道。

二、地下室防水

当最高地下水位高于地下室地坪时，因为地下水不仅可以浸入地下室，而且地下室的外墙和地板还分别受到地下水的侧压力和浮力。这种水力大小与地下水高出地下室地坪高度有关，高差越大，压力越大，这时，对地下室必须采取防水处理。常用的防水措施是采用卷材防水。地下防水做法：一般把卷材防水层设在地下室外墙外侧，称为外防水，它与卷材防水设在地下室外墙内侧相比较具有以下优点：外防水的防水层在迎水面，受压力水的作用紧压在外墙上，防水效果好，而内防水的卷材防水层在背水面，受压力水的作用容易局部脱开，外防水造成渗漏机会比内防水少。因此，一般多采用外防水，其具体做法是：在基础垫层上铺好底面防水层后，先进行底板和墙体施工，再把卷材防水层延伸铺贴在墙体外侧已做好的20mm厚1:3水泥砂浆找平层表面上（已先涂好冷底子油一度），最后在防水层外侧砌筑保护墙见图6-11。

至于地下室水平防水层的处理，先是在垫层上作水泥砂浆找平层，找平层上涂冷底子油，底面防水层就铺贴在找平层上。最后做好基坑回填隔水层（黏土或灰土）和滤水层（砂），并分层夯实。

当地下室地坪和墙体均系钢筋混凝土结构时，则以采用防水混凝土材料为佳。防水混凝土材料常用的有集料级配混凝土和外加剂混凝土。集料级配混凝土主要是采用不同粒径的骨料进行级配，并提高混凝土中水泥砂浆的含量，使砂浆充满于骨料之间，从而堵塞因

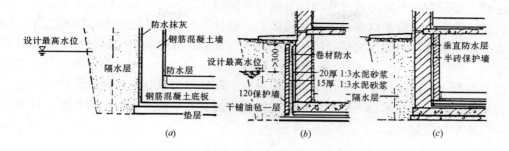

图 6-11 地下室防水构造

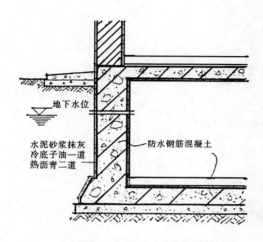

图 6-12 防水混凝土防水处理

骨料间不密实而出现的渗水通路,达到防水目的。

外加剂混凝土是在混凝土中掺入加气剂或密实剂以提高混凝土的抗渗性能。通常采用加气混凝土(加松香皂)、三乙醇铵、三氯化铁、木质磺酸钙、建Ⅰ型减水剂。集料级配防水混凝土抗渗标号最高可达 35 个大气压,外加剂防水混凝土抗渗标号最高可达 32 个大气压。防水混凝土外墙与地坪不宜太薄,一般外墙厚应为 200mm 以上,地坪板的厚度应在 150mm 以上,否则会影响抗渗效果。为防止地下水对混凝土的侵蚀,在墙外侧应抹水泥砂浆并涂刷热沥青防护,见图 6-12。

小 结

1. 基础是建筑物与土壤层直接接触的结构构件,承受着建筑物的全部荷载,并均匀地传给地基。而地基则是承受建筑物由基础传来荷载的土壤层。基础是建筑物的组成构件,地基则不属于建筑物的组成部分。

地基有天然地基与人工地基之分。

2. 室外设计地面至基础底面的垂直距离称为基础的埋深。当埋深大于 5m 时称深基础;小于 5m 时称浅基础;基础直接做到地表面上的称不埋基础。

3. 基础依所采用材料及受力情况的不同有刚性基础和非刚性基础之分;依其构造形式不同有条形基础、单独基础、片筏基础和箱形基础之分。

4. 地下室是建造在地表面以下的使用空间。由于地下室的外墙、底板受到地下潮气和地下水的侵袭,因此,必须重视地下室的防潮、防水处理。

5. 当地下水的常年水位和最高水位处在地下室地面以下,地下水未直接浸蚀地下室时,只需对墙体和地坪采取防潮措施。

6. 当设计最高地下水位处在地下室地面以上,地下室的墙身、地坪直接受到水的浸蚀。这时，必须对地下室的墙身和地坪采取防水措施。防水处理有柔性防水和防水混凝土防水两类。当前柔性防水以卷材防水运用最多。卷材防水又有外防水和内防水之分。外防水构造必须注意地坪与墙身交接处的接头处理、墙身防水层的保护措施以及上部防水层的收头处理。

防水混凝土的防水措施多采用集料级配混凝土和外加剂混凝土两种。

由于新材料、新技术的不断涌现，地下室的防潮、防水构造也在不断更新，自学时多参考一些新型构造做法。

复习思考题

1. 基础和地基的定义。
2. 何谓天然地基？何谓人工地基？
3. 基础的埋深指什么？影响基础埋深的因素有哪些？
4. 常见基础类型有哪些？
5. 何谓刚性基础？试举例说明。
6. 何谓刚性角？刚性基础为什么要考虑刚性角？
7. 地下室防潮、防水的意义？
8. 地下室防潮构造的要点有哪些？构造上应注意些什么问题？
9. 地下室在什么情况下需考虑防水？
10. 何谓水头？水压与水头的关系如何？
11. 地下室外防水与内防水有何区别？
12. 外防水在构造上的要点是什么？
13. 外防水为什么要设保护墙，它在构造上有何要求？
14. 提高混凝土防水的措施有哪些？

第七章 墙

第一节 墙的类型和设计要求

一、墙的类型

(一) 按墙所处位置分类

根据墙体在平面上所处位置的不同,有内墙和外墙之分。外墙又称外围护墙;内墙主要是分隔房间之用;凡沿建筑物短轴方向布置的墙称横墙,横向外墙称山墙;沿建筑物长轴方向布置的墙称纵墙,纵墙有内纵墙与外纵墙之分;在一片墙上,窗与窗或窗与门之间的墙称窗间墙;窗洞下部的墙称窗下墙,突出屋面的外墙称为女儿墙。

(二) 墙按受力性质分类

墙体结构按受力情况不同,分承重墙和非承重墙。凡直接承受上部屋顶、楼板所传来荷载的墙称承重墙;凡不承受外来荷载的墙称非承重墙。凡不承受外来荷载,仅承受自身重量的墙称自承重墙;凡作为分隔空间不承受外力的墙称隔墙;框架结构中的墙称框架填充墙,悬挂在外部的轻质墙又称幕墙,它包括金属幕墙、玻璃幕墙等。

(三) 按墙体材料分类

墙按所用材料的不同,可分为砖墙、石墙、土墙(包括土坯墙和夯土墙)、混凝土墙以及利用多种工业废料制作的砌块墙等。砖墙是我国传统的墙体材料,应用最广;在产石地区利用石块砌墙具有很好的经济价值;土墙是就地取材、造价低廉的地方性墙体;利用工业废料发展各种墙体材料是墙体改革的重要课题,应予重视。此外,还有各种金属板材墙,如压型钢板外墙。

(四) 墙体按构造和施工方式分类

墙体按构造与施工方式不同,有叠砌式墙、版筑墙和装配式板材墙等几种。叠砌式墙包括实砌砖墙、空斗墙和砌块墙。砌块墙是指利用各种原料制作的不同形式、不同规格的中、小砌块,即手工或小型机具砌成的墙体。版筑墙则是施工时,直接在墙体部位竖立模板,然后在模板内夯筑或浇注材料捣实而成的墙体,如夯土墙、灰砂土筑墙以及滑模、大模板等混凝土墙体。装配式板材墙是以工业化方式在预制构件厂生产的大型板材构件,在现场进行机械化安装的墙体。装配式板材墙施工机械化程度高,速度快,工期短,是建筑工业化的方向。

二、墙体的设计要求

(一) 结构要求

对以墙体承重为主的低层或多层砖混结构,从结构上考虑,常要求各层的承重墙上下对齐,各层的门窗洞口也上下对齐为佳。此外,还需考虑以下两方面的要求:

1. 合理选择墙体结构布置方案

墙体结构布置有横墙承重、纵墙承重、混合承重和部分框架承重等几种结构方案。

凡以横墙承重的称为横墙承重方案或横向结构系统。这时，楼板、屋顶上的荷载均由横墙承受，纵墙只起纵向稳定和拉结以及承受自重的作用。这种方案主要特点是横墙间距小数量多，加上纵墙的拉结，建筑整体性好，横向刚度大，对抵抗风力、地震力等水平荷载的作用有利（图7-1a）。但横墙承重的房间布置不够灵活，墙的结构面积较大，墙体材料耗费较多。因此，横墙承重多适用于房间开间尺寸不大的宿舍、住宅及医院病房等建筑。

凡由纵墙承重的称为纵墙承重方案或纵向结构系统。这时，楼板、屋顶上的荷载均由纵墙承受，横墙只起分隔房间的作用，有的起横向稳定作用。纵墙承重可使房间开间的划分灵活，能分隔出较大的房间，以适应不同的需要（图7-1b）。纵墙承重多适用于需要较大房间的办公楼、商店、教学楼等公共建筑。

凡由纵墙和横墙共同承受楼板、屋顶荷载的结构布置称为混合承重方案。由于纵墙和横墙均起承重作用，因而室内房间布置较灵活，建筑物的刚度亦较好（图7-1c）。混合承重方案多用于开间、进深尺寸较大，且房间类型较多的建筑和平面较复杂的建筑中，前者如教学楼、商店等建筑，后者如点式住宅、托儿所、幼儿园等建筑。

此外，在结构设计中，有时采用墙体和钢筋混凝土梁、柱组成的框架共同承受楼板和屋顶的荷载，这时，梁的一端支承在柱上，而另一端则搁置在墙上，这种结构布置方式称部分框架结构或内部框架承重方案（图7-1d）。它适合于需要较大空间的建筑，如商场等。但不宜用于抗震地区。

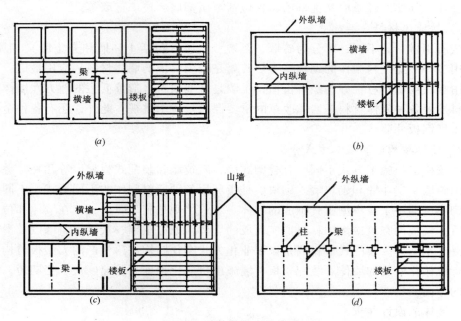

图7-1 墙体结构布置方案
（a）横墙承重结构；（b）纵墙承重结构；（c）混合承重结构；（d）部分框架承重结构

2．足够的强度和稳定性

墙体的强度是指墙体承受荷载的能力，它与所采用的材料及其强度等级有关，作为承重墙的墙体，必须具有足够的强度，以确保结构的安全。

墙体的稳定性指墙抵抗侧向弯曲的能力，它与墙的高度、长度和厚度有关。高度系指楼层高度，长度乃指横向或两纵向承重墙之间的距离。高而薄的墙与矮而厚的墙比较，两者的稳定性是不一样的，前者差，后者好。长而薄的墙和短而厚的墙比较，两者的稳定性也是不同的，同样也是前者差而后者好。

因此，在设计墙体时，必须根据层高和房间尺度，经计算确定墙的厚度。当设计的墙厚不能满足要求时，常采取提高材料强度等级、增设墙垛、壁柱或圈梁等措施，以增加墙体的稳定性。

(二) 热工要求

热工要求主要是考虑墙体的保温与隔热。

1. 墙体的保温要求

在严寒的冬季，热量通过外墙由室内高温一侧向室外低温一侧传递的过程中，既产生热损失，又会遇到各种阻力，使热量不致突然消失，这种阻力称为热阻。热阻越大，通过墙体所传出的热量就越小，墙体的保温性能越好，反之则差。因此，对于有保温要求的墙体，须提高其热阻。通常采取以下措施：

(1) 增加墙体的厚度

墙体的热阻值与其厚度成正比，欲提高墙身的热阻，可增加其厚度。因此，严寒地区的外墙厚度往往超过结构的需要。虽然增加墙厚能提高一定的热阻值，但却是一种很不经济的办法。

(2) 选择导热系数小的墙体材料

在建筑工程中，一般把导热系数值小于 $0.23W/m·K$ 的材料称为保温材料。因此，要增加墙体的热阻，常选用导热系数小的保温材料，如泡沫混凝土、加气混凝土、陶粒混凝土、膨胀珍珠岩、膨胀蛭石、泡沫塑料、矿棉及玻璃棉等。

(3) 墙中设置保温层

墙体中设置保温层，用导热系数小的材料与承重的墙体组合在一起形成的一种保温墙体，从而让不同性质的材料各自发挥其功能。保温层可设在墙外、墙内和墙中。保温层设在墙内侧的方式，有利于保温层的耐久，因承重可起保护作用，但墙内热稳定性较差，如果构造不当还易引起内部结露。保温层设在外侧室内热稳定性好，不易出现内部结露，且承重层温度应力小，但保温层需有保护措施。保温层设在中部可提高保温层耐久性和热稳定性，但构造复杂。

(4) 墙中设置封闭空气间层

墙体中设封闭空气间层是提高保温能力的有效且经济的方法。因静止空气是热的不良导体（导热系数 $\lambda = 0.023W/m·K$），由实验数据知 60~100mm 厚封闭空气间层热阻值达 $0.18m^2·K/W$，比 120 厚实心砖墙的热阻 $0.15m^2·K/W$ 还大。因此用空心砖，空心砌块等对保温有利。

2. 墙体隔热要求

我国南方地区，特别是长江流域、东南沿海等地，夏季炎热时间长，太阳辐射强烈，气温较高。如七月份平均气温高达 30~38℃；太阳水平辐射强度最高为 930~1046W/m^2。同时，这些地区的相对湿度也大，形成湿热气候。

墙体隔热的能力直接影响室内气候条件，尤其在开窗的情况下，影响更大。为了使室内不致过热，除了考虑对周围环境采取防热措施，并在建筑设计中加强自然通风的组织外，在外墙的构造上，须进行隔热处理。由于外墙外表面受到的日晒时数和太阳辐射强度以东、西向最大，东南和西南向次之，南向较小，北向最小。所以隔热措施应以东、西向墙体为主，一般采取以下措施：

（1）墙体外表面宜采用浅色而平滑的外饰面，如白色抹灰、贴陶瓷砖或马赛克等，形成反射，以减少墙体对太阳辐射热的吸收；

（2）在窗口的外侧设置遮阳设施，以减少太阳对室内的直射；

（3）在外墙内部设置通风间层，利用风压和热压作用，形成间层中空气不停地交换，从而降低外墙内表面的温度；

（4）利用植被对太阳能的转化作用而降温。所谓植被是在外表面种植各种攀缘植物等，利用植被的遮挡、蒸腾和光合作用，吸收太阳辐射热，从而起到隔热的作用。

（三）隔声要求

为防止室外及邻室的噪声影响，从而获得安静的工作和休息环境，要求墙体应具有一定的隔声能力。

隔声量是衡量墙体隔绝空气声能力的标志。隔声量越大，墙体的隔声性能越好。噪声的度量单位为分贝（dB）

墙体隔声量与墙的单位面积质量（即面密度）有关，质量愈大，隔声量愈好，这一关系通常称为"质量定律"。其次与构造形式和声音频率有关。

根据质量定律，构件材料密度越大，越密实，其隔声量越高。因而设计墙体时，应尽量选择面密度（kg/m^2）高的材料。不同的墙体具有不同的隔声指标，常用墙体的隔声指标见表 7-1。从表中可知，双面抹灰半砖墙的隔声量达 45dB。根据我国《民用建筑隔声设计规范》（GBJ118—88）的规定，对一般无特殊隔声要求的建筑，双面抹灰的半砖墙已基本满足分户墙的隔声要求。

几种常用墙的隔声指标　　　　　表 7-1

构造简图	面密度 (kg/m^2)	空气声隔声量 (dB)						
		125Hz	250Hz	500Hz	1000Hz	2000Hz	4000Hz	平均值
150厚加气混凝土墙双面抹灰20	140	29	36	39	46	54	55	43
240 三孔空心红砖双面勾缝	300	37.2	44	46.2	49.2	53.7	52.3	47
1/2 砖墙双面抹灰20	40	37	34	41	48	55	53	45
1 砖墙双面抹灰20	480	42	43	49	57	64	62	53
双层1砖墙双面粉刷空气层（$\delta = 150$）	800	50	51	58	71	78	86	64

续表

构造简图	面密度（kg/m²）	空气声隔声量（dB）						
		125Hz	250Hz	500Hz	1000Hz	2000Hz	4000Hz	平均值
双面石膏板各9厚纸峰窝芯82	30	18	23	23	23	33	35	26
双面纸面石膏板（2×12）空气层75轻钢龙骨岩棉40	62	40	51	58	63	64	57	56

从表内不同构造的墙体中，还可以看出双层墙隔声效果最佳。这主要在于空气间层的作用。空气间层可以被看成是与两层墙体相连的"弹簧"，由于空气间层的弹性变形具有减振的作用，所以大大提高了墙体总的隔声量。但必须注意，应尽量减少夹层墙之间的"声桥"的出现（声桥系指空气间层之间的实体连接），否则会对隔声效果有较大影响。

但是在现代住宅建筑和高层建筑中大量采用轻质材料和轻型结构。墙体中使用较多的有纸面石膏板、圆孔石膏板、圆孔珍珠岩石膏板以及加气混凝土板等。这类板材单位面积质量轻，隔声成了主要问题。为了提高轻型墙体的隔声能力，根据国内外的经验，大多是采用增加空气间层或在间层中填充吸声材料的办法解决。根据实验，轻钢龙骨，两面钉双层纸面石膏板，内填充超细玻璃棉毡的轻质墙体，其隔声量与240mm厚的砖墙相当，而其单位面积质量却只有砖墙的1/10。

（四）防火要求

构成墙体材料的燃烧性能和耐火极限应符合防火规范的规定。在较大的建筑和重要的建筑中，还要按防火规范的要求设置防火墙，将建筑物分为若干段，以防止火灾蔓延。

（五）适应工业化生产和经济的要求

随着建筑工业化发展，要逐步改革以粘土砖为主的墙体材料，采用预制装配式墙体材料和构造方案，为生产工厂化、施工机械化创造条件，以降低劳动强度提高墙体施工的工效。墙体造价占整个建筑20%～40%，降低墙体造价效果较明显。

第二节 砖墙构造

一、砖墙材料

砖墙是用砂浆将一块块砖按一定规律砌筑而成的砌体。其主要材料是砖与砂浆。

（一）砖

砖有经过焙烧的实心砖、承重空心砖、非承重空心砖以及不经焙烧的粉煤灰砖、炉渣砖和灰砂砖等。常用砖见表7-2。

烧砖的强度等级分为六个即：MU30、MU25、MU20、MU15、MU10和MU7.5

由于在大量性民用建筑中考虑节能问题及保护耕地，实心砖的应用将会愈来愈少。目前，基础以上砌体主要用承重空心砖。考虑到建筑的可持续发展，保护耕地，发展非粘土砖，利用工业废渣资源将是今后砖原料的出路。当前利用煤矸石、粉煤灰等工业废料制砖则是有效途径。

常 见 砖 情 况　　　　　表 7-2

名　　称	普通黏土砖（mm）	承重黏土空心砖（mm）	非承重黏土空心砖（mm）	炉渣空心砖（mm）
简　　图				
主要规格	240×115×53	240×115×90 240×180×115 190×190×90	300×300×100 300×300×150 400×300×80	400×195×180 400×115×180 400×90×180
等　　级	MU7.5～30	MU7.5～20	MU3.5～5	MU2.5（MPa）
表观密度	1600～1800（kg/m³）	1100～1400（kg/m³）	1100～1450（kg/m³）	1200（kg/m³）

（二）砂浆

砂浆是砌体的胶结材料。它将砖块胶结为整体，并将砖块之间的空隙填平、密实，便于使上层砖块所承受的荷载能逐层均匀地传至下层砖块，以保证砌体的强度。

砌筑砂浆常用的有水泥砂浆、石灰砂浆和混合砂浆三种。石灰砂浆由石灰膏、砂加水拌和而成，它属于气硬性材料，强度不高，常用于砌筑一般次要的民用建筑中地面以上的砌体；水泥砂浆由水泥、砂加水拌和而成，它属于水硬性材料，强度高，较适合于砌筑潮湿环境的砌体；混合砂浆系由水泥、石灰膏、砂加水拌和而成，这种砂浆强度较高，和易性较好，常用于砌筑工业与民用建筑中地面以上的砌体。

砂浆的强度等级划分为七个，即 M15、M10、M7.5、M5、M2.5、M1 和 M0.4。M5 级以上属高强度级砂浆，常用的砌筑砂浆是 M5～M10。

二、砖墙厚度和组砌方式

（一）墙厚

鉴于普通粘土砖尺寸，并考虑灰缝一般为 8～12mm，砖墙常见厚度和习惯叫法见表 7-3。

墙 厚 名 称　　　　　表 7-3

墙厚名称	习惯称呼	实际尺寸（mm）	墙厚名称	习惯称呼	实际尺寸（mm）
半砖墙	12 墙	115	一砖半墙	37 墙	365
3/4 砖墙	18 墙	178	二砖墙	49 墙	490
一砖墙	24 墙	240	二砖半墙	62 墙	615

承重墙至少应为 18 墙。由于砖墙砌筑以 115+10（灰缝）=125 为模数；与现行模数不协调，因此在设计砌筑较短的墙段时应符合砖模，如 370、490、620、740、870 等，避免砍砖。

（二）砖墙砌筑

为保证砖墙砌筑质量，砌筑时应做到横平竖直、错接搭缝、灰浆饱满。砌筑工程将砖的长边称为"顺"，将其短边称为"丁"，一层砖称为"皮"。砌砖式样常具有下列几种（图 7-2）。

空斗墙是以普通黏土砖砌筑而成的空心墙体，在我国已有悠久的历史。墙厚一般为一

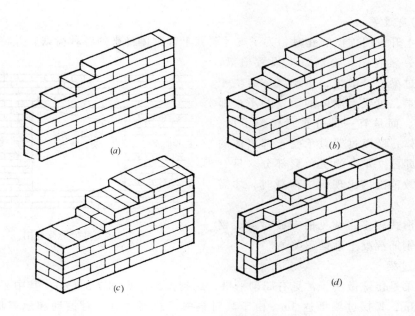

图 7-2 砖墙的组砌方法
(a) 全顺式；(b) 一顺一丁；(c) 梅花丁（丁顺夹砌）；(d) 二平一侧

砖，通常有无眠空斗、一眠一斗、一眠三斗等几种砌法（图 7-3）。所谓"斗"是指墙体中由两皮侧砌砖与横向拉结砖所构成的空间；而"眠"则是指墙体中沿水平方向（纵向）丁砌的一皮砖。

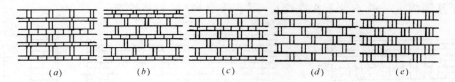

图 7-3 空斗墙砌式
(a) 一斗一眠；(b) 二斗一眠；(c) 三斗一眠；(d) 无眠全斗；(e) 无眠全斗

根据分析，一砖厚的空斗墙与同厚度的实心墙比较，可省砖 22%～38%，因此，它自重轻，造价低，可用作 3 层以下民用建筑的承重墙。但在下述情况下则不宜采用。

(1) 土质软弱且可能引起建筑产生不均匀沉陷的地区；
(2) 门窗洞口的面积超过墙面 50% 以上时；
(3) 当建筑物有振动荷载时；
(4) 地震烈度在六度以上的地区。

在构造上，空斗墙要求在门、窗洞口的侧边以及墙体与承重砖柱连接处，在墙壁转角、勒脚及内、外墙交接处，均应采用眠砖实砌。在楼板、梁、屋架、檩条等构件下的支座处，墙体应采用眠砖实砌三皮以上。

三、砖墙的细部构造

（一）门窗过梁

当墙体上开设门、窗洞孔时，为了支承洞孔上部砌体传来的各种荷载，并将这些荷载传给窗间墙，常在门、窗洞口上设置横梁，这种梁称为过梁。一般说，由于墙体砖块相互咬接的结果，过梁上墙体的重量并不全部压在过梁上，而是有一部分重量传给了门、窗两侧的墙体，所以过梁只承受上部墙体的部分重量，即图7-4中的三角形部分。只有当过梁的有效范围内出现集中荷载时，才需另行考虑。

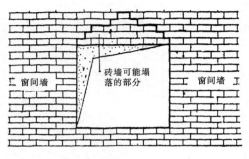

图 7-4 过梁受荷范围

过梁的形式较多，常见的有砖过梁、钢筋砖过梁和钢筋混凝土过梁三类。

1. 砖砌过梁

砖砌过梁是传统做法，常见有砖砌平拱，砖砌弧拱，见图7-5（a）。其中平拱过梁适宜跨度≯1.8m，弧拱过梁可达3m。由于其对集中荷载不适宜，对振动和地震极为敏感，因此，目前极少使用。

2. 钢筋砖过梁

钢筋砖过梁是在砖缝内配置钢筋的砖砌平过梁（图7-5b）。通常每半砖厚的墙，应配置$\phi 6$的钢筋1根，当墙厚每增加半砖，则再增加钢筋一根。钢筋放在洞孔上第一皮和第二皮砖之间；也可放在第一皮砖下面的砂浆层内，砂浆层厚30mm。钢筋每端伸入支座长度应不小于240mm，并加弯钩。为使洞上的部分砌体和钢筋构成过梁，常在相当于1/4跨度的高度范围内（一般不少于5皮砖），用不低于M5级砂浆砌筑。

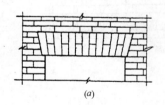 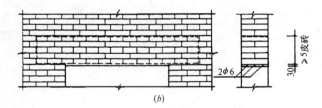

图 7-5 钢筋砖过梁和砖拱过梁
（a）砖拱过梁；（b）钢筋砖过梁

钢筋砖过梁适用于跨度不大于2m，上部无集中荷载的孔洞上。这种过梁施工方便，且整体性好，特别是在清水墙情况下，建筑立面上可求得与砖墙统一的效果。

3. 钢筋混凝土过梁

当门、窗洞口宽度较大或洞口上有集中荷载时，常采用钢筋混凝土过梁（图7-6）钢筋混凝土过梁有现浇和预制两种，梁高及其配筋，由计算确定。但为了施工方便，梁高尺寸应与砖的皮数相适应。实心砖梁高为$n \cdot 60$；空心砖$n \cdot 100$，梁宽一般与墙同厚。梁端支承在墙上的长度每边不少于240mm，以保证在墙上有足够的承压面积。

在现浇钢筋混凝土的情况下，当过梁与圈梁或过梁与现浇楼板位置接近时，则应尽量合并设置，同时浇筑。这样，既节省材料，便于施工，又增强了建筑物的整体性。

采用预制过梁，可以节约模板，加快施工进度。预制过梁截面一般采用矩形。在严寒地区，当过梁处热阻较低，为避免"冷桥"作用或由于清水墙对外立面有统一要求时，也可采用 L 形截面或组合式过梁（图 7-6b、7-6c）。

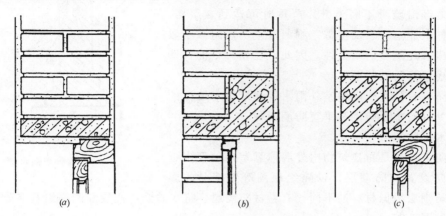

图 7-6　钢筋混凝土过梁
（a）矩形截面；（b）L形截面；（c）组合截面

（二）窗台

当室外雨水沿窗向下流淌时，为避免雨水聚积窗洞下部，并沿窗下槛向室内渗透，污染室内装修起见，常于窗洞下部靠室外一侧设置一泻水构件——窗台。

窗台须向外形成一定坡度，以利排水。窗台有悬挑窗台和不悬挑窗台两种。悬挑窗台常采用平砌一皮砖或将一砖侧砌并悬挑 60mm 的做法，窗台部位用水泥砂浆抹灰，并于外沿下部粉出滴水，以引导雨水沿着滴水槽口下落（图 7-7）。

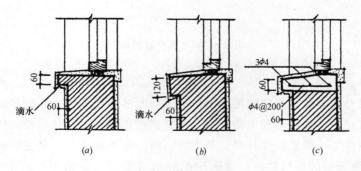

图 7-7　窗台形式
（a）60厚砖窗台；（b）120厚砖窗台；（c）混凝土窗台

（三）墙脚

墙脚是指室内地面以下、基础以上的这段墙体，有内墙脚和外墙脚。这一部分会受到很多不利因素的影响，如图 7-8，墙脚伸入地表，会受土中水的侵蚀，顺墙而下的雨水或檐口飞落的雨水也会反溅上来侵湿墙面，且影响地基、基础；工程中对墙脚需做相应处理。

1. 防潮层

除雨、雪的侵袭外，地表水和地下水的毛细作用会造成对勒脚部位的侵蚀。如果不对勒脚部位的墙体作防潮处理，地潮沿墙身不断上升，严重时可达到2层楼，致使室内抹灰脱落，表面生霉，细菌滋生，热阻减小影响人体健康和建筑物的耐久性。因此，在勒脚处的构造中，应考虑墙身防潮问题。

墙身防潮目的在于隔绝室外雨水及地潮等对墙体的影响。其处理有水平防潮和垂直防潮两种。

（1）水平防潮

水平防潮一般是指建筑物内外墙体靠室内地坪附近沿水平方向设置的防潮层，以隔绝地潮等对墙身的影响。水平防潮层根据材料的不同，有卷材防潮层、防水砂浆防潮层和配筋细石混凝土防潮层三种，见图7-9。

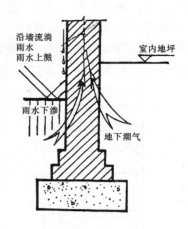

图7-8 墙脚受潮示意

卷材防潮层具有一定的韧性、延伸性和良好的防潮性能（图7-9a）。由于卷材层降低了上下砖砌体之间的粘结力，故卷材防潮层不宜用于下端按固定端考虑的砖砌体和有抗震设防要求的建筑中。同时，卷材的使用年限一般只有20年左右，因此，长期使用也极不利。

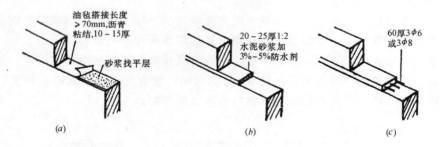

图7-9 墙身水平防潮层
（a）卷材防潮层；（b）防水砂浆防潮层；（c）细石混凝土防潮层

砂浆防潮层是在需要设置防潮层的部位铺设防水砂浆层或用防水砂浆砌筑2~3皮砖。防水砂浆防潮层克服了油毡防潮层的缺点，故特别适用于抗震地区、独立砖柱和振动较大的砖砌体中。但由于砂浆系脆性材料，易开裂，故不适于地基会产生变形的建筑中（图7-9b）。为了提高防潮层的抗裂性能，常采用配筋细石混凝土防潮带，由于它抗裂性能好，且能与砖体结合为一体，故适用于整体刚度要求较高的建筑中。

水平防潮层应设置在距室外地面150mm以上的勒脚砌体中，以防止地表水溅渗。同时，考虑到建筑物室内地坪层下填土或垫层的毛细作用，故一般将水平防潮层设置在底层地坪混凝土结构层之间的砖缝中（设计中常以标高-0.06m表示）。使其更有效地起到防潮作用（图7-10）。当室内地坪构造层不防潮时，则水平防潮层应设在室内地坪标高以上60mm处。此外，如有钢筋混凝土圈梁，可将其上表面提高至防潮层位置，兼作水平防潮层。

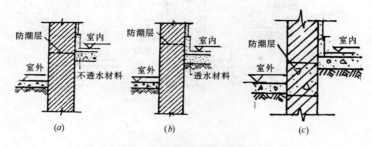

图 7-10 水平防潮层的设置位置
（a）垫层不透水时；（b）垫层透水时；（c）有地梁时

(2) 垂直防潮

当室内地坪出现高差或室内地坪低于室外地面时，对墙身不仅要求按地坪高差的不同设置两道水平防潮层，而且为了避免高地坪房间（或室外地面）填土中的潮气侵入低地坪房间的墙面，对有高差部分的垂直墙面也要采取防潮措施。其具体作法是在高地坪房间填土前，在两道水平防潮层之间的垂直墙面上，先用水泥砂浆抹灰 15～20mm 厚，然后再涂热沥青两道（或其他防潮处理），而在低地坪一边的墙面上，则采用水泥砂浆打底的墙面抹灰（图 7-11）。

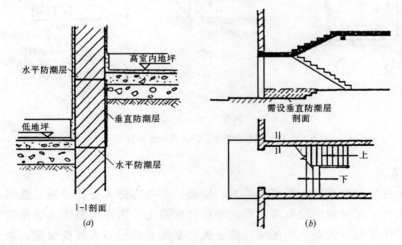

图 7-11 垂直防潮
（a）1-1 剖面；（b）平面

2．勒脚

墙身接近地面的部分的外墙脚又称为勒脚。处理高度是室外地坪至 ±0.000，或至底层窗台处。处理方法是抹 25mm 厚 1:2 水泥砂浆，或用石材砌筑勒脚部位等（图 7-12）。

3．明沟与散水

明沟与散水都是为了保护墙基不受雨水侵蚀的构件。明沟是外墙脚周边设明沟将雨水导至城市排水管网，而散水则是在外墙四周将地面做成向外的坡面，以便将雨水散至远处。明沟主要用于年降雨量大于 900mm 地区，明沟与散水常用混凝土制成，散水宽 600～

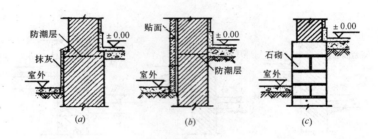

图 7-12 勒脚构造示意
（a）抹灰；（b）贴面；（c）石材砌筑

1000mm。并要求比自由落水檐口宽出 200mm 左右。

为防止由于建筑物的沉陷或由于散水或明沟处发生意外的受力不均，而导致墙基与散水交接处开裂，在构造上常要求散水与勒脚交接处设分格缝予以分开，并在缝内填沥青砂浆，以防渗水。其构造见图 7-13。

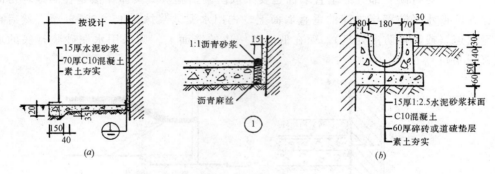

图 7-13 混凝土散水和明沟构造
（a）混凝土散水；（b）混凝土明沟

（四）防火墙

为减少火灾的发生或防止其蔓延扩大，除设计时考虑防火分区分隔、选用难燃或不燃烧材料制作构件、增加消防设施等之外，在墙体构造上，尚需考虑防火墙设置问题。

防火墙的作用在于截断火灾区域，防止火灾蔓延。根据防火规范规定，防火墙的耐火极限应不小于 4.0 小时。防火墙上不应开设门窗洞口，如必须开设，应采用甲级防火门窗并能自动关闭。

防火墙应截断燃烧体或难燃烧体的屋顶，并高出非燃烧体屋面不小于 400mm；高出难燃烧体屋面不小于 500mm，见图 7-14。当屋顶承重构件为耐火极限不低于 0.5 小时的非燃烧体时，防火墙（包括纵向防火墙）可砌至屋面基层的底部，不必高出屋面。

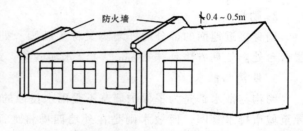

图 7-14 防火墙设置要求

第三节 隔墙构造

用来分隔室内空间的非承重墙通称为隔墙，要求它具有重量轻，厚度薄，隔声好，防火、有时需要防水。

按构造形式常见的有块材式隔墙，骨架式隔墙和条板式隔墙。

一、块材式隔墙

块材隔墙包括砖隔墙和砌块隔墙等。

砖隔墙常用的有半砖隔墙，其构造见图 7-15a。当采用 M2.5 级砂浆砌筑时，其高度不宜超过 3.6m，长度不宜超过 5m；当采用 M5 级砂浆砌筑时，高度不宜超过 4m，长度不宜超过 6m。在构造上除砌筑时应与承重墙牢固搭接外，还应在墙身每隔 1.2m 高处加 2φ6 拉结钢筋予以加固。

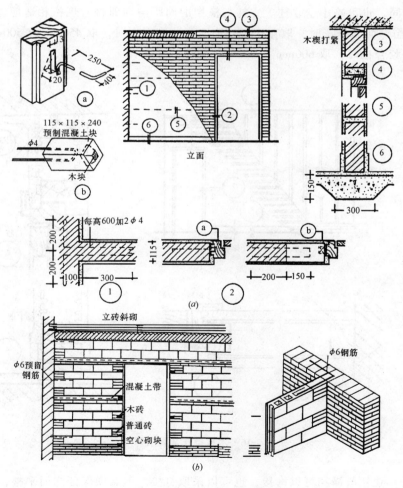

图 7-15 砌块隔墙、砖隔墙
（a）砖隔墙；（b）砌块隔墙

此外砖隔墙的上部与楼板或梁的交接处，不宜过于填实或使砖砌体直接顶楼板或梁。应留有30mm的空隙或将上两皮砖斜砌，以防上部结构构件产生挠度，致使隔墙被压坏。

砌块隔墙常采用粉煤灰硅酸盐、加气混凝土、混凝土或水泥炉碴空心砌块等砌筑。墙厚由砌块尺寸而定，一般为90～120mm。由于墙体稳定性较差，亦需对墙身进行加固处理，通常沿墙身竖向和横向配以钢筋（图7-15b）。

二、骨架隔墙

骨架隔墙有木骨架隔墙和轻钢骨架隔墙两类。

（一）木龙骨隔墙

木骨架隔墙常见的有板条抹灰隔墙、装饰板隔墙和镶板隔墙等。由于它们自重轻、构造简单，故应用较广。隔墙构造包括骨架和饰面两部分。

木骨架由上槛、下槛、立柱、斜撑或横挡等部件构成（图7-16）。立柱靠上、下槛固定。上、下槛及立柱断面为50mm×75mm或50mm×100mm。立柱之间沿高度方向每隔1.2m左右设斜撑一道。当骨架外系铺钉面板时，斜撑应改为水平的横挡。斜撑或横挡截面与墙筋相同，也可略小于立柱。立柱与横挡的间距与饰面材料规格相适应。通常取400～600mm；当饰面为抹灰时，取400mm；饰面为装饰面板时，取450mm或500mm；当饰面为纤维板或胶合板时，取600mm。

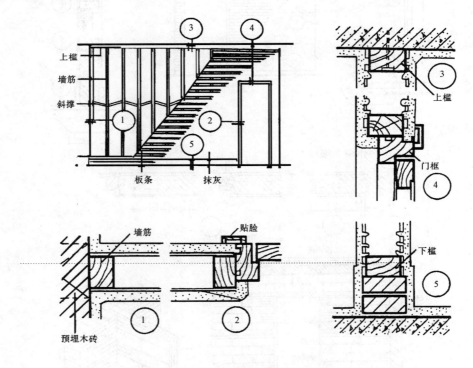

图7-16 木板条抹灰骨架隔墙

上下槛、立柱与横挡可以榫接，也可以采取钉接。但必须保证饰面平整，同时木材必须干燥，避免翘曲。

为节约木材，我国各地还利用工业废料和地方材料制成了多种骨架，如石棉水泥骨架、纸面石膏板粘结骨架以及水泥刨花板骨架等。

隔墙饰面系在木筋骨架上铺钉各种装修饰面材料,包括板条抹灰、装饰吸声板、钙塑板、纸面石膏板、水泥刨花板、水泥石膏板以及各种胶合板和装饰面板。板条抹灰饰面系在墙筋上钉板条,然后抹灰。板条尺寸一般为6mm×30mm×1200mm,其间隙约为9mm,以便抹灰时,底灰能挤到板条间隙的背面,咬住板条。钉板条时通常一根板条搭接三个立柱间距。于是出现板条的搭接接缝,为避免外部抹灰开裂脱落,板条搭接缝长600mm,必须使接缝错开,见图7-16。

(二) 轻钢龙骨隔墙

轻钢骨架隔墙是在金属骨架外铺钉面板而制成的隔墙。它具有重量轻、强度高、刚度大、结构整体性好等特点。骨架由各种形式的薄壁型钢加工而成。钢板厚0.6~1.0mm,经冷压成型为槽形断面,轻钢龙骨常用的有C50、C75、C100三种系列。骨架包括上槛、下槛、立柱和横挡。骨架与楼板、墙柱等构件相接时,多用膨胀螺栓或射钉来连结,螺栓间距500~1000mm。立柱、横挡等利用焊接,拉铆钉或自攻螺丝相互连接,墙筋间距由面板尺寸而定,一般为400~600mm。

面板多为胶合板、纤维板、埃特板、石膏板和石棉水泥板等难燃或不燃材料,面板用自攻螺丝固定在骨架上,见图7-17,常用石膏板规格3000mm×800mm×12mm,3000mm×800mm×9mm。

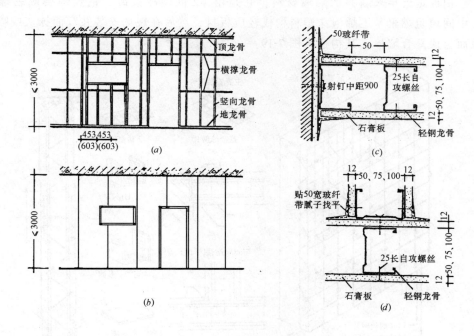

图7-17 轻钢骨架隔墙
(a) 龙骨排列;(b) 石膏板排列;(c) 靠墙节点;(d) 丁字隔墙节点

三、板材隔墙

板材隔墙系指采用轻质材料制成的各种预制薄型板材而安装成的隔墙。常见的板材有加气混凝土条板、石膏条板、碳化石灰板、石膏珍珠岩板以及泰柏板，蜂窝复合板，彩钢板等各种复合板等。这些板材自重轻、安装方便。

在固定、安装条板时，在板的下面用木楔将条板楔紧，而条板左右主要靠各种粘结砂浆或粘结剂进行粘结，待安装完毕，再在表面进行装修（图7-18）。

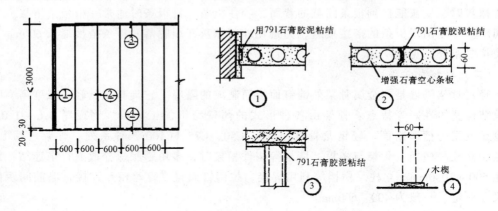

图7-18 增强石膏空心板隔墙

泰柏板是近年来新兴的隔墙材料，它是由$\phi2$低碳冷拔镀锌钢丝焊接成三维空间网笼，中间填阻燃聚苯乙烯泡沫塑料构成轻质板材，然后在现场安装并双面抹灰或喷涂水泥砂浆而组成复合墙体，其构造见图7-19。

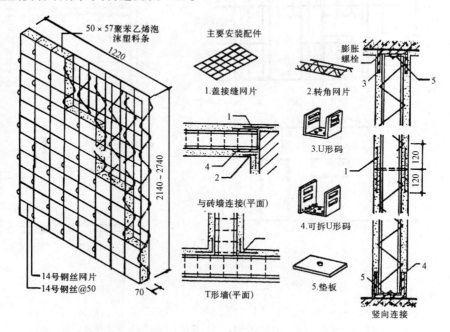

图7-19 泰柏板隔墙

第四节 墙面装修

一、墙面装修的作用

对墙面进行装修处理，有如下的作用：

(一) 保护墙体

由于墙体材料中通常存在着大量微小孔隙，施工时也会留下许多缝隙，致使墙体的吸水性增大。在雨水的长期作用下，墙体强度会有所降低，同时，潮湿还会加速墙体表面的风化作用，影响墙体的耐久性。为此，对墙面进行装修处理，可以保护墙身，增强墙体的坚固性、耐久性。

(二) 改善墙体的使用功能

墙体中的孔隙不仅影响墙身的耐久性，而且会增加墙体的透气性，这对墙体的热工性能和隔声性能都不利。同时，粗糙的墙面难以清洁，也会降低墙面的反光能力，对室内采光不利。因此，对墙面进行装修处理，利用装修材料堵塞孔隙，会大大提高墙体的保温、隔热和隔声的能力；而且平整、光滑、色浅的内墙装修，还可以增加光的反射，提高室内的照度，改善室内的卫生条件。此外，利用不同材料的室内装修，还会产生对声音的吸收或反射作用，改善室内的音质效果。

(三) 美化环境、提高建筑的艺术效果

在建筑物的外观设计中，与形体比例、墙面划分、虚实对比等体型的处理一样，利用墙面装修来增强其艺术效果，也是一种重要的手段。

二、墙面装修的分类

(1) 按装修所处部位的不同，可分为室外装修和室内装修两类。室外装修用于外墙外表面，由于外墙常受到风、雨、雪等的袭击和腐蚀气体的影响，故外装修材料要求采用强度高、抗冻性强、耐水性好以及具有抗腐蚀性的建筑材料。

室内装修用于内墙表面或外墙内表面。由于条件不同，加之房间使用要求各异，装修材料应由室内使用功能来决定。

(2) 按施工方式不同，常见的墙面装修可分为抹灰类、贴面类、涂刷类、裱糊类和铺钉类等五类。

三、墙面装修构造

(一) 抹灰类墙面装修

抹灰又称粉刷，是将砂浆或石渣浆抹到墙面上的一种操作工艺，属湿作业范畴，是一种传统的墙面装修。其主要优点在于材料来源广、施工操作简便、造价低廉。其缺点是饰面的耐久性低、易开裂，且多系手工操作，工效较低。

墙面抹灰的厚度，外墙一般为 20~25mm，内墙为 15~20mm。由于砂浆或石渣浆在硬化过程中随着水分的蒸发体积会收缩，当抹灰层厚度过大时，会由于体积收缩过大而产生裂缝，或因与基层附着不牢而致脱落，质量不能保证。为避免出现裂缝、并使抹灰与基层粘结牢固，墙面抹灰层不宜做得太厚，而且需分层施工（图 7-20）。

普通标准的装修，抹灰由底层和面层组成。采用分层构造有利于节约材料，因为面层材料要比底层材料细腻且质优，若面层、底层一次成活，全部采用一种材料，会导致材料

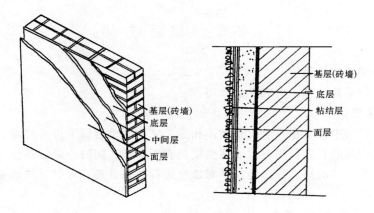

图 7-20 抹灰装修的组成

的浪费。采用分层构造，对底层在选材和配合比上均可要求低些；而对面层则可根据装修质量要求进行选择。

底层抹灰具有使装修层与基层（墙体）粘牢和初步找平的作用，故又称找平层或打底层，施工上称刮糙。同时，打底层有时也是面层材料的粘结层。对普通砖墙，常采用石灰砂浆或混合砂浆打底；而对混凝土墙体或有防潮、防水要求的墙体则需采用混合砂浆或水泥砂浆打底；对板条墙，因系木质基层，宜用石灰砂浆打底。由于木材吸水后会膨胀，干燥后要收缩，容易与底层砂浆脱开，故常在打底砂浆中掺入适量的麻刀或玻璃纤维，以起拉结作用。

面层抹灰又称罩面，对墙体的使用质量和美观起重要作用。作为罩面，要求表面平整、无裂痕、颜色均匀。面层抹灰依所处部位和装修质量要求不同有砂浆罩面或石渣浆罩面多种。

另外，在一些标准较高的抹灰装修中，除底层、面层外，还设有若干中间层，中间层的作用是进一步找平以减少底层砂浆干缩所造成的影响，防止面层开裂的可能，同时亦可作为面层的粘结层。中间层所用材料、厚度及层数视装修要求而定。

根据面层材料的不同，常见的抹灰装修构造有以下几种，见表 7-4。

常见的抹灰装修 表 7-4

抹灰名称	构造及材料配合比	主要特点及操作要点	备注
混合砂浆抹灰	15厚1:1:6（水泥:石灰膏:砂）石灰砂浆打底 5~10厚1:1:6（水泥:石灰膏:砂）混合砂浆抹面	多用作外墙抹灰。南方地区多用浅色砂作骨料，呈银灰色，以反射太阳辐射热。北方地区冬季结冰，表面常出现剥落现象，故少用。施工时，面层应用木抹抹光	内墙抹灰多用作涂料装修的基层
水泥砂浆抹灰	15厚1:3水泥砂浆打底 10厚1:2（或1:2.5）水泥砂浆抹面	具有结构致密和防潮、防水性能，故多用作室外勒脚、窗台、阳台、雨棚以及室内厨房、卫生间、淋浴室等潮湿房间的墙裙抹灰。施工时表面应用铁抹压光	

续表

抹灰名称	构造及材料配合比	主要特点及操作要点	备注
水刷石（又称洗石子）饰面	15厚1:3水泥砂浆打底 10厚1:1.2~1.4水泥石渣抹面	材料质感粗，耐久性好，装饰效果佳。施工时面层用铁抹子压平，待至七成干燥时，用棕刷子沾水洗去表面的水泥浆，使石渣外露1/3左右	当面层用白水泥，并加入水泥量3%~5%的颜色后，即成彩色水刷石
干粘石、喷粘石饰面	10厚1:3水泥砂浆打底 7~8厚1:0.5:2加5%的107胶混合砂浆粘结层彩色石渣面层	干粘石的装饰效果与水刷石相似，但可节约水泥约30%~40%，节约石渣50%，工效提高30%左右。混合砂浆中加入107胶能提高砂浆的粘结力和抗冻性能	主要用作外墙装修
水磨石饰面	15厚1:3水泥砂浆打底 10厚1:1.5水泥石渣粉面、磨光	表面光洁、耐磨、易清洁。操作时对表面经粗磨、细磨，并用草酸溶液洗净，打蜡	多用于内墙防水部位，或公共建筑内墙裙
纸筋、麻刀灰饰面	构造之一 12厚1:2石灰砂浆打底 3厚纸筋石灰粉面 构造之二 17厚1:2.5加1%麻刀石灰砂浆打底 3厚纸筋（麻刀）灰粉面	表面平滑细腻。由于面层灰浆中无砂，易脱水开裂，故在灰浆中加入纸筋或麻刀，目的在于提高灰浆的抗拉强度，增强耐久性，使其不易开裂、脱落；同时厚度也不宜太厚	多用于室内装修

在内墙抹灰饰面中，为预防墙体下部的抹灰被碰坏或受潮湿影响而变质，常对这些部位采取适当保护措施，称为墙裙或台度（护壁）。例如人流、货流频繁的走廊；经常受潮、受水侵袭的卫生间、淋浴室、厨房等都须作墙裙。墙裙高一般为1.5~1.8m，采用水泥砂浆饰面、水磨石饰面或瓷砖贴面。其构造见图7-21

另外，在内墙抹灰中，为预防墙体阳角部位或柱子的转角处被物体碰撞而损坏抹灰层，常在这些部位抹以高1.5m的1:2水泥砂浆，俗称水泥砂浆护角（图7-22）。

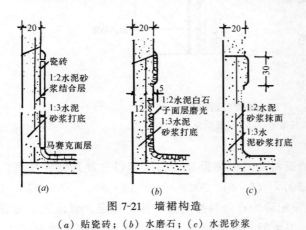

图7-21 墙裙构造
(a) 贴瓷砖；(b) 水磨石；(c) 水泥砂浆

（二）贴面类墙面装修

贴面类装修主要指采用各种人造板和天然石板粘贴于墙面的一种饰面装修。这类装修有耐久性强、施工简便、工期短，质量高，且装饰效果好等特点。常见的贴面材料有陶瓷砖、陶瓷锦砖及玻璃锦砖（锦砖又称马赛克）等制品；水刷石、水磨石等预制板以及花岗石、大理石等天然石板。其中质感细腻的瓷砖、大理石板等常用作室内装修；而质感粗放的外墙砖、花岗石板等多用于室外装修。

1. 陶瓷砖、锦砖贴面

陶瓷砖乃以陶土或瓷土为原料，经粉碎加工、成型、煅烧等过程而制成。它是外墙面砖、地砖与瓷砖的总称。

外墙面砖有釉面砖（又称彩釉砖）和无釉面砖两种。彩釉面砖色彩艳丽，装饰性强，有白、棕、咖啡、黑、天蓝、绿和黄等颜色，具有强度高、表面光滑、美观耐用，吸水率低等特点；无釉砖有棕色、天蓝色、绿色和黄色。无釉砖是

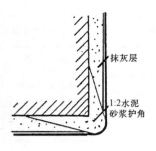

图 7-22 护角做法

当今国内外最流行的新型装饰材料，它柔和莹润，华丽高雅，材质表里一致，质地坚固耐磨，且耐酸、耐碱、防冻，不打滑。其外观与质地均具天然花岗石的效果，是现代化建筑装饰的理想材料。彩釉砖的规格有 113×77×17、145×113×17、223×113×17、265×113×17、100×200×7、200×200×7（mm）；无釉砖的规格有 100×200×7、200×200×7、200×300×8、300×300×9（mm）。

外墙面砖构造见图 7-23（a）。先在墙体基层上以 15mm 厚 1:3 水泥砂浆打底，再粉 5mm 厚 1:1 水泥砂浆粘结层，然后粘贴面砖。

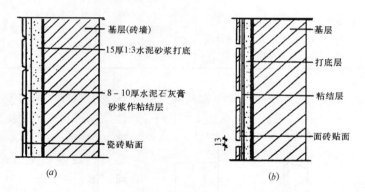

图 7-23 面砖、瓷砖粘贴构造
（a）面砖贴面；（b）瓷砖贴面

瓷砖是一种表面挂釉的薄板状的精瓷制品，俗称瓷片。釉面有白色和其他各种颜色，也有各种花纹图案的。其规格有 200×300×（5~6）、300×400×（5~6）、152×152×（5~6）；108×108×（5~6）（mm）及各种配套的边角制品。瓷砖颜色稳定，表面光洁美观，吸水率低，易于清洗。故多用作厨房、卫生间等处墙裙或卫生要求较高的房间墙面装修。

瓷砖墙面装修亦采用 15mm 厚 1:3 水泥砂浆打底，以 8~10mm 厚 1:0.3:3 水泥、石灰膏砂浆作粘结层，亦可用 3mm 厚内掺 6%~10% 107 胶的白水泥浆作粘结层，外贴瓷砖（图 7-23b）

陶瓷锦砖是各种颜色、多种几何形状的小瓷片，在生产时铺贴在牛皮纸上形成色彩丰富、图案繁多的装饰砖，故简称锦砖，又称纸皮砖。拼出的各种图案，见图 7-24。

锦砖原本用作室内楼、地面层装修，因其图案丰富，色泽稳定，加之耐污染，易清洗，20世纪60年代以来，我国已广泛应用于外墙饰面，获得了较好的装修效果。

锦砖饰面构造与粘贴外墙砖相似。所不同者，粘贴前先在牛皮纸反面每块瓷片间的缝隙中抹以白水泥浆（加5% 107胶），然后将整块纸皮砖粘贴在粘结层上，用手或木板反复挤压，使其粘牢。待水泥浆润湿整块牛皮纸后，轻轻揭去牛皮纸即可。若发现个别瓷片不正的，可进行局部修整。

玻璃锦砖又称玻璃马赛克，是半透明的玻璃质饰面材料。与陶瓷锦砖一样，生产时就将小玻璃瓷片

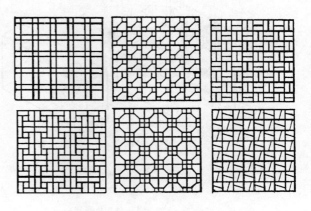

图 7-24　陶瓷锦砖图案组合举例

铺贴在牛皮纸上。它质地坚硬，色调柔和典雅，性能稳定，具有耐热、耐寒、耐腐蚀、不龟裂、表面光滑、经雨自涤、不退色、自重轻等优点。且背面带有凸棱线条，四周呈斜角面，铺贴的灰缝呈楔形，可与基层粘结牢固。从使用质量、使用效果和造价等方面比较均优于陶瓷锦砖。它是外墙装修中较为理想的材料之一。它有白色、咖啡色、蓝色和棕色等多种颜色，亦可组合各种花饰。玻璃瓷片规格为20mm×20mm×4mm，每张纸板标准尺寸为325mm×325mm。玻璃马赛克饰面的构造与施工作法与陶瓷锦砖相同。

2．天然石材、人造石材贴面

用于墙面装修的天然石材常见的有大理石板和花岗石板。大理石主要用于室内，花岗石主要用于室外。它们均属高级装修饰面。

大理石又称云石，全国各地均有出产，其表面经磨光后纹理雅致，色泽鲜艳，美丽如画。如杭州出产的杭灰、苏州生产的苏黑、宜兴产的宜兴咖啡，东北绿、南京红都是理想的装修材料。其中白色大理石又有汉白玉之美称。

花岗石也有不同色彩，有黑、灰、粉红等，纹理多呈斑点状。花岗石质地坚硬，不易风化，能适应各种气候条件。根据加工方式不同，从装饰质感上可分剁斧石、蘑菇石和磨光三种。

大理石板和花岗石板有方形和长方形两种。常见的尺寸为600×600、600×800、800×1000（mm），厚为20mm。亦可根据使用需要，加工成所需的各种规格。

石板贴面采用挂贴的构造系先在墙面或柱面上设置钢筋网，然后将石板用铜丝或镀锌铅丝穿过事先钻好的孔眼绑扎在钢筋网上。绑扎铜丝的水平钢筋，其位置与石板高度尺寸一致。当石板就位并靠木楔校正后，便绑扎牢固，再用石膏作临时固定。最后在石板与墙或柱间浇注1:2.5水泥砂浆，厚30mm左右（图7-25）。待砂浆初凝后，将石膏敲掉，并继续粘贴上层石板。

人造石板常见的有人造大理石板、预制水磨石板等，其构造要求和安装程度与天然石板相同。

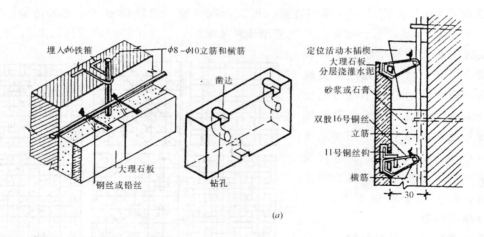

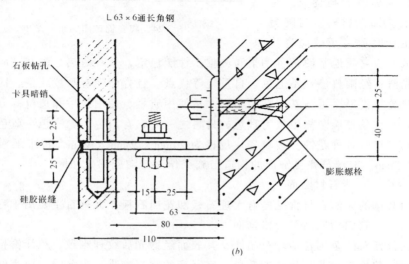

图 7-25 石板墙面装修构造

（三）涂料类墙面装修

涂料系指涂敷于物体表面并能与基层有很好粘结，从而形成完整而牢固的保护膜的物质，这种物质对被涂物体有保护、装饰作用。

建筑涂料的品种繁多，作为建筑物的饰面涂料，应根据建筑物的使用功能、气候环境、施工条件等，选择装饰效果好、粘结能力强、耐久性高、对大气无污染和经济性好的材料。外墙涂料，则要求具有足够的耐久性、耐候性、耐污染性和耐冻融性；而内部装修涂料，除对颜色、平整度、丰满度等有一定要求外，还应有一定的硬度，能耐干擦和湿擦。在选择涂料时，还应根据建筑构件本身材料的不同来确定涂料系列。如用于水泥砂浆和混凝土等基层的涂料，必须具有较好的耐碱性，并能有效地防止基层的碱分析出涂膜表面，引起"返碱"现象而影响装饰效果；对于钢铁等金属构件，则应注意防止生锈。在选择涂料时，还应考虑建筑物所处气候环境及施工季节的影响。如炎热多雨的南方，选用涂料不仅要有好的耐水性、而且需有好的防霉性，否则霉菌繁殖，会影响涂料的装饰效果；雨季施工应选择能迅速干燥并具有较好初期耐水性的涂料；严寒的北方，对涂料的抗冻性要求更高；冬季施工需特别注意涂料的最低成膜温度，选择成膜温度低的涂料。

总之，必须在了解涂料使用性能的前提下，才能合理地、正确地选用某种合适的涂料。

涂料按其主要成膜物的不同，可分为无机涂料和有机涂料两大类。

1．无机涂料

常用的无机涂料包括石灰浆涂料、大白浆涂料（又称胶白）等。随着高分子材料在建筑上的广泛应用，近年来无机高分子涂料也在不断发展，由于它具有资源丰富、粘结力强、经久耐用、遮盖力强等特点，是当前较为理想的内外墙装饰涂料，常见的有JH80-1型、JH80-2型无机高分子涂料。

2．有机涂料

有机合成涂料依其主要成膜物质和稀释剂的不同可分为溶剂型涂料、水溶性涂料和乳胶涂料三种类型。

常见的溶剂型涂料有苯乙烯内墙涂料，聚乙烯醇缩丁醛内、外墙涂料，过氯乙烯内墙涂料、812建筑涂料等。

常见的水溶性涂料有聚乙烯水玻璃内墙涂料（又称106内墙涂料）、聚合物水泥砂浆饰面涂层、改性水玻璃内墙涂料、JGY821内墙涂料、SI-803内墙涂料、107内墙涂料、801内墙涂料以及聚合水泥色浆涂料等。

乳胶涂料又称乳胶漆，常用作内墙涂料，常见的有乙—丙乳胶涂料、苯—丙乳胶涂料等。

此外，利用合成树脂乳液为粘结剂，加入填料、颜料以及骨料等配制而成的彩色胶砂涂料，是近年来发展的一种外墙饰面材料，用以取代水刷石、干粘石之类的装修。

墙面涂料装修多以抹灰为基层，在其表面进行涂饰。内墙基层有纸筋灰粉面和混合砂浆抹面两种；外墙基层主要是混合砂浆抹面和水泥砂浆抹面两种。涂料涂饰可分为粉刷和喷涂两类。使用时应根据涂料的特点以及装修要求不同予以考虑。

（四）裱糊类墙面装修

裱糊类装修是将各种装饰性的墙纸、墙布、织锦等卷材类的装饰材料裱糊在墙面上的一种装修饰面。国内外生产的各种新型墙纸，种类不下千余种，可谓琳琅满目。目前国内使用最广的有塑料墙纸、玻璃纤维花纹布等。

1．PVC（聚氯乙烯）塑料墙纸

塑料墙纸又称壁纸，是当今国际上最流行的室内墙面装修材料之一。它除具有色彩艳丽、图案雅致、美观大方等艺术特征外，在使用上还具有不怕水、抗油污、耐擦洗、易清洁等优点，是较理想的室内装修材料。

塑料墙纸由面层和衬底层所组成。面层和底层可以剥离。面以聚氯乙烯塑料薄膜或发泡塑料为原料，经配色、喷花等工序与衬底复合制成。发泡工艺又有低发泡和高发泡之分，形成浮雕型，其表面丰满厚实，花纹起伏凹凸，立体感强，且富有弹性，装饰效果显得高雅豪华。而普通塑料面层亦显图案清新，花纹美观，色彩丰富，其装饰效果亦佳。

墙纸的衬底层大体分纸底与布底两类，纸底成型简单，价格低廉，但抗拉性能较差；

布底则具有较好的抗拉能力，较适宜于可能出现微小裂隙的基层上，在受到撞击时不易破损，经久耐用，较适合于高级宾馆客房及走廊等公共场所，但其价值较高。

2．纺织物类墙纸与墙布

常用的纺织物类墙纸有复合墙纸和无衬底的玻璃纤维墙布。

复合墙纸系采用多种动、植物纤维以及人造纤维等作为织物面料复合于纸质衬底上制成。它质感细腻、庄重美观，故多用作高级房间装修。

玻璃纤维墙布是以玻璃纤维织物为基材，经印花而成一种装饰材料。由于纤维织物的布纹感强，经套色后的花纹装饰效果好，成型工艺简单，且耐水、防火性好，抗拉力强，可以擦洗，价格低廉等优点，故应用较广。其缺点是易泛色，特别当基层颜色较深时，更容易显露出来，同时，由于玻璃纤维本身系碱性材料，使用日久即呈黄色。

墙纸的裱贴主要是在抹灰基层上进行的。因而要求基底平整、致密干燥，对不平的基层需用腻子刮平。墙纸一般采用107胶与羧甲基纤维素配制的粘结剂来粘贴。加纤维素的作用，一是使胶具有保水性；二是便于涂刷。亦有采用8504和8505粉末墙纸胶的。而粘贴玻璃纤维布可采用801墙布粘合剂。它属于醋酸乙烯树脂类粘结剂，系配套专用产品。在粘贴具有对花要求的墙纸时，在裁剪尺寸上，其长度需放出100~150mm，以适应对花粘贴的需要。

小　　结

1．墙是建筑物空间的垂直分隔构件，起着承重和围护作用。它依受力性质的不同有承重墙和非承重墙之分；依所组成材料的不同有砖墙、石墙、土墙、混凝土墙以及砌块墙之分；

因此，作为墙体必须满足结构、保温、隔热、隔声、防火以及适应工业化生产的要求。

2．墙以砖墙为本章重点。砖墙是以砂浆为胶结料，按一定规律将砖块进行有机组合的砌体。其主要材料是砖和砂浆。墙体有实体墙和空斗墙的区别。

墙体的细部构造重点在门窗过梁、窗台、勒脚、明沟与散水、墙身的加固以及防火墙等部分。

3．隔墙一般是指分隔房间的非承重墙。常见的有块材隔墙、轻骨架隔墙和板材隔墙等。

4．墙面装修是保护墙体、改善墙体使用功能、增加建筑物美观的一种有效措施。依部位的不同可分为外墙装修和内墙装修两类，依施工方式的不同，又可分为抹灰类、贴面类、涂刷类、裱糊类和铺钉类等五类。

在了解墙体设计要求和各部分构造的基础上，完成墙体构造作业，按要求绘制构造详图。

复习思考题

1．墙体依其所处位置的不同，受力不同，用材不同以及施工方式的不同，可分为哪几种类型？

2．墙体在设计上有哪些要求，为什么要提这些要求？

3．标准砖的尺寸与我国现行的《统一模数制》为什么不协调？

4. 常用空心砖有哪几种类型？
5. 常见的砖墙砌式有哪些？
6. 常见的过梁有几种？各有何特点？
7. 窗台构造中应考虑些什么问题？构造作法有几种？
8. 勒脚的处理方式有哪些？
9. 墙身水平防潮层有哪几种作法，各有何特点？水平防潮层应设在何处为好？
10. 在什么情况下需设置垂直防潮层？
11. 图示明沟、散水的做法？
12. 空斗墙的适用范围有何限制？常见的空斗墙有哪几种砌式？构造上有何要求？
13. 防火墙的作用及其设置要求如何？
14. 常见的隔墙有哪些？试述各种隔墙的特点及其构造做法。
15. 说明墙面装修的作用、分类、各种墙面装修的构造要点及其适用范围。

墙体构造设计任务书

题目： 墙体构造设计

依照下列要求，设计某建筑的墙身剖面节点大样。

（一）设计条件

今有一两层楼建筑物，外墙采用空心砖墙（墙厚240），墙上有窗。室内外高差为450mm。室内地坪层次分别为素土夯实，3:7灰土厚100mm，C10素混凝土层厚80mm，水泥砂浆面层厚20mm。采用钢筋混凝土楼板，楼板层构造参考第八章内容由自学者自定。

（二）设计内容

要求沿外墙窗纵剖，直至基础以下，绘制墙身剖面。重点绘制以下大样。比例为1:10。

1. 楼板与砖墙结合节点；
2. 过梁；
3. 窗台；
4. 勒脚及其防潮处理；
5. 明沟或散水。

（三）图纸要求

用一张3号图纸完成。图中线条、材料符号等，一律按建筑制图标准表示。

（四）说明

1. 如果图纸尺寸不够，可在节点与节点之间用折断线断开，亦可将五个节点分两部分布图；
2. 图中必须注明具体尺寸，注明所用材料；
3. 要求字体工整，线条粗细分明。

（五）主要参考资料

1. 建筑设计资料集（第8集），中国建筑工业出版社，1996年。
2. 陕西省有关标准图集。

第八章 楼板与地面

楼板层是指楼房建筑中的水平构件；地坪是指最底层房间与土壤相交接处的水平构件；而地面则是指楼板层和地坪的面层部分。它们各处在不同的部位，但关系密切。本章分别讲述楼板层的构造，有关地坪与地面做法合在一起讲解。

第一节 楼板层的基本构成及其分类

一、楼板层的作用及其基本构成

楼板层是多层建筑中的水平分隔构件。它一方面承受着楼板层上的全部荷载，并将这些荷载连同自重传给墙或柱；另一方面还对墙身起着水平支撑作用，帮助墙身抵抗由于风或地震等所产生的水平力，以增强建筑物的整体刚度。作为楼板层，还应为人们提供一个良好而舒适的环境。此外，建筑物中的各种水平设备管线，有时也安装在楼板层内。

为了满足上述使用功能的要求，楼板层往往形成多层构造的做法，而且其总厚度取决于每一构造层的尺寸。通常的楼板层由以下几个基本部分构成（图8-1）。

(1) 面层：楼板层的上表面部分，简称楼面，又称地面。起着保护楼板、分布荷载、室内装修和各种绝缘的作用。根据室内使用要求的不同，有多种做法。

(2) 结构层：它是楼板层的承重部分，又称楼板，包括板和梁，承受楼层上的荷载。

(3) 顶棚：它是楼板层的最下面部分，起着保护楼板和对室内装修的作用。在构造上分为直接式顶棚和吊顶棚等形式。

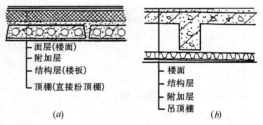

图 8-1 楼板层的基本组成
(a) 预制钢筋混凝土楼板层；(b) 现浇钢筋混凝土楼板层

(4) 除以上三种最基本的构成部分外，根据使用功能的不同，某些具有特殊要求的楼板层还设有附加层。附加层是供隔声、防水、隔热、保温等使用功能要求而设置的层次。

二、楼板的类型

根据楼板所采用材料的不同，可分为木楼板、砖拱楼板、钢筋混凝土楼板以及压型钢板与钢梁组合的楼板等多种形式（图8-2）。

木楼板具有自重轻、表面温暖、构造简单等优点，但不耐火、隔声，耐久性亦较差，为节约木材，现已极少采用。

砖拱楼板可以节约钢材、水泥和木材，曾在缺乏钢材、水泥的地区采用过。由于它自重大，承载能力差，且不宜用于有振动和抗震设防地区，加上施工较繁，现也趋于不用。

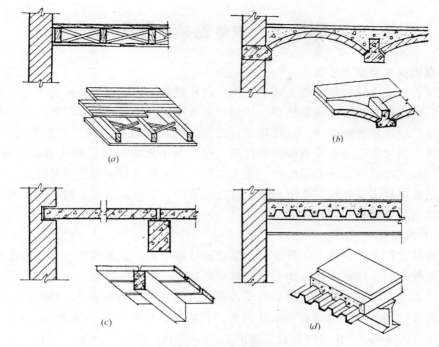

图 8-2 楼板的类型
（a）木楼板；（b）砖拱楼板；（c）钢筋混凝土楼板；（d）钢衬板楼板

钢筋混凝土楼板具有强度高、刚度好，既耐久，又防火，且便于工业化生产和机械化施工等特点，是目前我国工业与民用建筑中楼板的基本形式。近年来，由于压型钢板在建筑上的应用，于是出现了压型钢板组合楼板。

三、楼板层的设计要求

为保证楼板层的结构安全和正常使用，对楼板层的设计有如下要求：

（1）从结构上考虑，楼板层必须具有足够的强度，以确保使用安全；同时，还应有足够的刚度，使其在荷载作用下的弯曲挠度不超过许可范围，否则会产生非结构性破坏。刚度以挠度来控制，通常现浇钢筋混凝土楼板的挠度 $f \leqslant \dfrac{L}{250} \sim \dfrac{L}{350}$；装配式楼板的挠度 $f \leqslant \dfrac{L}{200}$，其中 f 为挠度，L 为楼板的跨度，见图 8-3。

（2）设计楼板层时，根据不同的使用要求，要考虑隔声、防水、防火等问题；

（3）在多层或高层建筑中，楼板结构占相当大的比重，要求在楼板层设计时，尽量为建筑工业化创造有利条件；

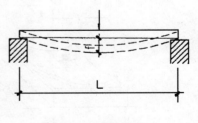

图 8-3 楼板挠度

（4）多层建筑中，楼板层的造价约占建筑造价的 20%～30%，因此，在楼板层设计时，应力求经济合理；在结构布置、构件选型和确定构造方案时，应与建筑物的质量标准和房间使用要求相适应，以避免不切实际的处理而造成浪费。

第二节 钢筋混凝土楼板

一、现浇钢筋混凝土楼板

现浇钢筋混凝土楼板是在施工现场支模、绑扎钢筋、浇注混凝土等施工程序而成型的楼板结构。由于楼板系整体浇筑成型，结构的整体性能与刚度较好，因而特别适合于抗震设防及整体性要求较高的建筑，或有管道穿过楼板的房间（如厨房、卫生间等），以及形状不规则或房间尺度不符合模数要求的房间。但是由于现浇钢筋混凝土楼板在现场施工，工序繁多，加之现浇混凝土需要养护，施工工期长，还要大量使用模板等缺点。

现浇钢筋混凝土楼板根据受力和传力情况的不同，有板式楼板、梁板式楼板、无梁楼板和压型钢板组合楼板等几种。

（一）板式楼板

当房间尺寸较小，楼板上的荷载直接靠楼板传给墙体，这时的楼板称板式楼板。它多适用于跨度较小的房间或走廊（如居住建筑中的厨房、卫生间等）。

当板四边支承时（图8-4）；在板的受力和传力过程中，板长边l_2与短边l_1比例对板受力影响较大，当$l_2/l_1>2$时在荷载作用下，板基本上只在l_1方向上挠曲，而在l_2方向上挠曲很小（图8-4a），这表明荷载主要沿l_1方向传递，故称单向板。当$l_2/l_1 \leq 2$时，两个方向都有挠曲（图8-4b），这说明板在两个方向均传递荷载，故称为双向板。双向板受力更加合理，构件材料更能充分发挥作用。单向板的厚度取$\left(\frac{1}{35} \sim \frac{1}{30}\right)L$（短边），最小厚度70mm，双向板厚取$\left(\frac{1}{45} \sim \frac{1}{40}\right)L$（短边），最小厚度80mm，民用建筑中板厚常用80～100mm。

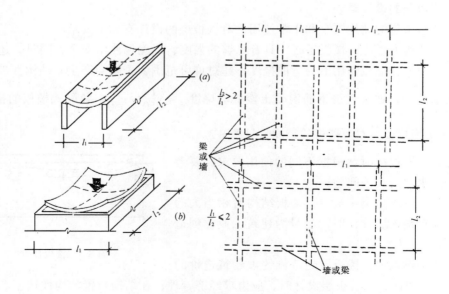

图8-4 板的受力传力方式
（a）单向板；（b）双向板

（二）梁板式楼板

1. 肋梁楼板

当房间的跨度较大，为使楼板结构的受力与传力更加合理，常在楼板下设梁，以减小板的跨度，使楼板上的荷载先由板传给梁，然后由梁再传给墙或柱。这样的楼板结构称肋梁楼板，亦称梁板式楼板。其梁有主梁与次梁之分（图8-5）。板有单向板和双向板之分。

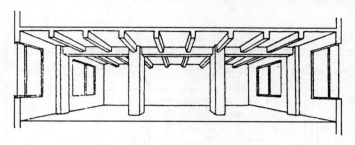

图8-5 肋梁楼板

为了更充分地发挥楼板结构的效力，合理选择构件的使用尺寸是至关重要的。工程技术人员在试验和实践的基础上，总结出了肋梁楼板的各种经济尺寸，现分述于下：

主梁跨度一般为 5~9m，主梁高为跨度的 $\frac{1}{14} \sim \frac{1}{8}$，主梁宽为高的 $\frac{1}{3} \sim \frac{1}{2}$。

次梁跨度即主梁的间距，一般为 4~7m，次梁高为次梁跨度的 $\frac{1}{18} \sim \frac{1}{12}$，次梁宽为高的 $\frac{1}{3} \sim \frac{1}{2}$。

板的跨度即次梁的间距，一般单向板为 1.7~2.5m，双向板不超过 5m×5m，板厚同前所述。

2. 井式楼板

井式楼板是肋梁楼板的一种特殊布置形式。当房间的形状近似方形，且尺寸较大时，常沿两个方向等尺寸布置主梁和次梁，且梁的截面高度相等，分不出主次，从而形成了井格式楼板结构。其梁跨常为 10~24m，板跨一般为 3m 左右。这种结构，梁的布置规整，可以正交正放，亦可正交斜放，构成了美丽的图案，在室内形成了一种自然的顶棚装饰（图8-6）。

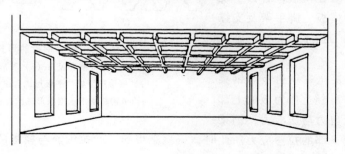

图8-6 井式楼板

（三）无梁楼板

无梁楼板是框架结构中将楼板直接支承在柱子和墙上的楼板,见图8-7。为了增大柱的支承面积和减小板的跨度,须在柱的顶部设柱帽和托板。无梁楼板的柱应尽量按方形网格布置,间距7~9m左右较为经济。由于板跨较大,一般板厚应不小于150mm。无梁楼板多用于楼板上荷载较大的商店、仓库、展览馆等建筑中。

无梁式楼板与梁板式楼板比较,具有顶棚平整,室内净空大,采光、通风好,施工较简单等优点。

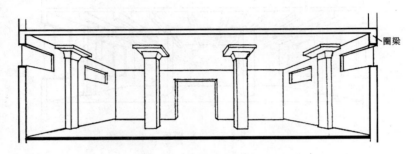

图8-7 无梁楼板

(四) 压型钢板组合楼板

压型钢板组合楼板实质上是一种钢与混凝土组合的楼板。系利用压型钢板作衬板(简称钢衬板)与现浇混凝土浇筑在一起,搁置在钢梁上,构成整体型的楼板支承结构。适用于需有较大空间的高、多层民用建筑。

压型钢板两面镀锌,冷压成梯形截面。截面的翼缘和腹板常压成肋形或肢形,用来加劲,以提高与混凝土的粘结力,并保证其共同工作。

压型钢板板宽为500~1000mm,肋或肢高35~150mm,除镀14~15μm的一层锌外,板的背面为了防腐可再涂油漆。

钢衬板有单层钢衬板和双层孔格式钢衬板之分,见图8-8。

1. 压型钢板组合楼板的优点

(1) 压型钢板作为衬板,可用作混凝土楼板的永久性模板,省去了现浇混凝土所需的模板、脚手架及支撑系统,简化了施工程序,加快了施工速度。

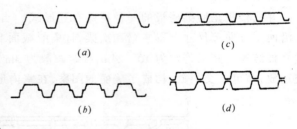

图8-8 压型钢板的形式
(a) 楔形板(槽形板);(b) 肢形压型板;
(c) 楔形压型板与平板形成孔格式衬板;
(d) 由两块楔形压型板形成的孔格式衬板

(2) 由于混凝土、钢衬板与钢梁组合共同受力,混凝土作为板的上部受压部分,承受剪力与压应力;钢梁和衬板主要承受下部的拉弯应力。此时,压型钢板起了受拉钢筋与模板的双重作用,板内仅仅放置部分构造钢筋即可。

(3) 可利用压型钢衬板的肋间空隙敷设室内电力管线;亦可在钢衬板底部焊接架设悬吊管道和吊顶棚的支托,从而充分利用楼板结构中的空间。

2. 压型钢衬板组合楼板的构造

(1) 基本组成

钢衬板组合楼板主要由楼面层、组合板（包括现浇混凝土与钢衬板）与钢梁等几部分构成（图8-9）。亦可根据需要，设吊顶棚。组合楼板的跨度为1.5~4.0m，其经济跨度为2.0~3.0m之间。

(2) 构造形式

组合楼板的构造形式较多，随压型钢板形式和使用要求的不同而变化。常见的单层钢衬板组合楼板的构造如图8-10所示。其中图8-10（a）系指钢衬板，只作为浇注混凝土的永久性模板，混凝土内仍配受力钢筋。浇注后的板成为肋形钢筋混凝土楼板。图8-10（b）系在钢衬板上加肋条或压出凹槽形成抗剪连接。这时，钢衬板对混凝土起到加强筋的作用。图8-10（c）则是在钢梁上焊有抗剪栓钉，以保证混凝土板和钢梁能共同工作，这是一种经济的构造形式。

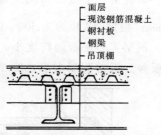

图8-9 压型钢板组合楼板组成

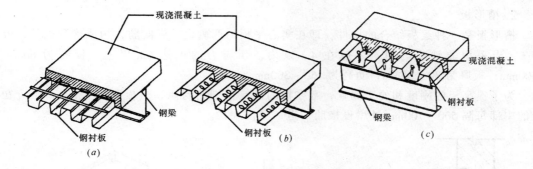

图8-10 单层钢衬板组合楼板

对钢衬板之间的连接以及钢衬板与钢梁之间的连接，一般是采用焊接、自攻螺丝、膨胀铆钉或压边咬接的方式连接。

3. 使用压型钢板组合楼板应注意的问题

(1) 在有腐蚀的环境中应避免使用；

(2) 应避免压型钢板长期暴露，以防钢板和梁生锈，破坏结构的联接性能；

(3) 此种结构体系主要适用于承受静荷载结构，如果荷载大部分是动荷载，则应仔细考虑其细部设计，并注意保持结构组合作用的完整性和共振问题。

二、预制装配式钢筋混凝土楼板

（一）特点及其适用范围

预制装配式钢筋混凝土楼板系指在构件预制加工厂或施工现场预先制作，然后运到工地进行安装的楼板。它提高了现场机械化施工水平，缩短了工期，促进了建筑工业化。因此，各地都应大力推广，但整体性较差。

预制构件又可分为预应力和非预应力两种。采用预应力构件，推迟了构件裂缝的出现和限制裂缝的开展，从而提高了构件的抗裂度和刚度。与非预应力构件比较，可节省钢材30%~50%，节省混凝土10%~30%，减轻自重，降低造价。

(二) 预制楼板的类型

1. 实心平板

预制实心平板的跨度（L）一般在 2.5m 以内；板厚（h）为跨度的 $\frac{1}{30}$，一般为 50～80mm；板宽（b）约为 500～900mm。

预制实心平板因跨度小，适用于作过道及小开间房间的楼板，亦可做架空搁板或地沟盖板等。板的两端支承在墙或梁上。由于构件小，起吊机械要求不高（图 8-11）。

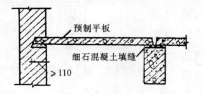
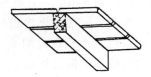

图 8-11 预制钢筋混凝土平板

2. 槽形板

槽形板是一种梁板结合的构件，即在实心平板的两侧设有纵向肋，构成槽型截面，板跨 L，当采用非预应力时，一般在 4m 以内，预应力的可达 6m 以上，板宽为 600～1500mm；板厚为 30～35mm；肋高为 150～300mm。

为了提高板的刚度和便于搁置，常在板的两端用端肋封闭，当板跨达 6m 时，则应在板的中部每隔 500～700mm 处增设横肋一道，见图 8-12。

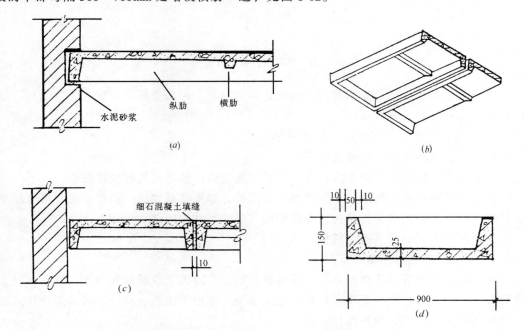

图 8-12 预制钢筋混凝土槽形板
（a）纵剖面；（b）槽形板底面；（c）横剖面；（d）倒置槽形板横剖面

槽形板的放置有正置（指板肋向下）与倒置（指板肋向上）两种。正置板由于板底不平,一般用于观瞻要求不高的房间,否则需另作吊顶。倒置槽形板板底平整,但楼板需另作面板,槽内可填充轻质材料,以作为隔声或保温之用。

3. 空心板

根据空心板内抽空方式的不同,其截面有方孔、椭圆孔和圆孔之分。方孔能节约一定数量的混凝土,但脱模困难且易出现板面裂缝。椭圆孔和圆孔增大了孔间肋的截面面积,使板的刚度增强,同时抽芯脱模也较方便。但相比之下,圆孔抽芯脱模更省事,故目前预制多孔板基本上是采用圆孔的(图8-13)。

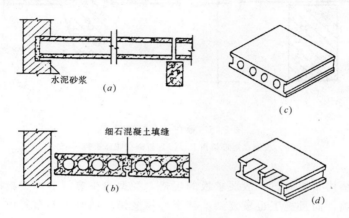

图 8-13 预制空心板
(a)空心板纵剖面;(b)空心板横剖面;(c)剖面形式;(d)端头形式

空心板有中型板与大型板之分,中型空心板跨多在4m以下,板宽500、600、900、1200mm,板厚90~150mm,圆孔孔径40~70mm,上表面板厚为20~30mm,下表面板厚为15~20mm。大型空心板板跨在4~7.2m之间,板宽多在1.5~4.5m,板厚110~250mm。

空心板的两端孔内常以砖块或混凝土块填塞,以保证在支座处不致被压坏。

空心板每条肋具有工字形截面,属于梁板合一的构件,对受弯有利,且上下板面平整,自重小,对隔声较有利,故是目前预制板中使用最为广泛的一种。

(三)预制板的结构布置与细部处理

1. 板的布置

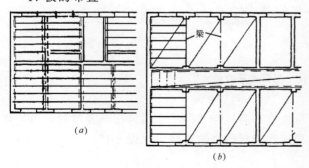

图 8-14 预制楼板的结构布置
(a)板式结构布置;(b)梁板式结构布置

在进行楼板结构布置时,先应根据房间开间、进深的尺寸确定构件的支承方式,然后选定现有板的规格进行合理的安排。预制板直接搁置在墙上的称板式结构;若楼板系先搁在梁上然后将荷载由梁再传给墙的称梁板式结构。前者多用于横墙间距小的宿舍、住宅及办公楼等建筑中;而后者多用于教学楼等开间、进深都较大的建筑中(图8-14)。

当采用梁板式结构时，板在梁上的搁置方式一般有两种，一是板直接搁在梁顶上（图8-15a）；另一种是板搁在花篮梁上，这时板的上皮与梁的顶面平齐（图8-15b）。在梁高不变的情况下，由于板搁在花篮梁两侧的挑耳上，因此减少了楼板所占去的空间高度，相应地提高了室内的净空，但必须注意板的跨度应减去梁顶宽度的尺寸。

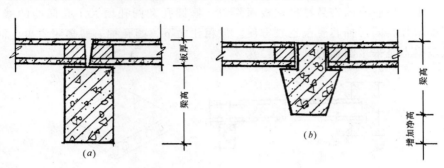

图 8-15　板在梁上的搁置
（a）板搁在矩形梁顶上；（b）板搁在花篮梁挑耳上

在进行板的结构布置时，一般要求板的规格、类型愈少愈好。因为板的规格过多，不仅给制作增加麻烦，而且施工也较复杂，甚至容易搞错。同时板的布置应避免出现三面支承情况，即楼板的纵长边不得搁置在梁或砖墙内，否则，在荷载作用下，板会产生裂缝。这是因为预制板，特别是预应力空心板，钢筋的配置和截面选型都是按单向受力考虑的，而且钢筋都配在受拉区。如果把这种单向受力板的纵肋压入墙体，在荷载的作用下，板的受压区受拉，出现板沿肋边的竖向开裂（图8-16）。同时，也使压在边肋上的墙体局部承压而削弱其承载能力。

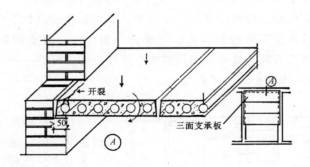

图 8-16　三面支承的板

在排板布置中，当板的横向尺寸（指板宽方向）与房间平面尺寸出现差额时，可采用调整板缝宽度，或于墙边挑砖，或增加局部现浇板等办法来解决（图8-17）。

2．板的搁置及板缝处理

要保证楼板安放平稳，使板和墙、梁有很好的连接，首先需要有足够的搁置长度，一般要求板在墙上的搁置长度不小于100mm，在梁上的搁置长度不小于80mm，同时，必须

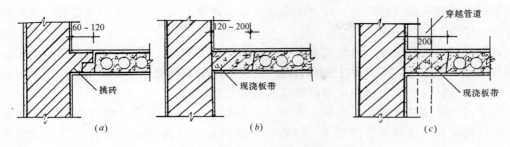

图 8-17 板缝差的处理
（a）挑砖；（b）现浇板带；（c）立管穿过现浇板带

在梁或墙上铺水泥砂浆找平，俗称坐浆，厚 20mm 左右。此外，为了增加建筑物的整体刚度，在楼板与墙体之间及楼板与楼板之间常用锚固钢筋（又称拉结钢筋）予以锚固，各地区根据抗震和稳定性要求，常有各种构造措施，图 8-18 中的锚固钢筋的配置可供参考。

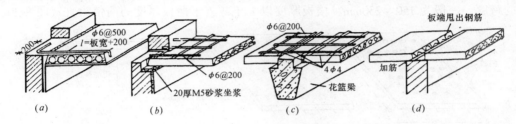

图 8-18 锚固筋的位置
（a）板侧锚固；（b）板端锚固；（c）花篮梁上锚固；（d）甩筋锚固

板的接缝有端缝和侧缝两种。端缝一般需将板缝内灌以细石混凝土，使其相互连结。为了增强建筑物抗水平力的能力，可将板端外露的钢筋交错搭接在一起，然后浇细石混凝土灌缝。

侧缝一般有三种形式；即 V 形缝、U 形缝和凹槽缝（图 8-19）。其中以凹槽缝对楼板受力最为有利。

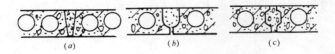

图 8-19 楼板侧缝接缝形式
（a）V 形缝；（b）U 形缝；（c）凹槽缝

三、装配整体式钢筋混凝土楼板

装配整体式楼板，是在楼板中预制部分构件，然后在现场安装，再以整体浇筑的办法连接而成的楼板。它们兼有整体性强和模板利用率高等特点。

近年来，随着城市高层建筑和大开间建筑的不断涌现，而设计上又要求加强建筑物的整体性，施工中现浇楼板愈来愈多，这样会耗费大量模板，很不经济。为解决这一矛盾，于是出现了预制薄板（预应力）与现浇混凝土面层叠合而成的装配整体式楼板，又称预制薄板叠合楼板。

这种楼板以预制混凝土薄板为永久模板而承受施工荷载，板面现浇混凝土叠合层，所有楼板层中的管线等均事先埋在叠合层内。现浇层内只需配置少量支座负筋。预制薄板底面平整，不必抹灰。作为顶棚可直接喷浆或粘贴装饰墙纸。

由于预制薄板具有结构、模板、装修三方面的功能，因而叠合楼板具有良好的整体性，对结构有利。这种楼板跨度大，厚度小，结构自重可以减轻。目前已广泛应用于住宅、宾馆、学校、办公楼、医院以及仓库等建筑中。

预应力薄板厚 50～70mm，板宽 1.1～1.8m，跨度常用 4～6m。为了保证预制薄板与叠合层有较好的连接，薄板上表面需做处理，常见的有两种，一是在上表面作刻槽处理（图 8-20a），刻槽直径 50mm，深 20mm，间距 150mm；另一种是在薄板表面露出较规则的三角形的结合钢筋（图 8-20b）。

现浇叠合层的混凝土强度为 C20，厚度一般为 70～120mm。叠合楼板的总厚度取决于板的跨度，一般为 150～250mm。楼板厚度以大于或等于薄板厚度的两倍为宜（图 8-20c）。

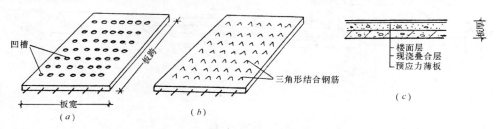

图 8-20　叠合楼板
(a) 薄板表面刻槽；(b) 板面露出三角形结合筋；(c) 叠合组合楼板

第三节　楼板层其他构造

一、楼板与隔墙

当房间内出现重质块材隔墙且重量由楼板支承时，必须从结构上予以考虑，在确定隔墙位置时，不宜将隔墙搁在一块预制板上，使其对楼板的受力有利。其处理方式参见图 8-21。

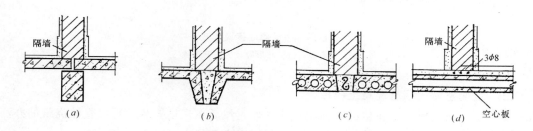

图 8-21　隔墙在楼板上的搁置
(a) 隔墙支承在梁上；(b) 隔墙支承在纵肋上；
(c) 隔墙支承在两板之间；(d) 隔墙支承在多块空心板上

二、顶棚

顶棚是室内饰面之一。作为顶棚则要求表面光洁、美观，且能起反射光的作用，以改善室内的照度。对某些有特殊要求的房间，还要求顶棚具有隔声、保温、隔热等方面的功能。

顶棚多为水平式，但根据房间用途的不同，可作成弧形、凹凸形、高低形以及折线形等等。依其构造方式的不同有直接式顶棚和悬吊式顶棚之分，见图8-22。标准较高的建筑，由于室内使用功能的要求，常将设备管线等安装在顶棚内，所以设计吊顶棚者居多。

图 8-22 顶棚构造
（a）直接式顶棚；（b）吊顶棚

（一）直接式顶棚

直接式顶棚系指直接在钢筋混凝土楼板下抹灰喷、刷或粘贴装修材料的一种构造方式。多用于居住建筑、工厂、仓库以及一些临时性建筑中。直接式顶棚装修常见的有以下几种处理。

1. 直接喷、刷涂料——当楼板底面平整时，可直接在楼板底面喷刷大白浆涂料或106涂料等。

2. 抹灰装修——当楼板底部不够平整或室内装修要求较高时，可在板底进行抹灰装修。其做法和墙体抹灰类似。

水泥砂浆抹灰，须先将板底打毛，然后粉10~15mm厚1:2水泥砂浆，一次成活，之后再喷（或刷）涂料（图8-22a）。

3. 贴面式装修——对一些装修要求较高或有保温、隔热、吸声等要求的建筑物，如商店营业厅、公共建筑大厅等，可在顶棚上直接粘贴装饰墙纸、装饰吸声板以及着色泡沫塑胶板等（图8-22a）。

（二）悬吊式顶棚

悬吊式顶棚简称吊顶，在现代建筑中，为提高建筑物使用功能和观感，除照明、给排水管道需要安装在楼板层中外，空调管、火灾报警、自动喷淋、烟感器、广播设备等管线均要安装在顶棚上。为处理好这些设施，往往需借助于吊顶来解决。

吊顶无论采用何种形式，均是由吊筋、龙骨和板材三部分构成，根据造型、防火等要求选用。常见龙骨形式有木龙骨、轻钢龙骨、铝合金龙骨等；板材常用的有各种人造木板、石膏板、吸声板、矿棉板、埃特板、铝板、彩色涂层薄钢板、不锈钢板等。图8-23为轻钢龙骨吊顶构造。图8-24为铝合金T形龙骨吊顶构造。

三、楼板层的隔声构造

在建筑中，楼上人走动的脚步声、拖动家具、撞击物体所产生的噪声，亦即固体传声

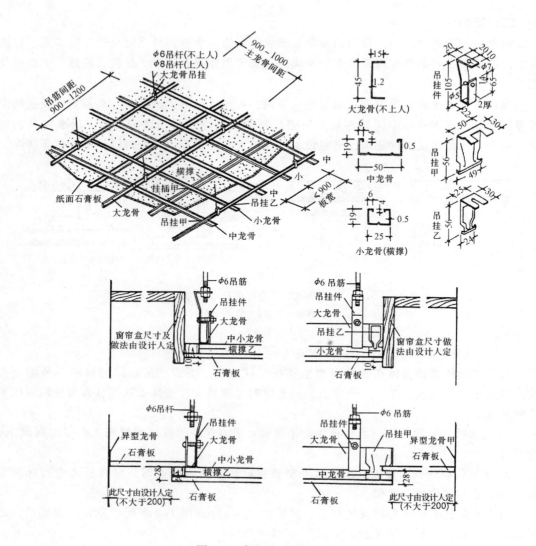

图 8-23 轻钢龙骨吊顶构造

对楼下房间的干扰特别严重。因此，楼板的隔声主要是隔绝撞击声，其构造措施如下：

（1）对楼面进行处理。即在楼面上铺设富有弹性的材料，如地毯、橡胶布、塑料毡、软木板等等，以降低楼板本身的振动，使撞击声能减弱，其效果显著。但由于造价较高，目前并不普及，见图8-25。

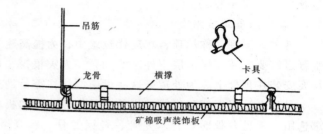

图 8-24 铝合金 T 形龙骨吊顶构造

（2）利用弹性垫层进行处理。即在楼板的结构层与面层之间增设一道具有弹性的材料作垫层，以降低撞击声的传递。常

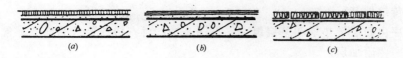

图 8-25 弹性面层隔声
（a）铺地毯；（b）贴橡胶或塑料毡；（c）镶软木砖

用材料有木丝板、甘蔗板、矿棉毡等。使楼面与楼板结构完全脱开，让楼面形成浮筑层，这种楼板称浮筑楼板。但必须注意，楼面与楼板结构，包括踢脚线与墙面，均应完全脱离，以防止产生"声桥"（图 8-26）。

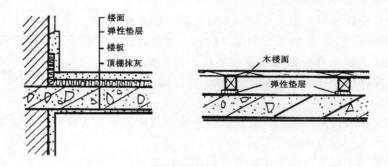

图 8-26 浮筑楼板

（3）楼板作吊顶处理。在楼板下作吊顶棚，可利用吊顶的空间对空气声的隔绝来降低楼板所产生的固体声。吊顶的隔声能力取决于单位面积的质量及其整体性，质量越大，整体性越强，其隔声效果越好；同时还决定于吊筋与楼板之间刚性连接的程度，如采用弹性连接等即可提高隔声效果，见图 8-27（a）。此外，若在吊顶层上侧铺设吸声材料，亦有明显效果，见图 8-27（b）。

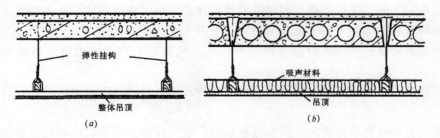

图 8-27 吊顶隔声

第四节　地坪与地面构造

一、地坪构造

地坪系指建筑物底层与土壤相接的水平结构部分。和楼板层一样，它承受着地坪上的荷载，并均匀传给地基。

常见的地坪由面层、垫层和基层组成，见图8-28。对有特殊要求的地坪，常在面层与垫层之间增设一些附加层。

1. 面层

地坪的面层又称地面，是使用者直接接触的部分，起着保护垫层和装修室内的作用。根据使用和装修要求的不同，有各种各样的做法，详见本节二。

2. 垫层

系地坪的结构层，起着承重和传力的作用。它的选材关系到地坪的质量和坚固程度。垫层可分为刚性和非刚性垫层两种。刚性垫层一般为 C7.5～C10 混凝土，其厚度常用 50～100mm。非刚性垫层为灰土、砂和炉渣等。当地面面层整体性要求不高时常用非刚性垫层，如砖地面、石块地面等。除此以外常用刚性垫层。

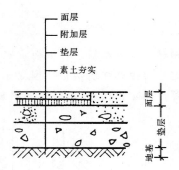

图 8-28 地坪构造

3. 基层

其主要承受垫层传来荷载，因此应具有一定承载能力，土质较好时，直接进行素土夯实；否则可用灰土、碎石等进行加固。

地坪的附加层主要是为满足某些特殊使用功能要求而设置的一些层次，如结合层、保温层、防水层等。

二、地面构造

已于前述，楼板层的面层和地坪的面层通称地面，均属室内装修范畴，它们的构造和要求基本一致，因此，归纳在一起叙述。

（一）对地面的要求

地面是人们日常生活、工作和生产时，必须接触的部分，也是建筑中直接承受荷载，经常受到摩擦、清扫和冲洗的装修部分，因此，对它应有一定的功能要求。

（1）坚固耐久——能抗磨损、耐水及其他液体的侵蚀，在光照作用下不变质，不会由于霉菌作用而破坏。表面平整光洁、易清扫，不起灰。

（2）舒适和安全——在人们经常停留的房间，地面应有弹性、温暖、蓄热性小、不滑、无声。

（3）外形美观——地面的材料质感，图案花饰及色彩应符合美学要求，并与房间的用途相适应。

（4）某些有特殊要求的房间——如电话机房、电子计算机房等，应能抗静电，对有酸碱腐蚀的房间，则要求地面有防腐能力。

（二）地面的类型

地面的名称是依据面层所用材料而命名的。按面层所用材料和施工方式不同，常见地面可分为以下几类：

（1）整体类地面——包括水泥砂浆地面、细石混凝土地面及水磨石地面等；

（2）块材类地面——包括普通粘土砖、大阶砖、水泥花砖、缸砖、陶瓷地砖，陶瓷锦砖、人造石板、天然石板以及木地面等；

(3) 卷材类地面——包括油地毡、橡胶地毡、塑料地毡及铺设地毯的地面等；
(4) 涂料类地面——包括多种水乳型、水溶型及溶剂型涂料。

(三) 地面构造

1. 整体类地面

(1) 水泥砂浆地面及细石混凝土地面

水泥砂浆地面简称水泥地面。它坚固耐磨，防潮、防水，构造简单，施工方便，而且造价低廉，是目前使用最普遍的一种低档地面。但水泥地面导热系数大，对不采暖的建筑，冬天会感到寒冷；同时，它吸湿能力差，每当空气中相对湿度大，容易返潮；此外，它还具有易起灰和不易清洁等问题。

水泥砂浆地面有双层和单层构造之分。双层做法分为面层和底层，在构造上常以15~20mm厚1:3水泥砂浆打底、找平，再以5~10mm厚1:2或1:1.5的水泥砂浆抹面（图8-29）。分层构造虽增加了施工程序，却容易保证质量，减少了表面干缩时产生裂纹的可能。单层构造是先在结构层上抹水泥浆结合层一道，再抹15~20mm厚1:2或1:2.5的水泥砂浆一道。

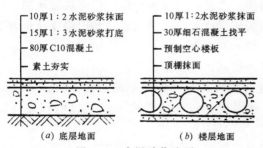

图8-29 水泥砂浆地面

细石混凝土地面是在结构层上浇30mm厚细石混凝土，浇好后随即用木板拍浆，待水泥浆液到表面时，再撒少量干水泥，最后用铁板抹光。它的主要优点是经济、不易起砂，而且强度高，整体性好。

(2) 水磨石地面

水磨地面又称磨石面。其性能与水泥砂浆地面相似，但耐磨性更好，表面光洁，不易起灰。可是造价却较水泥地面高1~2倍，常用于卫生间、公共建筑门厅、走廊、楼梯间以及标准较高的房间。

水磨石地面系分层构造。底层用10~15mm厚1:3水泥砂浆打底找平，面层用1:1.5~1:2水泥、石渣。石渣要求颜色美观的石子，中等硬度，易磨光，因此多采用白云石或彩色大理石渣作原料，其粒径为3~20mm。

水磨石有水泥本色和彩色两种。后者系用彩色水泥或白水泥加入颜料配成。操作时先把找平层作好，然后在找平层上按设计的图案嵌固玻璃分格条（也可嵌铜条或铝条）。按图案进行分格的优点，一是为了将大面积分为小块，可以防止面层开裂；二是万一局部损坏，不致影响整体，维修也较方便；三是可按设计图案定出不同式样和颜色，增加美观。分格形状有正方形、矩形及多边形等，尺寸为400~1000mm不等，视需要而定。玻璃条高10mm，用1:1水泥砂浆嵌固（图8-30）。当玻璃条嵌好后，便将拌和好的水泥石渣浆浇入，石渣浆应比玻璃条高出约2mm，经浇水养护后磨光。一般须磨三次，并用草酸水溶液涂擦、洗净，紧后打蜡保护。

水泥砂浆和水磨石地面，每当湿度大的季节易出现返潮现象，这给建筑物的正常使用带来了麻烦。地面返潮现象主要出现在我国南部（一般在长江以南）地区，每当春夏之交，气温升高，加之雨水较多，空气中相对湿度大。由于水泥砂浆和水磨石地表面温度比

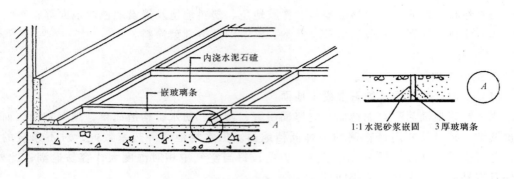

图 8-30 水磨石面

空气温度低,达到了露点,空气中的水蒸气遇冷,便在地表面上凝聚起来,加上水泥地面和水磨石地面光滑、密实,凝聚水又不易内渗,故常在地面上呈现一层水珠或水膜,使室内物件受潮。这种现象在楼层上稍好些,因为楼层位置高,通风好及楼层温度比地坪温度高。在沿海地区,空气湿度更大,楼层也一样容易返潮。

针对这种现象,可在地坪构造上采取各种措施,现介绍如下:

(1) 对地下水位低、地基土壤干燥的地区,可在水泥地坪下铺一层 150mm 厚 1:3 水泥炉渣或 1:3 水泥矿渣保温层,以改变地坪温度差过大的矛盾,一般效果较好(图 8-31a)。但对地下水位较高的地区作用不大。

(2) 在地下水位较高地区,可将保温层设在面层与混凝土结构层之间,并在保温层下铺防水层、上铺 30mm 厚细石混凝土层,最后作地面(图 8-31b)。

(3) 对一般性建筑,用砖铺地面代替水泥地面(如广东省不少地区铺大阶砖地面)效果较好(图 8-31c)。也有的选用带有微孔的面层材料,如陶土防潮砖以及能吸湿的块体材料做地面。由于这些材料中存在大量孔隙,当返潮时,表面会暂时吸收少量凝聚水;待室外空气干燥时,水分又能自动蒸发逸走,从而地面不会感到明显的潮湿现象。

(4) 作架空式地坪。近年来不少地区将底层地坪设计成:在地垄墙上铺预制板,用通风间层,使底层地坪不接触土壤,以改变地面的温度状况,从而减少凝聚水的机会,使返潮现象得到明显的改善(图 8-31d)。但此种做法的造价较高。

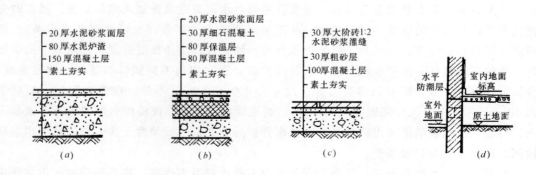

图 8-31 避免地坪返潮的措施
(a) 设炉渣层;(b) 设保温层;(c) 大阶砖填砂;(d) 架空地面

2. 块材类地面

凡利用各种人造或天然的预制块材、板材镶铺在基层上的地面称块材地面。块材地面的类型较多，它借助胶结材料铺砌或粘贴在结构层或垫层上。胶结材料既起粘结作用，又起找平作用。

常用的胶结材料有水泥砂浆以及各种聚合物改性粘结剂，如JD504多用途建筑粘结剂、JD503通用粘结剂等。

（1）铺砖地面

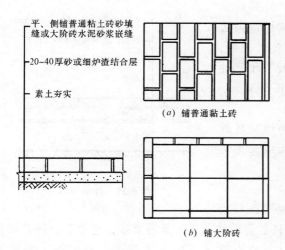

主要指利用普通黏土砖或大阶砖铺砌的地面。大阶砖亦为黏土烧制，其规格为350mm×350mm×20mm，多用于大量性民用建筑或临时性建筑中。对湿度大的返潮地区，采用砖铺地面情况有所改善，见图8-32。黏土砖可以平铺，也可以侧铺，砖与砖之间的缝隙用细砂填充，使砖与砖挤紧。大阶砖的缝隙则用水泥砂浆或石灰砂浆嵌缝。

（2）缸砖地面

缸砖是由陶土烧制而成，颜色有多种，平面形状有正方形、六角形、八角形等，可拼成多种图案。砖背面有凹槽，便于与结构层粘结，正方形尺寸有100mm×100mm、150mm×150mm、200mm×200mm、300mm×300mm，厚10~15mm。缸砖质地坚硬，耐磨，防水，耐腐蚀，易于清洁。适用于卫生间、实验室及有防腐蚀性要求的地面。铺贴用5~10mm厚1:1水泥砂浆粘结，亦可用其他粘结剂粘贴，砖块之间有3mm左右的灰缝。见图8-33（a）。

图8-32 砖铺地面
（a）铺普通粘土砖；（b）铺大阶砖

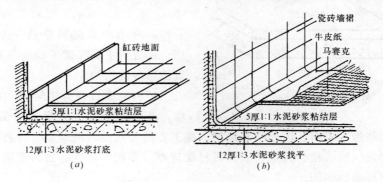

图8-33 预制块材地面
（a）缸砖地面；（b）陶瓷锦砖地面

彩釉地砖以及无釉砖其质地与外观具有与天然花岗岩相同的效果，都是当今理想的地面装饰材料。其构造作法与缸砖相同。

(3) 陶瓷锦砖原称马赛克，质地坚硬，经久耐用，色泽多样，耐磨、防水、耐腐蚀，易清洁，适用于卫生间、厨房、化验室有精密工作间的地面。陶瓷锦砖的粘贴是在结构层上先以1:3水泥砂浆打底找平，然后用5mm厚1:1水泥砂浆粘贴，见图8-33（b）。

各种水泥砂浆预制板、水磨石板，其规格为(200~500)mm×(200~500)mm，厚20~50mm，其铺贴方式与铺贴缸砖一样。

(4) 天然石板地面

天然石板包括大理石、花岗岩板等，由于它质地坚硬，色泽艳丽、美观，属高档地面装修材料。一般多用于高级宾馆的门厅、公共建筑的大厅、影剧院、体育馆的入口处等。其构造做法多为在结构层上先洒水润湿，再刷一层素水泥浆，紧接着铺一层20~30mm厚1:3~4（体积比）干硬性水泥砂浆作结合层，最后铺贴石板材，见图8-34。

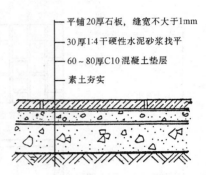

图8-34 石板地面

3. 卷材类地面

卷材类地面主要是粘贴各种卷材、半硬质块材的地面。常见的有塑料地面，橡胶毡地面以及无纺织地毯地面等。

(1) 塑料地面

随着石化工业的发展，塑料地面的应用已日趋广泛，其中以聚氯乙烯塑料应用最多。聚氯乙烯塑料地面的品种繁多，它主要以聚乙烯树脂为基料，加入增塑剂、稳定剂、石棉绒等，经塑化热压而成。按外形有块材与卷材之分；按材质有软质与半硬质之分；按结构有单层与多层之分。其规格：块材有100mm×100mm、200mm×200mm、300mm×300mm、500mm×500mm；卷材宽800~1200mm，长16m，厚1.5~3mm，用粘结剂粘贴在平整、干燥、清洁的水泥砂浆找平层上，见图8-35。粘结剂主要有氯丁橡胶及聚氯乙烯、过氯乙烯等胶结剂。

塑料地面具有脚感舒适、柔软、富有弹性，轻质、耐磨，美观大方以及防滑、防水、耐腐蚀、绝缘、隔声、阻燃、易清洁，施工方便等特点，但却不耐高温，怕明火，易老化。颜色有灰、绿、橙、黑、仿天然石材纹理等。多用于住宅、公共建筑，以及工业建筑中洁净要求较高的房间。

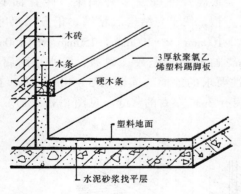

图8-35 塑料地面

(2) 橡胶地毡地面

橡胶地毡是以橡胶粉为基料，掺入软化剂，在高温、高压下解聚后，加入着色补强剂，经混炼、塑化压延成卷的深棕色毡状地面装修材料。具有耐磨、柔软、防滑、吸声、隔潮、有弹性等特点，且价格低廉，铺贴简便，可以干铺或粘贴在水泥砂浆面层上。

（3）地毯地面

地毯类型较多，常见的有化纤无纺织针刺地毯、黄洋麻纤维针刺地毯和纯羊毛无纺织地毯等。这类地毯加工精细、平整丰满、图案典雅、色调宜人。具有柔软舒适、清洁吸声、防虫、防潮、美观适用等特点，是装饰房间的绝佳材料。只是目前价格偏高，尚不普及。但随着人们生活水平的不断提高，产品产量不断增加，它将成为经济、实惠的地面铺材。

卷材地面的基层必须坚实、干燥、平整、干净。铺贴前先弹好铺贴导线，并进行预铺，然后从房间中心向四周铺贴。操作时，对接缝处，须用小压辊压实，以防翘边、脱胶等现象发生。

此外，还有各种涂料地面，常见的涂料包括水乳型、水溶型和溶剂型涂料。例如水乳型涂料有氯—偏共聚乳液涂料、聚醋酸乙烯厚质地面涂料以及 SJ82-1 地面涂料等；水溶型涂料有聚乙烯醇缩甲醛胶水泥地面涂层、109 彩色水泥涂层以及 804 彩色水泥地面涂层等；溶剂型地面涂料有聚乙烯醇缩丁醛地面涂料、H80 环氯涂料、环氧树脂厚质地面涂层以及聚氨酯厚质地面涂层等。作为涂料地面，要求基层坚实平整，涂料与基层粘结牢固，不允许有掉粉、脱皮及开裂等现象。同时，涂层色彩要均匀，表面要光滑、清洁，给人以舒适、明净、美观的感觉。

（四）踢脚线构造

地面与墙面交接处的垂直部位，在构造上，通常按地面的延伸部分来处理，这一部分被称为踢脚线，也称踢脚板。它的主要功能是保护墙面，防止墙面因受外界的碰撞损坏，或在清洗地面时，脏污墙面。同时对调节室内空间比例也起到一定作用。踢脚线材料一般同地面，实践证明，这是保证装饰效果的可靠措施，踢脚线高度 120~150mm（图 8-36）。

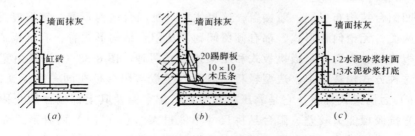

图 8-36 踢脚线
(a) 缸砖踢脚线；(b) 木踢脚线；(c) 水泥踢脚线

第五节 阳台与雨篷

一、阳台

阳台是楼层建筑中的房间与室外接触的平台，人们可以利用阳台休息、乘凉、晾晒衣物、眺望或从事家务活动。它是多层尤其是高层建筑中不可缺少的构件。

（一）阳台形式及尺度

按阳台与外墙关系，可分为挑阳台，凹阳台，半挑半凹阳台几个形式（图 8-37），挑

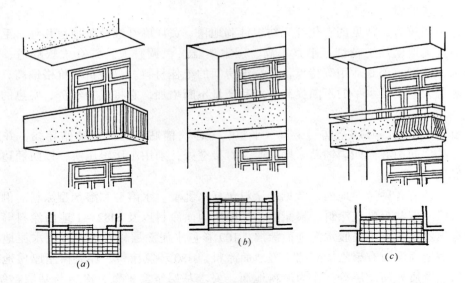

图 8-37 阳台的形式
（a）挑阳台；（b）凹阳台；（c）半挑阳台凹阳台

阳台应用较普遍。阳台平面尺寸的确定，要综合考虑阳台的使用功能、结构形式以及室内日照、采光等因素。一般悬挑长度为 1~1.2m 左右，因为悬挑太大虽然使用方便，但对房间的日照、采光均有很大影响，也不经济。阳台宽度一般不小于 2m，通常与房间的开间相同，这样结构处理上较简单。

（二）阳台的结构布置

由于凹阳台结构布置同一般楼盖，这里主要讲挑阳台结构布置。钢筋混凝土阳台有预制和现浇两类，无论何种形式，都有倾覆问题。从阳台结构形式看，有挑板式和挑梁式两种，但挑板式又分为有平衡板挑板式和压梁挑板式两种。图 8-38（a）是由室内楼板直接外伸板，这种方式构造简单，造型轻巧，但室内楼板与阳台板在同一个标高，防水不好。图 8-38（b）为压梁式挑板，它是靠压在纵墙内的阳台梁及其上部墙体防止阳台倾覆，外观轻巧，它抗倾覆能力较差，阳台悬挑尺寸不能过大。(a)(b) 两种形式对阳台宽度限制较少。图 c 为挑梁式，用横墙上挑梁支承阳台板，靠伸入横墙内的梁及其上部墙体保持平衡。这种形式阳台施工复杂，外观笨重，但阳台安全性较好，应用较为普遍。

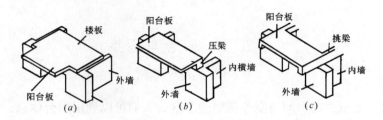

图 8-38 阳台结构布置形式
（a）挑板式；（b）压梁式；（c）挑梁式

（三）阳台的细部构造

1. 栏杆的形式

阳台栏杆是在阳台外围设置的垂直构件，其作用是承担人们倚扶的侧向推力，以保障人身安全；二是对整个建筑物起一定装饰作用。因此，作为栏杆既要考虑坚固，又要考虑美观。栏杆竖向净高一般不小于1.05m，高层建筑不小于1.1m，但不宜超过1.2m，栏杆离地面0.10m高度内不留空。从外形上看，栏杆有实体与漏空之分。实体栏杆又称栏板。从材料上看，栏杆有砖砌、钢筋混凝土和金属栏杆之分，见图8-39。

2. 细部构造

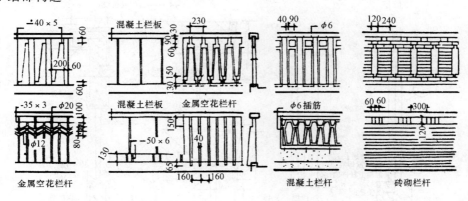

图8-39 各种栏杆、栏板形式

阳台细部构造主要包括栏杆与扶手、栏杆与面梁、栏杆与阳台板等的连接。漏空栏杆有金属栏杆和预制混凝土栏杆。金属栏杆多采用φ18钢筋或3mm×40mm扁钢，钢筋或扁钢与预埋的通长扁铁焊接，亦可埋入现浇混凝土内固牢，见图8-40中的A、C、D、E、F、G等节点。直条形栏杆之间的净空应不大于110mm，以保安全。金属栏杆须作油漆处理。预制混凝土栏杆则插入扶手和面梁上的混凝土预留孔中。

栏板有砖砌和混凝土板之分。砖砌栏板有顺砌和侧砌两种。为确保安全，应在栏板中配置通长钢筋加固，见图8-40中的节点E。混凝土栏板有现浇和预制两种，现浇栏板施工麻烦，预制栏板则用预埋铁件焊接。

栏板两面需作装饰处理，可采用抹灰或涂料，亦可粘贴面砖或陶瓷锦砖。

阳台扶手宽一般至少100mm，当扶手上须放置花盆时，须另作花盆托，其宽不小于250mm，见图8-40中的节点D、E外作砂浆抹灰或贴饰面砖。

阳台板的底部常抹灰并刷涂料处理。

3. 阳台排水

由于阳台外露，为防止雨水从阳台泛入室内，设计时要求将阳台地面标高低于室内地面20~30mm，并在阳台一侧栏杆下设水舌，阳台地面用防水砂浆粉出排水坡，将水导入水舌。水舌用φ40mm或φ50mm镀锌钢管或塑料管，水舌向外挑出至少80mm（图8-41），以防排水溅到下层阳台上。对高层建筑则宜另用雨水管排水，见图8-41a。

二、雨篷

雨篷是建筑物入口处位于外门上部用以遮挡雨水、保护外门免受雨水侵害的水平构

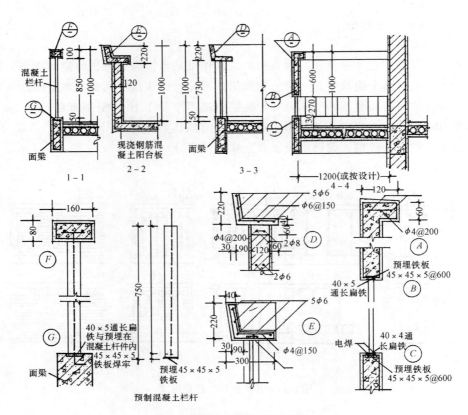

图 8-40　阳台栏杆与栏板构造

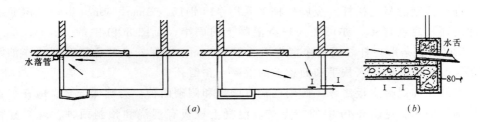

图 8-41　阳台的排水
(a) 雨水管排水；(b) 水舌排水

件。多采用钢筋混凝土悬臂板，其悬挑长度一般为 1~1.5m 左右。

雨篷有板式和梁板式两种。为保证雨篷底部平整起见，可将梁式雨篷的梁反到上部，呈反梁结构，并在梁间预留排水孔。为防止雨篷产生倾覆，常将雨篷与入口处门上的过梁或圈梁浇在一起，见图 8-42。

由于雨篷承受的荷载不大，因此雨篷板的厚度较薄，通常作成普通截面形式，板外沿厚约 50~70mm。

雨篷的板面须作防水砂浆抹面，厚 20mm，为防止雨水沿墙边渗入室内，除尽量将过梁或圈梁与雨篷整浇在一起，并作在板的上部外，尚须将防水砂浆抹面沿墙身粉至雨篷面上 200mm 处，以形成泛水。

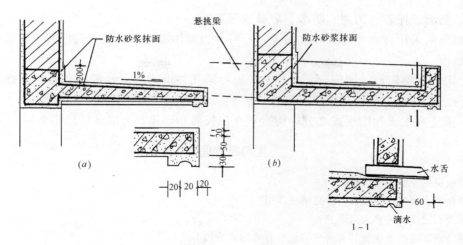

图 8-42 雨篷
(a) 板式雨篷；(b) 梁板式雨篷

小 结

1．楼板是多层建筑中分隔楼层的水平构件。它承受并传递楼板上的荷载，同时对墙体起着水平支撑的作用。它由楼面、楼板和顶棚等部分组成。

2．楼板依所用材料不同有木楼板、砖楼板、钢筋混凝土楼板等几种形式。钢筋混凝土楼板得到广泛的应用。

3．钢筋混凝土楼板依施工方式不同有现浇钢筋混凝土楼板、预制装配式钢筋混凝土楼板和装配整体式钢筋混凝土楼板。

4．现浇钢筋混凝土楼板有板式楼板、肋梁式楼板、井式楼板、无梁楼板和压型钢板组合楼板。

预制钢筋混凝土楼板有预制实心板、槽形板、空心板等几种类型。板的布置有板式结构和梁板式结构两种。在铺设预制板时，要求板的规格、类型愈少愈好，并应避免三面支承的板。当出现板缝差时，一般采用调整板缝、挑砖或现浇板带的办法解决。为了增加建筑的整体刚度，应对楼板的支座部分用钢筋予以锚固，并对板的端缝与侧缝进行处理。

5．装配整体式钢筋混凝土楼板兼有现浇与预制的共同优点。近年来发展的叠合楼板具有良好的整体性和连续性，对结构有利。楼板跨度大，厚度小，结构自重亦可减轻。

6．楼板层构造主要包括面层处理、隔墙的搁置、顶棚以及楼板的隔声等处理。隔墙在楼板上的搁置应以对楼板受力有利的方式处理为佳。

7．顶棚有直接式顶棚和悬吊式顶棚之分，直接式顶棚又有直接喷、刷涂料或作抹灰粉刷或粘贴饰面材料等多种方式。

8．楼板层的隔声应以对撞击声的隔绝为重点，其处理方式是楼面上铺设富有弹性的材料、做浮筑楼板和做吊顶棚等三种。

9．地坪是建筑物底层房间与土壤相接触的水平结构部分，它将房间内的荷载传给地基。地坪由面层、垫层和基层所组成。

10．地面是楼板层和地坪的面层部分。作为地面应具有坚固耐磨、不起灰、易清洁、有弹性、防火、保温、防潮、防水、防腐蚀等性能。

地面依所采用材料和施工方式的不同，可分为整体类地面、块材类地面、卷材类地面和涂料地面。

11. 阳台有挑阳台、凹阳台、半挑半凹阳台等几种形式。阳台栏杆有漏空栏杆和实心栏板之分。其构造主要包括栏杆、栏板、扶手以及阳台的排水等处的细部处理。

12. 雨篷有板式和梁板式之分。构造重点在板面和雨篷板与墙体的防水处理。

复习思考题

1. 楼板层的主要功能是什么？
2. 楼板层由哪些部分组成，各起哪些作用？
3. 对楼板层设计的要求有哪些？
4. 现浇钢筋混凝土楼板具有哪些特点？有哪几种结构形式？
5. 现浇肋梁楼板构件的经济尺寸如何？
6. 无梁楼板的特点如何？
7. 压型钢板组合楼板有何特点？
8. 用图表示压型钢板组合楼板构造形式。
9. 预制装配式钢筋混凝土楼板具有哪些特点？常见的预制板的形式有哪些？
10. 使用花篮梁有何好处？使用中应注意什么问题？
11. 何谓三面支承板？为什么预制板不宜出现三面支承情况？
12. 预制板的接缝形式有几种？在布置板的过程中出现较大侧缝时，应采用什么办法解决？
13. 装配整体式楼板有什么特点？叠合楼板有何优越性？
14. 用图表示隔墙在楼板上的搁置构造。
15. 楼板顶棚形式有几种？直接式顶棚构造如何？吊顶有几种形式，常用材料有哪些？
16. 对撞击噪声的隔绝措施有哪些？
17. 地坪由哪几部分构成？各组成部分作用如何？
18. 作为地面应有哪些要求？
19. 常见地面可分几类？各种地面的构造如何？
20. 水泥地面、水磨石地面易返潮的原因何在？为减少返潮现象，应采取哪些措施？
21. 常见阳台有哪几种类型？在结构布置时应注意些什么问题？
22. 用图表示阳台细部构造。
23. 用图表示雨篷构造。

第九章 楼 梯

第一节 概 述

一、楼梯设计要求

楼梯既是楼房建筑中的垂直交通构件，也是进行安全疏散的主要工具，为确保使用安全，楼梯的设计必须满足如下要求：

(1) 坚固耐用。

(2) 必须满足防火要求。楼梯间除允许直接对外开窗采光外，不得向室内任何房间开窗；楼梯间四周墙壁必须为防火墙；对防火要求高的建筑物特别是高层建筑，应设计成封闭式楼梯或防烟楼梯。

(3) 楼梯间必须有良好的自然采光。

(4) 上下运作方便，便于搬运家具，有足够通行宽度和疏散能力。

(5) 造型美观，与室内环境相协调。

二、楼梯的组成及各组成部分的尺寸

(一) 楼梯组成

建筑中，凡布置楼梯的房间称楼梯间。楼梯一般由楼梯段、平台及栏杆（或栏板）扶手三部分组成（图9-1）。

1. 楼梯段

楼梯段又称楼梯跑，是楼梯的主要使用和承重部分。它由若干个踏步组成。为减少行人上下楼梯时的疲劳和安全，一个楼梯段的踏步数要求最多不超过18级，最少不少于3级。

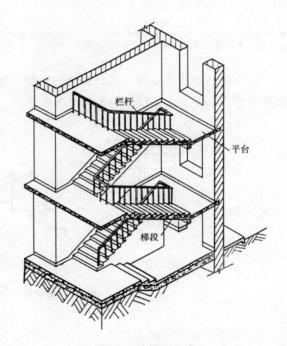

图9-1 楼梯的组成

2. 平台

平台是指两楼梯段之间的水平板，有楼层平台、中间平台之分。其主要作用在于缓解疲劳，连续上楼时可在此稍加休息，故又称休息平台。同时，平台还是梯段之间转换方向的连接处。

3. 栏杆扶手

栏杆是楼梯段的安全设施，一般设置在梯段和平台临空的一边，要求它必须坚固可靠，并保证有足够的安全高度。栏杆有实心栏杆和漏空栏杆之分。实心栏杆又称栏板。栏

杆上部供人倚扶的配件称扶手。

(二) 楼梯各部分尺寸

1. 楼梯段与平台的宽度

楼梯的宽度必须满足上下人流及搬运物品的需要。从确保安全角度出发，楼梯段宽度是由通过该梯段的人流数确定的。通常，梯段净宽除应符合防火规范的规定外，供日常主要交通用的楼梯的梯段净宽应根据建筑物使用特征，按每股人流宽为 $0.55 + (0 \sim 0.15)$m 的人流股数确定，且不少于两股人数。这里的 $0 \sim 0.15$m 是人流在行进中人体的摆幅，人流较多的公共建筑应取上限值。对高层建筑，疏散楼梯梯段的最小净宽度，一般不低于表9-1的要求。

高层建筑楼梯段的最小宽度　　　　　表9-1

建 筑 物 名 称	梯段最小宽度（m）
医　　　院	1.30
居 住 建 筑	1.1
其 他 建 筑	1.20

注：本表摘自《高层建筑防火设计》，群众出版社。

为确保通过楼梯段的人流和货物的顺畅，楼梯中间平台的净宽不得小于梯段宽度；直跑楼梯平台宽不小于2倍踏步宽加一个踏步高，见图9-2。

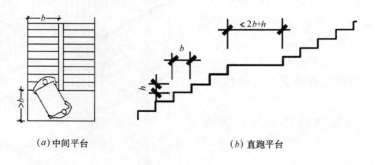

(a) 中间平台　　　(b) 直跑平台

图9-2　楼梯段与平台宽度示意

2. 楼梯的坡度与踏步尺寸

楼梯的坡度系指梯段的斜率。一般用斜面与水面的夹角表示。楼梯一般在20°~45°范围内，坡度小时，行走舒适，但占地面积大；反之可节约面积，但行走较费力。当坡度小于20°时，采用坡道或台阶，大于45°时，则采用爬梯（图9-3），常用30°左右。

楼梯坡度应根据建筑物的使用性质和层高来确定。对使用频繁、人流密集的公共建筑，其坡度宜平缓些；对使用人数较少的居住建筑或某些辅助性楼梯，其坡度可适当陡些。

楼梯坡度实质上与楼梯踏步密切相关，踏步高与宽之比

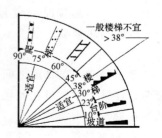

图9-3　楼梯、坡道台阶、爬梯的坡度范围

即可构成楼梯坡度。踏步高常用 h 表示，踏步宽常以 b 表示，见图 9-4。

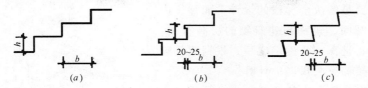

图 9-4 踏步尺寸

踏步尺寸与人行步距有关，通常用下列经验公式表示：

$$2h + b = 600 \sim 620 \text{mm}$$

或

$$h + b \approx 450 \text{mm}$$

式中　h——踏步高度（mm）；

　　　b——踏步宽度（mm）；

600～620mm 表示一般人的步距。

民用建筑中，楼梯踏步的最小宽度与最大高度的限制值见表 9-2。常用踏步尺寸见表 9-3。

楼梯踏步最小宽度和最大高度（mm）　　　　表 9-2

楼　梯　类　别	最小宽度	最大高度
住宅公用楼梯	250	180
幼儿园、小学校等楼梯	260	150
电影院、剧场、体育馆、商场、医院、疗养院等楼梯	280	160
其他建筑物楼梯	260	170
专用服务楼梯、住宅户内楼梯	220	200

注：1. 无中柱螺旋楼梯和弧形楼梯离内侧栏杆扶手 250mm 处的踏步宽度不应小于 220mm。

　　2. 本表摘自《民用建筑设计通则》JGJ37—87（试行）。

　　3.《住宅设计规范》（GB50096—1999）中规定，踏步最小宽度值为 260mm，最大高度值为 175mm。

楼梯踏步尺寸参考表　　　　表 9-3

名　称	住　宅	学校、办公楼	剧院、商店	医　院	幼儿园
踏步高（mm）	156～175	140～160	120～150	150	120～150
踏步宽（mm）	250～300	280～340	300～350	300	260～300

在设计踏步宽度时，当楼梯间深度受到限制，致使踏面宽不足最低尺寸，为保证踏面宽有足够尺寸而又不增加总进深起见，可以采用出挑踏口或将踢面向外倾斜的办法，使踏面实际宽度增加。一般踏口的出挑长为 20～25mm（图 9-4 b、c）。

3. 楼梯栏杆扶手的高度

楼梯扶手的高度与楼梯的坡度、使用要求有关，很陡的楼梯，扶手的高度矮些，坡度平缓时高度可稍大。一般室内楼梯自踏步前缘量起常采用 900mm；儿童使用的楼梯一般为 600mm；扶手至少一侧有三股人流时应两侧设扶手，四股人流时应中间加设扶手（图 9-5）。

4．楼梯段尺寸的确定

设计楼梯主要是解决楼梯段的设计，而梯段的尺寸与楼梯间的开间、进深与建筑物的层高有关。当楼梯间的开间、进深初步确定之后，根据建筑物的层高即可进行楼梯有关尺度的计算。

(1) 梯段宽度与平台宽的计算

在楼梯间的尺寸已定的前提下，梯段宽应按开间确定。对双跑梯，当楼梯间开间净宽为 A 时，则梯段宽 B 为：

$$B = \frac{A - C}{2}$$

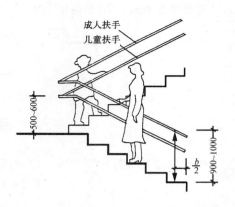

图 9-5　栏杆、扶手高度

式中，C 为两梯段之间的缝隙宽，一般为 160～200mm，也可取 $C = 0$。

因平台宽应大于或等于梯段宽，所以

$$D \geq B$$

式中，D 为平台宽。

(2) 踏步的尺寸与数量的确定

当层高 H 已知，根据建筑的使用性质，根据经验公式和表 9-3 中选定踏步高 h 和踏步宽 b。于是踏步数 N 数：

$$N = \frac{H}{h}$$

(3) 梯段长度计算

梯段长度取决于踏步数量。当 N 已知后，对两段等跑的楼梯梯段长 L 为：

$$L = \left(\frac{N}{2} - 1\right) b$$

式中的 $\left(\frac{N}{2} - 1\right)$ 系指梯段踏步宽在平面上的数量。由于平面上平台内已包含了一级踏步宽，故计算踏步的数量时需减去一个踏步宽。

根据计算所确定的尺寸即可绘制平面图和剖面图（图 9-6）。

5．楼梯的净空高度

楼梯的净空高度分为梯段净空和平台净空，梯段净空是指梯段的任何一级踏步前缘至上一层梯段底面垂直高度；平台净空是指底层地面至底层平台（或平台梁）底，或指楼层平台至 2 层平台（或平台梁）底的垂直距离。为保证在这些部位通行或搬运物件时不受影响，其净高在平台处应大于 2m；在梯

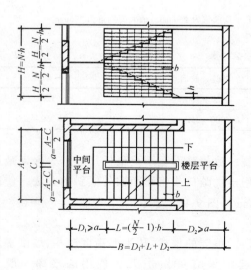

图 9-6　楼梯尺寸计算

段处应大于2.2m（图9-7）。

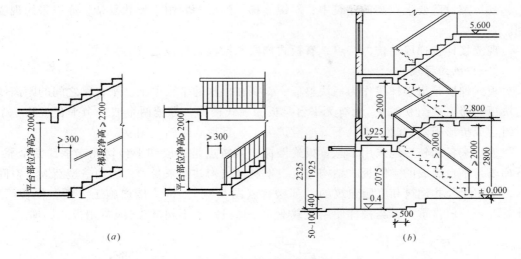

图 9-7 楼梯的净空设计
（a）净空要求；（b）设计实例

在大多数居住建筑中，常利用楼梯间作为出入口，加之居住建筑的层高较低，因此，应特别重视平台下通行时的净高设计问题。以图9-7的双跑梯为例，建筑物的层高为2.8m，若按16级踏步设计，则每级高为175mm。根据结构计算，一般底层平台梁高为250mm，当平台下作为建筑物的出入口时，如果设计两段等跑梯，则平台下的净高仅为1150mm，显然不行。为求得下面空间净高≥2000mm，通常有以下途径。

其一，将双跑梯设计成"长短跑"，让第一跑的踏步数目多些，第二跑踏步少些，利用踏步的多少来调节下部净空的高度。如第一跑采用11级，第二跑5级，这时平台下的净空高由1150mm增至1675mm。不过这样作，必须注意第二跑在楼板部位的平台梁的布置。它的位置必须保证其下面的净空高度也要≥2000mm。

设计长短跑时还须注意，楼梯间的尺寸也相应在改变，即楼梯的深度增加了。

其二，前一种措施虽然能使平台下净高有所增加，但有时还不能满足2000mm的要求，此时需采取第二步措施，即利用室内外地面高差，将室外的踏步移一部分到室内来，将平台下地面标高降低。当然降低后的地面不能低于室外地面标高。在图9-7中，当平台下地面标高降低0.4m时，平台下净高由1675mm增加2075mm，符合规定要求。为保证室外雨水不致流入室内，必须保证楼梯间地面与室外至少有50mm的高差。

当然，解决楼梯净空高度还可以采用其他办法，如将底层楼梯改为直跑梯等，但必须以经济、适用为原则。

第二节 钢筋混凝土楼梯构造

钢筋混凝土楼梯按施工方式可分为现浇式和预制装配式两大类。
一、现浇钢筋混凝土楼梯
现浇钢筋混凝土楼梯是指楼梯段、楼梯平台等整浇在一起的楼梯。它整体性好，刚度大，对抗震较为有利，但由于模板耗费较多，且施工速度缓慢，因而较适合于工程比较小，且抗震设防要求较高的建筑中；对螺旋梯、弧形梯，由于形状复杂，亦以采用现浇有利。

现浇楼梯按梯段的传力特点，有板式梯段和梁板式梯段之分。

(一) 板式梯段

板式梯段是指楼梯段作为一块整板，斜搁在楼梯的平台梁上。平台梁之间的距离便是这块板的跨度（图9-8a）。也有无平台梁板的板式楼梯，即把两个或一个平台板和一个梯段组合成折形板。这时，平台下的净空扩大了，且形式简洁（图9-8b）。

近年来各地较多地采用了悬臂板式楼梯，其特点是梯段和平台均无支承，完全靠上、下梯段与平台组成的空间板式结构与上、下层楼结构共同来受力，因而造型新颖，空间感好，多用作公共建筑和庭园建筑的外部楼梯（图9-8c）。板式楼梯施工方便，模板简单，外观轻巧，但自重大，当楼梯使用荷载不大，梯段跨度不超过3m时常用板式楼梯。

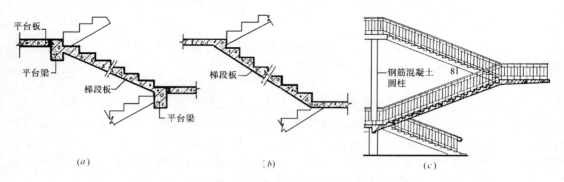

图9-8 现浇钢筋混凝土板式楼梯
(a) 有平台梁梯段；(b) 无平台梁梯段；(c) 悬挑楼梯

(二) 梁板式楼梯段

当梯段跨度较大时，采用板式梯段往往不经济，须增加梯段斜梁（简称梯梁），以承受板的荷载，并将荷载传给平台梁，这种梯段称梁板式梯段。梁板式梯段在结构布置上有双梁布置和单梁布置之分。双梁式梯段系将梯段斜梁布置在梯段踏步的两端，这时踏步板的跨度便是梯段的宽度。这样板跨小，对受力有利（图9-9a）。这种斜梁在板下部的称正梁式梯段，也称明步式楼梯。有时为了让梯段底表面平整或避免洗刷楼梯时污水沿踏步端头下淌，弄脏楼梯，常将斜梁反向上面称反梁式梯段（图9-9b），也称暗步式楼梯。

在梁板式结构中，单梁式楼梯是近年来公共建筑中采用较多的一种结构形式。这种楼梯的每个梯段由一根斜梁支承踏步。常将梯段斜梁布置在梯段踏步的中间，踏步从梁的两侧悬挑，称为单梁挑板式楼梯（图9-10）。单梁楼梯受力复杂，梯梁不仅受弯，而且受扭，特别是单梁悬臂式楼梯更为明显。但这种楼梯外形轻巧、美观，常因建筑空间造型而采用。

梁板式楼梯受力合理，特别适用于使用荷载大，梯段跨度大于3m的楼梯，但模板复杂，板底不平，外观笨重。

二、预制装配式钢筋混凝土楼梯

随着建筑工业化的发展，施工机械化水平的提高，预制装配式楼梯已得到广泛采用。

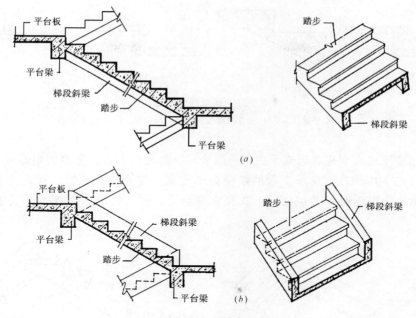

图 9-9 现浇钢筋混凝土梁板式楼梯
(a) 明步式梯段；(b) 暗步式梯段

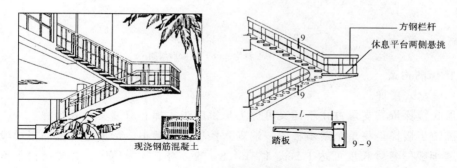

图 9-10 单梁式楼梯

为适应不同施工机械装备程度，按楼梯构件的组合情况，可分为中、小型和大型装配式楼梯。

（一）中、小型构件装配式楼梯

中、小型构件装配式楼梯是将梯段分成若干构件，使每个构件体积小，重量轻，易于制作，便于安装。但由于构件数量增多，故施工速度较慢。这种楼梯较适合于安装机具起重量较小的情况。在构件预制时，通常踏步与支承构件分开。

1. 预制踏步

预制踏步是将构成梯段的踏步分开预制。踏步有三角形踏步、L形踏步和一字形踏步（图 9-11）。

2. 预制支承构件

踏步的支承有两种形式，梁支承和墙支承。梁承式构件主要是斜梁。预制斜梁的外形

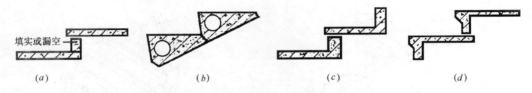

图 9-11 预制踏步的形式

(a) 一字形踏步；(b) 三角形踏步；(c) L形踏步；(d) 倒L形踏步

随支承的踏步形式而变化。当支承三角形踏步时，斜梁为上表面平整的矩形截面梁，称一字形斜梁（图9-12a）。如果所支承的踏步为L形或一字形踏步板时，梁的上表面则作成锯齿形，称锯齿形斜梁（图9-12b）。其次有平台梁，常见的为L形平台梁，它用来支承斜梁。

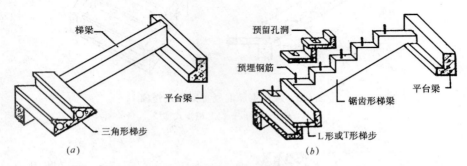

图 9-12 预制梯段梁的形式

(a) 一字形斜梁；(b) 锯齿形斜梁

3．楼梯的构造

(1) 墙承式楼梯

墙承式楼梯依其支承方式不同又可分为悬挑踏步式梯和双墙支承式楼梯。

悬挑踏步楼梯是将单个踏步板的一端砌入楼梯间侧墙中，形成悬臂板的楼梯段（图9-13a）。踏步板的悬臂长度可达1.5m，也有1.8m的。对非抗震地区，只要结构上不致出现倾覆，一般都可采用。特别对某些特殊部位，如舞台上天桥的楼梯采用悬挑式更为适合。

踏步板的截面，一般是L形。伸入墙体240mm，这部分的截面可以是L形，也可为矩形（图9-13b），L形板有正放和倒放两种，正置踏步，受力合理，并使上、下踏步板的接缝位于踢面板的上部（图9-13c），当用水冲洗时不致渗水，施工安装也较方便。

这种楼梯不设平台梁，使平台下部净空较大。踏步的安装与砌墙同步，施工中为防止倾覆需加临时支撑，因而施工过程复杂，但由于结构重量轻，最适宜手工安装。

双墙支承式楼梯与悬挑式楼梯所不同者，在于把预制的一字形踏步板或L形踏步的两端搁在两道墙上。这种楼梯最适宜于直跑式楼梯。若采用双跑时，需在楼梯间中央加一道墙，支承两边的踏步板。在楼梯间中间增加一道墙后，会阻挡行人的视线，搬运大型家具也较困难。为了让行人能相互看得见，避免碰撞，需在中间墙上开设观察孔（图9-14）。

双墙支承式楼梯的施工与悬挑楼梯一样，踏步的安装亦与砌墙同步进行。

(2) 梁承式楼梯

梁承式楼梯是指梯段系由预制斜梁支承预制踏步板所构成的楼梯。楼梯斜梁的两端搁

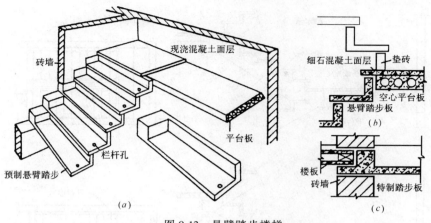

图 9-13 悬臂踏步楼梯
（a）悬挑式楼梯；（b）踏步板；（c）平台转换处剖面

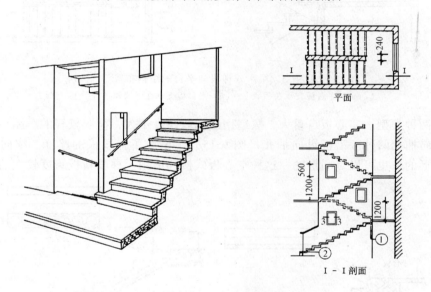

图 9-14 墙承式楼梯

在平台梁上。平台板大多搁在横墙上，也有的一端搁在平台梁上，而另一端搁在纵向墙上（见图 9-15b）。

平台梁搁置在两侧墙上，其截面一般成 L 形，以便搁置楼梯斜梁。为保证斜梁与平台梁连结牢固，可用预埋件焊牢。

（二）大型构件装配式楼梯

大型构件装配式楼梯是将楼梯段和楼梯平台分别预制成整体构件，利用起吊设备在现场进行拼装，这对于简化施工过程，加快施工速度，减轻劳动强度等都具有一定的意义。

根据楼梯段的形式有板式、梁板式等类型。

1. 板式楼梯（图 9-16）

板式楼梯全部荷载由梯段斜板承受，直接传给楼梯平台梁。梯段斜板的结构形式有实

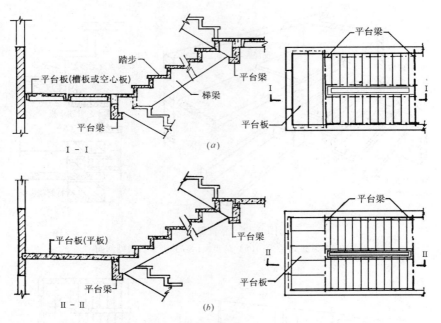

图 9-15　梁承式梯段与平台的结构布置
（a）平台板支承在横墙上；（b）平台板支承在纵墙和平台梁上

心和空心两种类型。实心板自重大，只适用于梯段跨度不大，荷载较轻的房屋。空心板有纵向和横向抽孔两种。沿板纵向抽孔（图 9-15b），增大了梯段板的厚度。横向抽孔孔可以是三角形的，也可以是圆形的，这种空心板式楼梯适用于梯段斜板跨度较大的房屋。

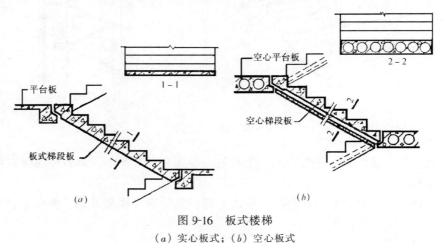

图 9-16　板式楼梯
（a）实心板式；（b）空心板式

2. 梁板式楼梯

梁板式楼梯：类似槽形板，可做成明步或暗步。楼梯结构简单，混凝土及钢材用量较少，自重轻，便于运输及安装（图 9-17）。

三、细部构造

（一）踏步面层及防滑措施

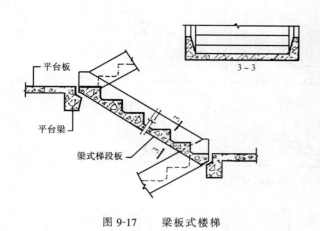

图9-17 梁板式楼梯

踏步面层要求耐磨、美观、不滑、便于清扫。所用材料一般与门厅或走道的面层一致。在人流比较集中的建筑中，踏步面层应有防滑措施，通常是在踏步边缘做两道高出踏步面层3mm，宽10～20mm的防滑条，防滑条长度一般按踏步长度每边减150mm，材料可采用水泥铁屑、金钢砂、马赛克、金属条等（图9-18）。

（二）栏杆、栏板与扶手

1. 栏杆

栏杆多采用方钢、圆钢、钢管或扁钢等材料，并可焊接或铆接成各种图案，既起防护作用，又起装饰作用。方钢截面的边长与圆钢的直径一般为20mm，扁钢截面不大于6mm×40mm。栏杆钢条花格的间隙，对居住建筑或儿童使用的楼梯，均不宜超过110mm，为防止儿童攀爬，亦不宜设水平横杆，常见栏杆的形式见图9-19。

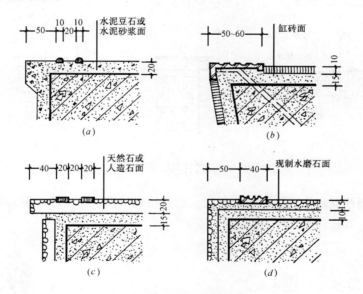

图9-18 各种防滑处理

(a) 金刚砂防滑条；(b) 铸铁防滑条；(c) 陶瓷锦砖防滑条；(d) 有色金属防滑条

栏杆与踏步的连接方式有锚接、焊接和栓接三种（图9-20）。所谓锚接是在踏步上预留孔洞，然后将钢条插入孔内。预留孔一般为50mm×50mm，插入洞内至少80mm深。洞内浇注水泥砂浆或细石混凝土嵌固（图9-20a）。焊接则是在浇注楼梯踏步时，在需要设置栏杆的部位，沿踏面预埋钢板或在踏步内埋套管，然后将钢条焊接在预埋钢板或套管上（图9-20b）。栓接系指利用螺栓将栏杆固定在踏步上，方式可有多种（图9-20c）。

2. 栏板

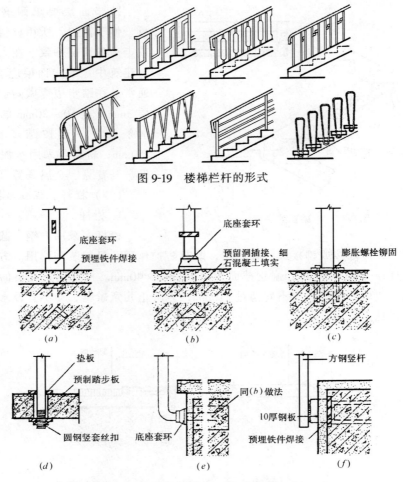

图 9-19 楼梯栏杆的形式

图 9-20 楼梯栏杆与踏步的连接方式

栏板多用钢筋混凝土或加筋砖体制作，也有用钢丝网水泥板的。钢筋混凝土栏板有预制和现浇两种，其构造见图 9-21（a）。

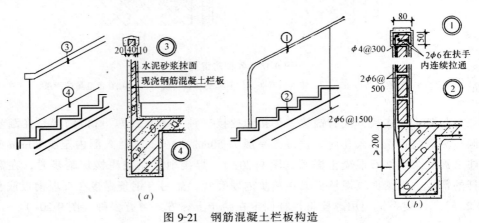

图 9-21 钢筋混凝土栏板构造
（a）现浇钢筋混凝土栏板；（b）1/4 砖厚砖砌栏板

砖砌栏板系用普通砖侧砌，60mm厚，外侧用钢筋网加固，再用钢筋混凝土扶手与栏板连成整体，见图9-20（b）。

3．扶手

楼梯扶手按材料分有木扶手、金属扶手、塑料扶手等，以构造分有漏空栏杆扶手、栏板扶手和靠墙扶手等。

木扶手用木螺丝通过扁铁与漏空栏杆连接（图9-22a）；金属扶手则通过焊接或螺钉连接；靠墙扶手则靠预埋开脚扁铁用木螺丝来固定（图9-22c）；塑料扶手则直接卡接（图9-22b）。特别注意扶手端头与墙的连接，具体构造见图9-22（d）。

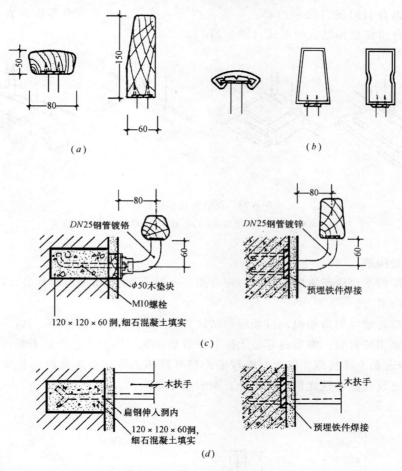

图9-22　栏杆及栏板的扶手构造
（a）木扶手；（b）塑料扶手；（c）靠墙扶手；（d）扶手端头连接构造

第三节　室外台阶与坡道

台阶与坡道都是设置在建筑物出入口处的辅助配件，根据使用要求的不同，在形式上有所区别。一般民用建筑，大多设置台阶，只有在车辆通行及特殊的情况下，才设置坡道，如医院、宾馆、幼儿园、行政办公大楼等处。

台阶和坡道在入口处对建筑物的立面还具有一定装饰作用，因而设计时既要考虑实用，还要注意美观。

一、台阶与坡道的形式

台阶由踏步和平台组成。其形式有单面踏步式、三面踏步式等（图9-23a、b）。台阶坡度较楼梯平缓，每级踏步高为100～150mm，踏面宽为300～400mm。当台阶高度超过1m时，宜有护栏设施。平台宽至少为大门洞口宽+500mm，平台进深门扇宽+500～600mm。

坡道多为单面坡形式，极少三面坡的，坡道坡度应以有利推车通行为佳，一般为1/10～1/8，也有1/30的（图9-23c）。有些大型公共建筑，为考虑汽车能在大门入口处通行，常采用台阶坡道相结合的形式（图9-23d）。

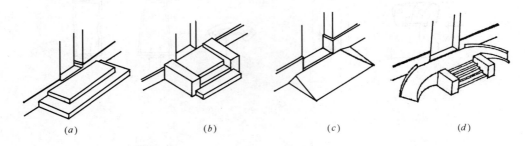

图9-23 台阶与坡道的形式
（a）三面踏步；（b）单面踏步；（c）坡道；（d）踏步与坡道结合

二、台阶构造

室外台阶的平台应与室内地坪有一定高差，一般为40～50mm。而且表面需向外倾斜，以免雨水流向室内。

台阶构造与地坪构造相似，由面层和结构层构成。结构层材料应采用抗冻、抗水性能好，且质地坚实的材料，常见的有粘土砖、混凝土、钢筋混凝土、天然石板及石块等（见图9-24）。普通粘土砖抗冻、抗水性能较差，容易损坏，即使做了面层也常会剥落，故除在某些次要建筑或临时性建筑中使用外，一般很少使用。

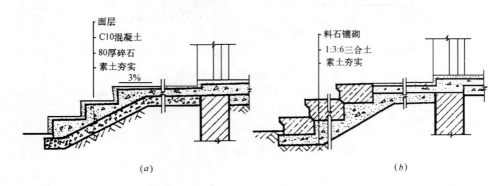

图9-24 各类台阶构造
（a）混凝土台阶；（b）条石台阶

面层应采用耐磨、抗冻材料。常见的有水泥砂浆、水磨石、缸砖以及天然石板等。水磨石在冰冻地区容易打滑，故应慎用，若使用时必须采取防滑措施。缸砖以及天然石板等，多用于公共建筑大门入口处。

为预防建筑物主体结构下沉时拉裂台阶，应待主体结构有一定沉降后，再作台阶。

三、坡道构造

坡道材料常见有混凝土或石块等，面层亦以水泥砂浆居多，对经常处于潮湿、坡度较陡或采用水磨石做面层的，在其表面必须作防滑处理，其构造见图9-25（a）、（b）。

图 9-25 坡道构造
（a）混凝土坡道；（b）防滑条坡道

第四节 电 梯

一、电梯的组成

电梯由轿厢、电梯井道及运载设备等三部分构成。电梯桥厢应造型美观，经久耐用，当今轿厢采用金属框架结构，内部用光洁有色钢板或不锈钢板，花格钢板地面，荧光灯局部照明以及不锈钢操纵板等。入口处则采用钢材或坚硬铝材制成的电梯门槛。

二、电梯井道构造

（一）井道的设计要求

电梯井道是电梯运行的通道，井道内包括出入口、电梯轿厢、导轨撑架、平衡锤及缓冲器等。不同用途的电梯，井道的平面形式是不同的，图9-26是客梯、货梯、病床梯和小型杂物梯的井道平面形式及基本组成。图9-27是电梯井道内部构成的示意图。电梯土建设计部分由机房、井道、地坑等部分组成，见图9-27（b）。

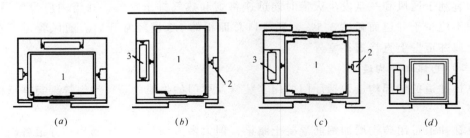

图 9-26 电梯分类及井道平面
（a）客梯；（b）病床梯；（c）货梯；（d）杂物梯
1—轿厢；2—导轨；3—平衡锤

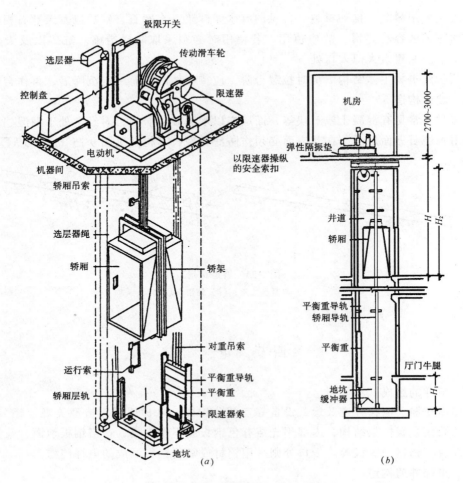

图 9-27 电梯井道内部示意及剖面
(a) 井道内部示意;(b) 电梯井剖面

电梯井道设计必须考虑防火要求。井道四周应为防火结构,同时当井道内超过两部电梯时,需用防火墙予以隔开。

为有利于通风和一旦发生火警时能迅速将烟和热气排出室外,井道内应设置通风口,其面积不应少于井道面积的 3.5%,通风口总面积的 1/3 应经常开启。通风管道可在井道顶板上或井道壁上直接通往室外。

(二) 电梯细部构造

电梯井道的细部构造包括厅门的门套装修及厅门的牛腿处理,导轨撑架与井壁的固结处理等。

电梯井道可用砖砌墙加钢筋混凝土圈梁,但大多为钢筋混凝土结构。井道各层的出入口即为电梯间的厅门,在出入口处的地面应向井道内适当挑出。

由于厅门系人流或货流频繁经过的部位,故不仅要求做到坚固适用,而且还要满足一定的美观要求。具体的措施是在厅门洞口上部和两侧装上门套。门套装修可采用多种做法,如水泥砂浆抹面、贴水磨石板、大理石板以及硬木板或金属板贴面。除金属板为电梯厂定型产品外，其余材料均系现场制作或预制。各种门套的构造处理见图9-28。

厅门挑出部分位于电梯门洞下缘，亦即乘客进入轿厢的踏板处，出挑长度随电梯规格而变，通常由电梯厂提供数据。其做法一般为钢筋混凝土现浇或预制构件，构造见图9-29。

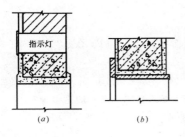

图9-28 电梯厅门套装修构造
（a）水磨石门套；（b）大理石门套

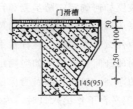

图9-29 厅门牛腿部位构造

小 结

本章着重讲述了楼梯、室外台阶与坡道、电梯三部分内容。

楼梯部分除有关设计内容外，重点讲了钢筋混凝土楼梯的构造。

1．楼梯是建筑物中重要的交通联系构件。它布置在楼梯间内，由楼梯段、平台和栏杆构成。

2．楼梯段和平台的宽度应按人流股数确定，且应保证人流和货物的顺利通行。楼梯段应根据建筑物的使用性质和层高确定其坡度，一般最大坡度不超过45°。梯段坡度与楼梯踏步密切相关，而踏步尺寸又与人行步距紧密相连。

3．楼梯的净高在平台部位应大于2m；在梯段部位应大于2.2m，在平台下设出入口时，当净高不足2m，可采用长短跑或利用室内外地面高差将室外的踏步移到室内等办法予以解决。

4．钢筋混凝土楼梯有现浇式和预制装配式之分，现浇式楼梯可分为板式梯段和梁板式梯段两种结构形式，而梁板式梯段又有双梁布置和单梁布置之分。

5．中、小型楼梯的预制构件可分为预制踏步和预制楼梯斜梁两种。预制踏步有实心三角形、空心三角形、L形和一字形踏步板等形式。预制斜梁有一字形梯梁和锯齿形梯梁，其构造方式有墙承式和梁承式两种。大型装配式楼梯梯段板常为一个构件、平台与平台梁合为一个构件，梯段板有板式和梁板式之分。

6．楼梯的细部构造包括踏面处理、栏杆与踏步的连接方式以及扶手与栏杆的连接等。

7．室外台阶与坡道是建筑物入口处解决室内外地面高差、方便行人进出的辅助构件，其平面布置形式有单面踏步式、三面踏步式、坡道式和踏步、坡道结合方式之分。构造方式又依其所采用材料的不同而有不同。

8．电梯是高层建筑的主要交通工具。由轿厢、电梯井道及运载设备等三部分构成。其细部构造包括厅门的门套装修、厅门牛腿的处理、导轨撑架与井壁的固结处理等。

对有关楼梯、台阶坡道、电梯等部分的构造应着重将各种细部大样图搞清楚。

复习思考题

1. 楼梯是由哪些部分所组成的？各组成部分的作用及要求如何？
2. 楼梯设计的要求如何？
3. 确定楼梯段宽度应以什么为依据？
4. 为什么平台宽不得小于楼梯段宽度？
5. 楼梯坡度如何确定？踏步宽和行人步距的关系如何？
6. 一般民用建筑的踏步高与宽的尺寸是如何限制的？当踏面宽不足尺寸时怎么办？
7. 楼梯为什么要设栏杆，栏杆扶手的高度一般是多少？
8. 楼梯间的开间、进深应如何确定？
9. 楼梯的净高一般指什么？为保证人流和货物的顺利通行，要求楼梯净高一般是多少？
10. 当底层平台下作出入口时，为增加净高，常采取哪些措施？
11. 钢筋混凝土楼梯常见的结构形式是哪几种，各有何特点？
12. 预制装配式楼梯的预制踏步形式有哪几种？
13. 预制装配式楼梯的构造形式有哪些？
14. 楼梯踏面的作法如何？水磨石面层的防滑措施有哪些？并看懂构造图。
15. 栏杆与踏步的构造如何？并看懂构造图。
16. 扶手与栏杆的构造如何？并看懂构造图。
17. 实体栏板构造如何？并看懂构造图。
18. 台阶与坡道的形式有哪些？
19. 台阶的构造要求如何？并看懂构造图。
20. 看懂坡道的构造图。
21. 常用电梯有哪几种？
22. 电梯井道要求如何？
23. 看懂电梯厅门套构造图。

楼梯构造设计任务书

题目： 楼梯构造设计

依下列条件和要求，设计某住宅的钢筋混凝土双跑楼梯。

（一）设计条件

该住宅为3层，层高为2.9m，楼梯间开间2.7m，进深5.4m，如图9-30。底层设有住宅出入口，楼梯间四壁均系承重结构并具防火能力。室内外高差450mm。墙厚均为240mm。

（二）设计要求

1. 根据以上条件，设计楼梯段宽度、长宽、踏步数及其高、宽尺寸。
2. 确定休息平台宽度。
3. 合理地选择结构支承方式。
4. 设计栏杆形式及尺寸。

（三）图纸要求

1. 用一张2号图纸绘制楼梯间顶层、2层、底层平面图和剖面图，比例1:50。

2. 绘制 2～3 个节点大样图，比例 1:10，反映楼梯各细部构造（包括踏步、栏杆、扶手等）。

3. 简要说明所设计方案及其构造作法特点。

4. 全部用铅笔完成，要求字迹工整、布图匀称，所有线条、材料图例等均应符合制图统一规定要求。

（四）几点提示

1. 楼梯选现浇，楼梯段结构形式可选板式，亦可选梁板式；
2. 栏杆可选漏空，亦可选实体栏板；
3. 底层出入口处地坪应与室外有高差，门上须设雨篷；
4. 楼梯间外墙可开窗，亦可作预制花格；
5. 平面图中均以各层地面为准表示楼梯上、下，并于上楼梯一边绘切断线；
6. 所有未提到部分均由自学者自定。

（五）主要参考资料

1. 建筑设计资料集（第 8 集），1996 年，中国建筑工业出版社。
2. 建筑楼梯模数协调标准（GBJ101—87），中国计划出版社。
3. 陕西省有关楼梯标准图集。

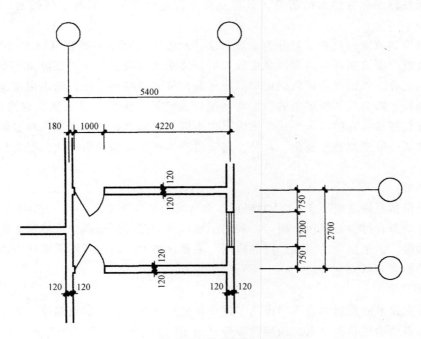

图 9-30　楼梯间平面

第十章 屋　　顶

屋顶是房屋顶部的外围护结构,其主要功能是抵御多种外界不利自然因素的影响,为顶层空间创造良好的使用环境。

第一节　概　　述

一、屋顶的类型

屋顶常按其外形和屋面防水材料分类。

按外形,屋顶一般分为坡屋顶、平屋顶和曲面屋顶。

1. 坡屋顶

坡屋顶是指屋面坡度在 1/12 以上的屋顶。传统建筑中的小青瓦和平瓦屋顶均属坡屋顶。坡屋顶在我国有着悠久的历史,且普及面大,至今在缺少钢材水泥的地区仍应用较广。

坡屋顶按其坡面的数量又可分为单坡屋顶、双坡屋顶和四坡屋顶(图 10-1)。房屋宽度不大时可选用单坡屋顶,当房屋宽度较大时,宜采用双坡屋顶或四坡屋顶。双坡屋顶有硬山和悬山之分,硬山指房屋两端山墙高于屋面,将屋顶端部封住;悬山则指屋顶两端悬挑在山墙以外。四坡屋顶指屋顶的四面均呈倾斜的坡面。庑殿和歇山屋顶也属四坡屋顶,这是中国古代建筑特有的屋顶形式。歇山屋顶不同于庑殿之处在于屋顶两端各增加一个山花板,使屋顶外形更加富于变化。此外,还有攒尖屋顶,如圆攒尖、四角攒尖、八角攒尖等等。

2. 平屋顶

平屋顶是指屋面坡度小于 1/12 的屋顶,最常用的坡度是 2% ~ 3%(图 10-1)。平屋顶的主要特点是节省材料,屋顶上面可以利用,如作屋顶花园,屋顶游泳池等。随着钢筋混凝土结构的推广,平屋顶已得到广泛的应用。平屋顶依檐口的处理不同可分为挑檐式、女儿墙式及挑檐女儿墙式三种。

3. 曲面屋顶

随着科学技术的发展和应用,出现了许多新型屋顶形式,如拱型屋顶、薄壳结构、折板屋顶、网架结构屋顶和悬索结构屋顶等等(图 10-1)。这些新型结构所形成的各种球形屋顶、曲面屋顶、折面屋顶,使屋顶外形变得更加丰富多彩。

按屋顶防水材料类型分,屋顶类型常有卷材防水屋面、粉末状材料防水屋面、刚性防水屋面、构件自防水屋面及瓦屋面等。

卷材防水屋面是用各种防水卷材或橡胶制品作为防水层,其具有一定的柔韧性和变形能力,故亦称为柔性防水屋面。刚性防水屋面用细石防水混凝土作防水层,成型后无柔韧性,故而称为刚性防水屋面。瓦屋面包括平瓦、小青瓦、筒瓦,各种波形瓦屋面,均以瓦

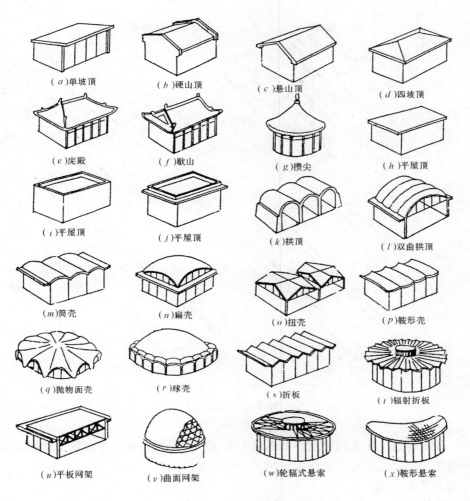

图 10-1 屋顶外形

材作防水层（图 10-2）。

二、屋顶的设计要求

屋顶的设计要求应从功能、结构、建筑艺术三方面考虑。

1. 功能方面

屋顶是建筑物的外围护结构，应能抵御自然界各种恶劣环境因素的影响，确保顶层空间的环境质量。

首先是能抵抗雨、雪、风、霜的侵袭，其中雨水对屋顶的影响最大，故排水与防水是屋顶设计的核心。在房屋建筑工程中，屋顶漏水甚为普遍，其原因虽是多方面的，但设计不当是引起漏水的主要原因之一。

其次是应能抵抗气温的影响，我国地域辽阔，南北气候相差悬殊，房屋应能作到冬暖夏凉，因此采取保温或隔热措施也成为屋顶设计的一项重要内容。

2. 结构方面

屋顶不仅是房屋的围护结构，也是房屋的承重结构，除承受自重外还需承受风荷载、

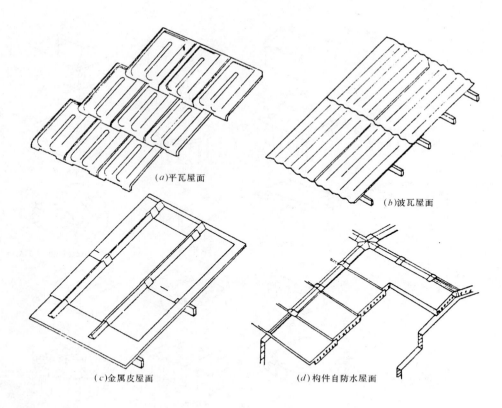

图 10-2 瓦材屋面

雪荷载、施工荷载，上人的屋顶还要承受人和家具设备的荷载。所以屋顶结构应有足够的强度和刚度，作到安全可靠，经久耐用。

3. 建筑艺术方面

屋顶的形式对建筑的造型有重要影响。变化多样的屋顶外形，装修精美的屋顶细部，是中国传统建筑的重要特征之一。在现代建筑中，如何处理好屋顶的形式和细部也是设计不可忽视的重要内容。

第二节 屋顶排水设计

为了迅速排除屋面雨水，保证水流通畅，减轻屋面防水的压力，需进行排水设计。其内容包括：选择屋顶坡度，确定排水方式，进行屋面排水组织设计。

一、屋顶坡度选择

（一）屋顶坡度的表示方法

常用的屋顶坡度表示方法有斜率法、百分比法等。斜率法以屋顶倾斜面的垂直投影长度与其水平投影长度之比表示。百分比法以斜率法中比值的百分数来表示。坡屋顶因坡度较大，而多用斜率法，平屋顶多用百分比法比较方便。

（二）影响屋顶坡度的因素

屋顶坡度大小应适当，坡度过小，因排水不畅而易漏水，坡度太大则会浪费材料，增加造价。屋顶坡度大小必须根据所采用的屋面防水材料的防水特性和当地降雨量两方面加以考虑。

1. 防水材料与坡度的关系

在常见的瓦材屋面、卷材屋面和混凝土屋面中，瓦屋面的拼缝比后两类屋面的多，漏水的可能性大，适当增加屋面坡度，以提高排水速度，减少渗漏机会，故瓦屋面常用较陡的坡度。卷材屋面和混凝土屋面基本上是整体的防水层，拼缝较少，故坡度可以小一些。表 10-1 表示各种屋面防水材料与坡度大小的关系。

2. 降雨量大小与坡度的关系

降雨量大的地区，屋顶坡度应陡些，使水流速度加快，防止屋面积水引起渗漏。反之，屋顶坡度宜小些。

综上所述，可以得出如下的规律：屋面防水材料分块越小的坡度宜大，反之宜小；小时降雨量大的地区坡度宜大，反之宜小。

屋面防水材料与坡度值的关系　　　　　　　　　　　表 10-1

屋面防水材料	适用坡度（$h:1$）	屋面防水材料	适用坡度（$h:1$）
小青瓦	≮1:2	金属板瓦	≮12.5
机平瓦	≮1:2.5	卷材	≮1:50，≯1:4
石棉水泥波形瓦	≮1:3	混凝土刚性防水屋面	≮1:30，≯1:12

（三）屋顶坡度的形成方法

屋顶坡度有结构找坡和材料找坡两种做法（图 10-3）。

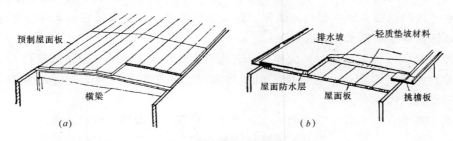

图 10-3　屋面坡度的做法
（a）结构找坡；（b）材料找坡

1. 材料找坡

材料找坡是指屋面板上表面呈水平状态，排水坡度由垫坡材料堆积而成，故又称垫置坡度，一般用于宽度较小的屋面。垫坡材料常选用廉价轻质材料，如水泥炉渣或石灰炉渣。找坡层最薄处不小于 20mm。

2. 结构找坡

结构找坡是指屋顶结构自身就带有排水坡度，例如在上表面倾斜的屋架或屋面梁上安装屋面板，屋面板表面即呈倾斜坡面，故又称搁置坡度。

上述两种找坡方法各有优缺点。结构找坡不必在屋面上另设找坡材料，其构造简单、自重轻，唯室内顶棚板是倾斜的，视觉效果稍差。材料找坡的优缺点与结构找坡的正相反，顶棚呈水平状态，室内空间形态规整，但找坡材料需增加屋面荷载，费工费料。这两种找坡方法在工程实践中均得到广泛采用。在坡屋顶、曲面和曲折屋顶中常用结构找坡。在平屋顶中，当宽度不大时，尤其是设有保温层时，常用材料找坡（有时保温层可兼找坡层），在无保温层的平屋顶中，宜用结构找坡，但若结构找坡有困难时，仍需用材料找坡。

二、屋顶排水方式

屋顶排水方式总体分为无组织排水和有组织排水两大类。

（一）无组织排水

无组织排水亦称自由排水，是指屋面雨水流至檐口后，不经组织直接从檐口滴落到地面的排水方式。无组织排水因不设天沟、雨水管来导流雨水，具有构造简单、造价低廉等优点。但也存在不足之处，例如自由下落的雨水经散水反溅常会侵蚀外墙脚部；从檐口下落雨水会影响人流交通；当建筑物较高，降雨量较大时，这些问题更为突出。

（二）有组织排水

有组织排水是指屋面雨水流至檐口后，又经檐沟、雨水管等排水设施流到地面的排水方式。其优缺点正好与无组织排水相反，由于其安全可靠，较易满足使用和建筑造型要求，所以在建筑工程中得到广泛采用。

有组织排水又因落水管的安放位置不同可分为有组织外排水、有组织内排水两类。

有组织外排水是将落水管设在室外，作法有檐沟外排水、女儿墙外排水多种。多用于比较温暖的地区。

有组织内排水是将落水管设在室内或隐设在墙柱构件内，做法亦多种多样。这种方式多用于高层建筑、多跨建筑和严寒多雪地区建筑的排水。

（三）排水方式的选择

排水方式的选择主要根据气候条件、建筑使用性质、质量等级等因素综合考虑，一般情况下多选用有组织排水，原因如下：

1. 临街建筑或檐下经常过人的建筑，宜用有组织排水，以避免雨水滴落行人身上。
2. 寒冷地区，雪雨季，为避免无组织排水时，易于结成冰柱，融化时易砸伤行人，故宜采用有组织内排水。
3. 高层建筑，雨水自由滴落时，会造成随意飘落，宜采用有组织排水。
4. 为了建筑形象美观，需设置女儿墙或复杂檐口时，宜采用有组织排水。

三、屋顶排水组织设计

排水组织设计就是把屋面雨水划分成若干个排水区，分别引向雨水管，使排水线路简捷，雨水管负担均匀，排水顺畅。为此，须选择适当的排水坡度，设置必要的天沟或檐沟、雨水口和雨水管，并合理地确定这些排水设施的数量、位置和规格大小，最后将有关内容绘制在屋顶平面图上。下面作一简要说明：

（1）划分排水区。其目的是便于均匀布置雨水管。排水区的面积大小一般按一个雨水口负担 $150\sim200m^2$ 来考虑。屋面面积按水平投影面积计算。

（2）确定排水坡数目。进深较小房屋常采用单坡排水，进深较大时，为了减少水流路线长度，宜采用双坡排水。

（3）确定檐沟纵坡。檐沟的功能是汇集屋面雨水，并使之迅速排离。沟底沿其长度方向应设适当排水坡，简称檐沟纵坡。檐沟纵坡不宜小于 0.5%，也不可大于 1%。

（4）落水管的大小和间距。传统的落水管材料有铸铁、镀锌铁皮、石棉水泥和陶土等几种，由于耐久性和安装等原因，已经被塑料所替代。落水管直径有 50、75、100、125、150、200（mm）等几种规格，民用建筑一般用 75mm 和 100mm 两种，最常用的是 100mm。

雨水管的数目与雨水口相等，其数目除按前述排水分区面积计算外，还应控制其最大间距，以减少天沟纵坡长度。一般情况下，民用建筑雨水管间距宜为 18～24m，挑檐平屋顶取大值，女儿墙平屋顶及内排水取小值。

第三节　卷材防水屋面的构造

在我国，根据建筑物的性质、重要程度、使用功能要求以及防水耐用年限等，常将屋面防水工程分为四个等级，见表 10-2。从Ⅰ级到Ⅳ级防水质量要求依次降低。不同的等级对防水材料亦有相应规定。

卷材防水屋面适用于防水等级为Ⅰ～Ⅳ级屋面防水。

用于卷材防水屋面的防水卷材通常有：沥青防水卷材、合成高分子防水卷材及合成橡胶三种类型，其中沥青卷材因缺陷较大而被宣布淘汰，代之以后两种新型防水卷材。目前国内使用较普遍的是改性沥青防水卷材。

屋面防水等级和设防要求　　　　　　表 10-2

项　目	屋　面　防　水　等　级			
	Ⅰ	Ⅱ	Ⅲ	Ⅳ
建筑物类别	特别重要的民用建筑和对防水有特殊要求的工业建筑	重要的工业与民用建筑、高层建筑	一般的工业与民用建筑	非永久性的建筑
防水屋面耐用年限	25 年	15 年	10 年	5 年
防水层选用材料	宜选用合成高分子防水卷材、高聚物改性沥青防水卷材、合成高分子防水涂料、细石防水混凝土等材料	宜选用高聚物改性沥青防水卷材、合成高分子防水卷材、合成高分子防水涂料、高聚物改性沥青防水涂料、细石防水混凝土、平瓦等材料	应选用三毡四油沥青防水卷材、高聚物改性沥青防水卷材、合成高分子防水卷材、高聚物改性沥青防水涂料、合成高分子防水涂料、沥青基防水涂料、刚性防水层、平瓦、油毡瓦等材料	可选用二毡三油沥青防水卷材、高聚物改性沥青防水卷材、沥青防水涂料、沥青基防水涂料、波形瓦等材料
设防要求	三道或三道以上防水设防，其中有一道合成高分子防水卷材、且只能有一道厚度不少于 2mm 的合成高分子防水涂料	二道防水设防，其中应有一道卷材。也可采用压型钢板进行一道设防	一道防水设防或两种防水材料复合	一道防水设防

一、卷材防水屋面的组成和做法

以改性沥青为代表的新型防水卷材，均具有耐高温，低温柔性好，抗拉力强，延伸率好，单层使用寿命达 15~20 年以上等优势，使得卷材防水屋面的组成和做法有了质的突破。首先是新型防水卷材所做防水层只需一层，耗材量与自重均有所减少；其次是粘贴方法可改为冷法施工，降低难度和劳动强度；第三是卷材上表面保护工程更加简化。

就总体构造组成而言，卷材防水屋面均采用多层构造特征。构造层次的多少和各层的具体做法应根据屋顶的使用性质而定，例如上人和非上人屋面、保温与非保温屋面、结构找坡还是材料找坡，反映在构造层次上必然有所区别。

北方地区的卷材防水屋顶重点需解决好防水排水、保温隔热、结构承重等技术问题。构造做法也带有明显的地区性特点。

图 10-4 为这种屋面的具体做法，从下至上依次做法为：

1. 结构层

卷材防水层应铺设在刚性好、变形小的结构层上。结构层多用钢筋混凝土现浇或预制楼板。其要求和做法与楼板层类似，由结构设计而定。

2. 保温层

其主要作用是保温。保温层一般设在结构层以上，防水层以下。常用的保温材料有散状的膨胀蛭石、膨胀珍珠岩等；块状的泡沫混凝土块、加气混凝土块、水泥膨胀珍珠岩块等。

保温层的厚度须经建筑热工计算而定，其计算方法与外墙相似。实际设计中，均可从各省相应的标准图中查得。

3. 找平层

卷材防水层对其基层有两个要求：一是要有一定的强度承受施工荷载；二是要求其表面平整，以便粘贴卷材。在一般情况下，无论承重层还是保温层都不能同时满足上述两个要求，这就需设找平层。

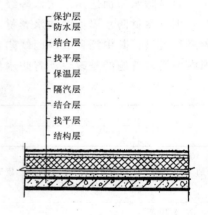

图 10-4 卷材防水屋面构造

找平层的做法是采用水泥砂浆、细石混凝土或改性沥青砂浆；当基层为整体现浇混凝土结构时，厚度取 15~20mm；装配式混凝土结构板或松散材料保温层时取 20~30mm；而整体或块状保温材料时 20~25mm。细石混凝土的厚度还需稍大些。

4. 防水层

其主要功能是防水。改性沥青类防水卷材的品种常用 APP 改性沥青防水卷材和 SBS 改性沥青防水卷材。合成高分子防水卷材的品种用三元一丙、聚氯乙烯等。应根据当地历年最高气温、最低气温、屋面坡度和其他使用条件等选择耐热度和柔性合适的卷材品种和牌号。

改性沥青卷材的铺设方向与屋面坡度及主导风向有关，一般由檐口至屋脊平行于屋脊铺设，搭缝均应背向主导风向。上下层左右接缝亦应错开，上下搭接 80~120mm，左右搭接 100~150mm。当屋面坡度大于 3% 时，可垂直于屋脊方向铺设。

卷材的粘贴方式有三种：一是冷粘法，二是热熔法，三是自粘法。冷粘法是专用胶粘剂，分别涂刷于基层表面和卷材底面，将卷材粘于基层上。因其免除了现场加热沥青和对环境的污染，劳动强度轻而倍受欢迎。热熔法是用特别火焰加热器使卷材底面熔融，继而粘于基层以上，操作上简便易行。自粘法则是卷材底面附有胶粘剂，使用前底面上带有自粘胶底面隔离纸，粘贴时撕去隔离纸就可粘贴。目前，冷粘法和热熔法粘贴质量可靠，因此使用较多。

5．保护层

为提高卷材防水层的表面耐气候性，常在卷材上设保护层。

上人屋面与非上人屋面的主要区别是保护层的材料与构造不同（图10-5）。非上人屋面需涂刷涂料类保护屋，如苯丙乳；上人屋面要求平整、耐磨、防滑、耐水和美观。常见做法有：

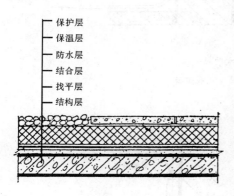

图10-5 上人平屋顶构造

（1）预制混凝土板（400mm×400mm×30mm），用20mm厚1:3水泥砂浆铺实粘牢。

（2）现浇30~40mm厚细石混凝土。

（3）铺设缸砖，以水泥砂浆做结合层。

当保护层为整体现浇式时，应进行分格，以防变形引起损坏，分格缝间距为每2m左右。

二、卷材防水屋面的细部构造

卷材屋面的细部，主要包括屋面上的泛水、檐口、雨水口、变形缝等部位。这些部位要对卷材防水层进行收头、转折，甚至开口等处理，如果处理不当或稍有不慎极易埋下渗漏的隐患。下面就这些细部构造加以说明：

（一）泛水构造

泛水系指屋面防水层与高出屋面构件垂直相交处的防水处理。此处最易漏水，必须将卷材防水层延伸到立墙上，形成立铺的防水层。共构造要点如下：

（1）应附加一层防水卷材；

（2）屋面与立墙相交处应将找平层做成直径不小于150mm的圆弧形或45°斜面，避免90°转角，以防卷材转折时被折断或产生空鼓；

（3）卷材在垂直面的立铺高度至少是250mm；

（4）卷材的收头要固定牢固，谨防脱落；

（5）收头上方墙体均应做好防水处理。

现以常见的女儿墙泛水为例作以介绍：

当女儿墙为砖墙时，泛水常有两种构造做法，如图10-6所示。其中图（a）的特点是女儿墙较低，可直接将卷材铺压在女儿墙压顶下，并对压顶做防水处理。此法不需钉子钉，但要求压顶板要盖过卷材。图（b）的特点是在女儿墙适当部位处留通长凹槽，卷材收头应压入凹槽内固定密封，凹槽上部的墙体亦应做防水处理。

但是用新型防水胶粘材料把卷材直接粘贴在抹灰层上，也是一种有效的泛水处理方法（图10-7）。

（二）檐口构造

卷材防水屋面的檐口一般有无组织排水和有组织排水两种做法。

1．无组织排水檐口

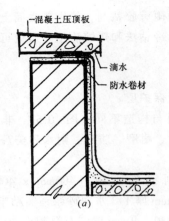
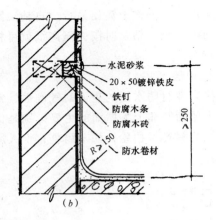

图 10-6 女儿墙泛水收头
(a) 低女儿墙做法；(b) 高女儿墙做法

无组织排水檐口的卷材收头极易脱胶，造成粘贴不牢而"张口"，出现漏水现象。加强收头处理的做法有三种（图10-8）。其中图（a）是在挑檐上用细石混凝土或水泥砂浆做一凹槽，将卷材粘贴在槽内，上面用油膏嵌缝。这种做法的缺点是嵌缝油膏一旦开裂或流淌，卷材收头处易出现"张口"现象，引起漏水。为了防止"张口"现象，图（b）在前一种做法的基础上用钉子固定油毡，即在檐口内预埋木砖，在木砖上钉通长木条，将油毡收头钉于木条上，最后嵌填油膏。这种做法耐久性较好。

图（c）这种做法是在图（b）的基础上再包一层镀锌铁皮，以保护檐口。铁皮上方凸起

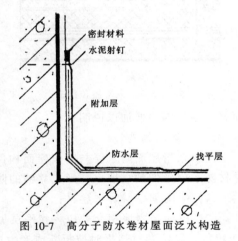

图 10-7 高分子防水卷材屋面泛水构造

形成保护棱，使油毡收口处不易被大风吹翻。为了提高铁皮的抗风能力，还应在铁皮下面先钉上L形或T形铁撑托，铁撑托用钉子固定在木条上。

2. 有组织排水檐口

有组织排水的檐口常常将檐沟布置在出挑部位，现浇钢筋混凝土檐沟板可与圈梁连成整体，如图10-9所示。而预制檐沟板则需搁置在钢筋混凝土挑梁上。

挑檐沟构造应注意以下要点：1）檐沟应加铺1~2层附加卷材；2）沟内转角部位找平层应作成圆弧形；3）为了防止檐沟外壁的卷材下滑或脱落，应对卷材的收头处采取固定措施。

卷材收头固定措施如图10-10所示。其中图（a）为水泥砂浆封口，易开裂造成渗漏。图（b）为防水卷材油膏压盖做法，油膏易流淌。图（c）和（d）为水泥钉固定封口，中距为500mm，上覆水泥砂浆或油膏保护。在上述四种方法中，因（c）质量可靠操作方便，目前使用较为普遍。

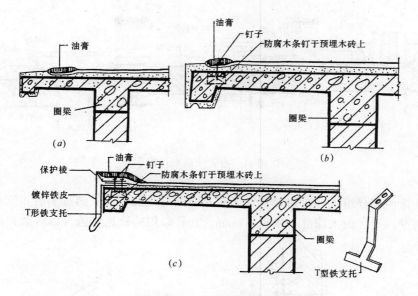

图 10-8 无组织排水檐口做法

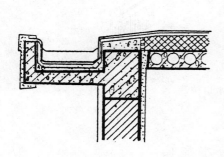

图 10-9 有组织排水挑檐口构造

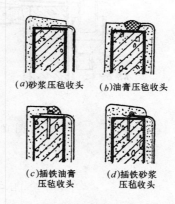

图 10-10 挑檐沟卷材收头构造

（三）雨水口构造

雨水口是屋面雨水汇集并排至雨水管的关键部位，构造上要求排水通畅，防止渗漏和堵塞。雨水口通常是定型产品，分为直管式和弯管式两类，直管式适用于挑檐沟和女儿墙内檐沟，弯管式只适用于女儿墙外排水。

1. 直管式雨水口

直管式雨水口一般用铸铁或 2mm 厚钢板或塑料制造，有各种型号，根据降雨量和汇水面积进行选择。雨水口处应比檐沟面低一些，有垫坡层或保温层的屋面可在雨水口周围直径 500mm 范围内减薄，形成漏斗形，使之排水通畅，避免积水。雨水口四周须加铺一层防水卷材，并铺至雨水口内。缺口和交接处可用防水涂料嵌缝，再用带箅铁罩压盖（图 10-11）。

2. 弯管式雨水口

弯管式雨水口呈 90°弯曲状，如图 10-12。弯管式雨水口多用铸铁或钢板制造，由弯曲

201

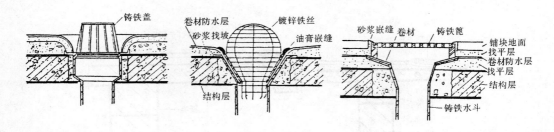

图 10-11 直管式雨水口构造

套管和铸铁箅两部分组成。弯曲套管置于女儿墙预留孔洞中，屋面防水层和泛水卷材应铺贴到套管内壁四周，铺入深度不少于100mm。套管口用铸铁箅遮盖，以防杂物堵塞水口。

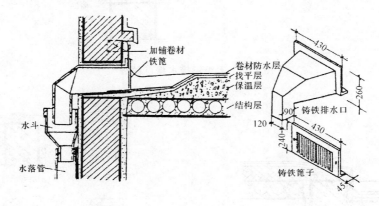

图 10-12 弯管式雨水口构造

第四节 刚性防水屋面

刚性防水屋面是指用防水砂浆或配筋现浇细石混凝土作防水层的屋面，因混凝土抗拉强度低，属于脆性材料，故称为刚性防水屋面。这种屋面的主要优点是构造简单，施工方便，造价低，耐久性好，但容易开裂，尤其在气候变化剧烈、屋面基层变形大的情况下更是如此。所以刚性防水屋面多用于南方地区，而很少用于北方。有关规范规定，刚性防水屋面适用于防水等级为Ⅲ级的屋面防水。

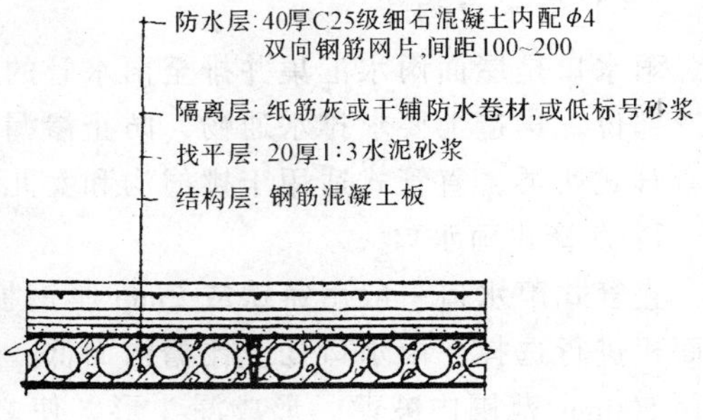

混凝土刚性防水屋面的构造层次和做法如图 10-13 所示。

图 10-13 刚性防水屋面构造

（1）结构层——采用现浇或预制钢筋混凝土屋面板。

(2) 找平层——当结构层采用预制混凝土板时,应作找平层,即厚度为20mm的1:3水泥砂浆。

(3) 浮筑层——浮筑层和隔离层,系为了减少结构层变形对防水层的不利影响,常设在结构层与防水层之间。隔离层可要用纸筋灰、低标号砂浆,或薄砂层上干铺一层卷材等做法。当防水层中加有膨胀剂时,其抗裂性能有所改善,也可不做隔离层。

(4) 防水层——采用C20细石混凝土整体现浇,其厚度不宜小于40mm,并应配置$\phi 4 \sim \phi 6$,间距为100~200mm的双向钢筋网片,以防混凝土收缩产生裂缝。细石混凝土防水层宜掺膨胀剂、减水剂、防水剂等外加剂,其目的是提高混凝土的抗裂和抗渗能力。为提高防水层的抗变形能力还须设置表面分格缝(图10-14)。其细部构造可参见各省标准图集。

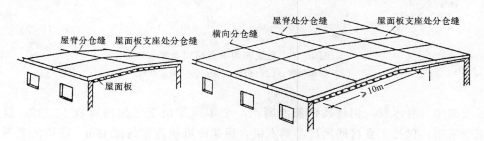

图10-14 刚性防水屋面分格缝

第五节 瓦材屋面构造

所谓瓦材屋面是指采用各种瓦形材料作为防水层的屋面。瓦材屋面所使用的瓦材包括传统粘土瓦(小青瓦和平瓦)、防水卷材瓦、波形瓦及压型钢板等。

瓦屋面的构造原理是在屋面基层上铺设各种瓦材,瓦材之间互相搭接以防止雨水渗漏。瓦材屋面具有构造简单,传统瓦材取材容易,现代瓦材质轻块大、施工简便之特点,我国传统建筑广泛采用瓦材屋面成为一大特色,现代建筑有些也采用瓦材屋面以减轻屋盖自重。

尽管如此,瓦材屋面终因其接缝多,极易构成屋面防水薄弱环节,一般仅适合Ⅱ~Ⅳ级防水屋面,且构造上常使屋面坡度增大,多以坡屋顶形式出现。

瓦屋面的构造组成,概括起来包括屋顶承重结构、屋面基层和屋面防水层等三个组成部分。现分述如下:

一、瓦屋面的承重结构

瓦屋面的承重结构采用何种形式与构造不仅与瓦材的防水性质、规格及自重等有关,还与建筑的空间形态及其划分、屋顶承重结构用材等多种因素有关。总体而言,瓦屋面的承重结构可分为桁架结构、梁架结构和空间结构等几种结构系统(图10-15)。当房屋内部需要通畅的大空间(如教室、会议室、食堂餐厅等)时,常采取桁架结构(图10-15b),其特点是桁架式屋架上弦间设置檩条来构成屋面承重结构。当房屋内部采用小开间横墙承重时,可将横墙砌至屋顶以代替屋架,这种结构形式称为横墙架檩(图10-15a)。传统建筑中许多采用木柱、木梁、木檩条构成的梁架结构(图10-15c),也称穿斗结构。在大跨度建筑中现在也常有采用网架、悬索等空间结构。在大量性民用建筑中应用最为广泛的属屋架檩条结构。

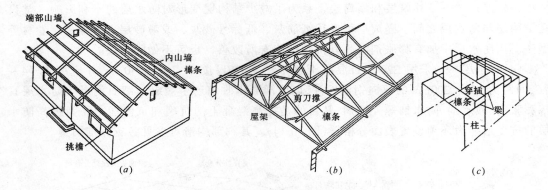

图 10-15 瓦屋面的承重结构系统
(a) 横墙结构；(b) 桁架结构；(c) 梁架结构

屋架的用材有木材、钢材及钢筋混凝土。全木屋架由于适用跨度较小（12m以下），现已很少采用，仅见于乡村间民房。钢木组合屋架则可使跨度超过18m，应用的范围大大加强。而当房屋跨度更大时，则必须采用钢筋混凝土屋架或钢屋架，见图10-16。

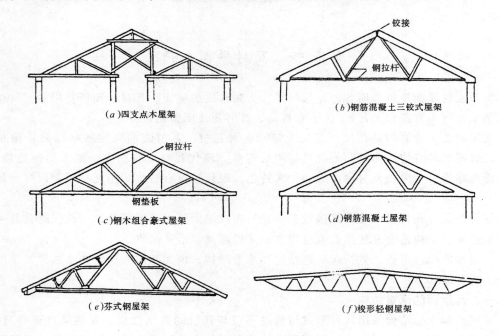

图 10-16 屋架形式

檩条亦称桁条，可用木、钢或钢筋混凝土制作。为使檩条与屋架连接方便之故，檩条材料一般尽可能与屋架材料相同。图10-17给出几种常见檩条的形式。木檩条的跨度一般不超过4m，钢或钢筋混凝土檩条跨度一般不超过6m。檩条的间距应视屋面基层材料和构造而定，木檩条的间距一般在 600~1000mm 之间。钢和钢筋混凝土檩条间距可达 2000mm 左右。

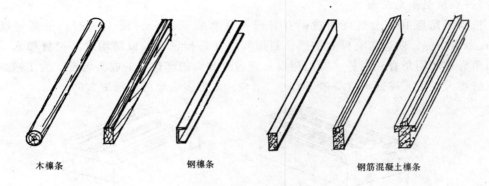

图 10-17 檩条形式

屋架与檩条的布置方式视屋顶的形式而定，双坡屋顶布置较简单，按开间尺寸等间距布置屋架即可。四坡顶、歇山顶、丁字形交接的屋顶和转角屋顶的结构布置则比较复杂，其布置见图 10-18。以四坡屋顶的屋架布置为例（图 10-18c），屋顶尽端三个斜面均呈 45°坡面相交。此处的屋架不能使用全屋架，而多采用半屋架、梯形屋架、斜大梁或角屋架，以适应多坡相交屋面的构造。

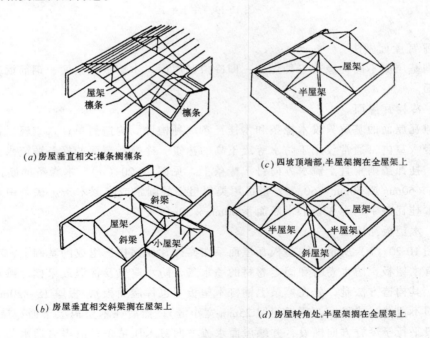

图 10-18 屋架和檩条布置

二、瓦屋面的基层和防水层

瓦材屋面的基层构造组成取决于瓦材的特性和防水质量要求，瓦材规格越小，基层构造组成越是复杂，但若瓦材规格巨大，且刚度强，则其基层构造组成就比较简单，甚至取消基层，将瓦材直接铺设在屋架的檩条上。下面着重介绍机制平瓦屋面和波形大瓦屋面。

（一）机制平瓦屋面

机制平瓦是由黏土焙烧而成，有普通平瓦和脊瓦之分（图10-19）。平瓦的规格为230mm×400mm，四边带有榫和沟槽，利用其相互搭扣密合，以防雨水从接缝渗入。脊瓦有阳角脊瓦和阴角脊瓦两种，专门用以处理屋脊和沟槽部位瓦的收头铺盖。为了减少雨水自瓦缝渗入，平瓦屋面坡度一般不宜小于1:2，多雨多雪地区则需更大些。

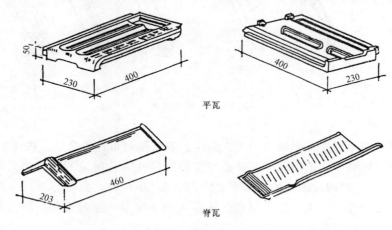

图 10-19　黏土平瓦

1．平瓦屋面做法

根据基层的不同构造有三种做法：即冷摊瓦屋面、木望板瓦屋面、钢筋混凝土挂瓦板平瓦屋面。

（1）冷摊瓦屋面

冷摊瓦屋面的基层只设木椽条和木挂瓦条两种构件。构造简单，自重轻，但雨水易从瓦缝中浸入室内，通常仅用于防水等级不高的建筑。冷摊瓦屋面的椽条顺流水方向镶钉在檩条上，挂瓦条则垂直于流水方向钉于椽条上，见图10-20（a）。木椽条的断面尺寸一般为40mm×60mm或50mm×50mm，也可用类似粗细的圆木或半圆木条。椽条中距为400mm左右。木挂瓦条中距为330mm，断面系30mm×30mm。

（2）木望板瓦屋面

如图10-20（b）所示，木望板瓦屋面系在冷摊瓦屋面构造组成的基础上，在平瓦的下部增设有木望板，防水卷材和固定卷材的顺水条，防水避风及保温效果比冷摊瓦屋面要改善许多。其构造方法是，先在檩条上铺钉木望板（也称屋面板），板厚15～20mm，望板可密铺（即不留缝）或稀铺（望板间留25mm宽小缝）；然后在木望板上于铺一层防水卷材，卷材一般平行于屋脊方向铺设，并顺屋面水流方向钉木压毡条，故得名顺水条。顺水条断面为30mm×15mm，中距500mm；其余各层与冷摊瓦屋面相同。加铺防水卷材的作用是，即使有少量雨水从瓦缝渗下或经瓦体渗下，也可导至屋面檐口排下。

木望板瓦屋面比冷摊瓦屋面优越之处在于，所增设的一层防水卷材，作为防水的第二道防线，故防水性能更加可靠。当木望板承载能力较大或檩条间距较小时，可取消椽条，

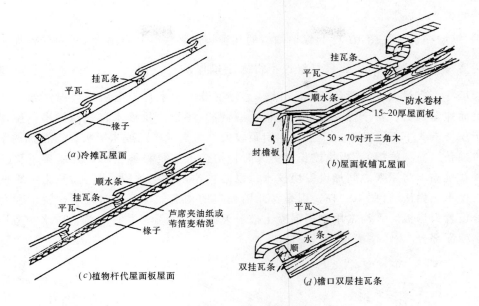

图 10-20 木基层平瓦屋面

将木望板直接铺钉在檩条上。很明显,木望板瓦屋面多用于防水质量要求较高的建筑中。

(3) 钢筋混凝土挂瓦板平瓦屋面(图10-21)

钢筋混凝土挂瓦板平瓦屋面的挂瓦板可做成预应力或非预应力混凝土构件,此挂瓦板系板肋结构,小肋用以挂铺平瓦。在小肋的根部预留有泄水孔,直径约 10~20mm,以便排除瓦面渗漏下的雨水。挂瓦板的断面形式有 π 形、T 形和 F 形等多种,板肋中距为 300mm,板缝用 1:3 水泥砂浆填实。这种钢筋混凝土挂瓦板是一种集檩条、望板和挂瓦条于一身的多功效构件,使用后可以节约大量木材,且构件的承载力和刚度均较好,尤其在木材短缺地区具有一定的推广价值。

2. 平瓦屋面的细部构造

平瓦屋面的细部主要包括檐口、天沟、斜沟和屋脊等部位,构造的要求是过渡平顺、防水可靠。

(1) 檐口构造

瓦屋面的檐口根据外墙与屋面的构造关系可分为纵墙檐口和横墙檐口,又都包括挑檐口或女儿墙檐口,下面简单介绍有关构造

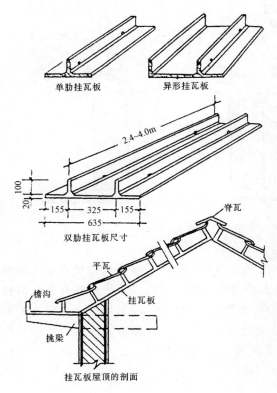

图 10-21 钢筋混凝土挂瓦板平瓦屋面

要点。

1) 纵墙檐口——图 10-22 为纵墙檐口的几种构造做法,其中图（a）为砖砌虎头墙式挑檐,砖每皮外挑 60mm,出挑总量也不得大于墙厚的 $\frac{1}{2}$。图（b）为椽条外挑挑檐,其出挑长度亦不宜过大,一般约 600mm 以内。为使最下层平瓦与上层瓦坡度一致,并为美观起见而掩盖椽头,常于椽头设置封檐板。图（c）特设一挑檐木将檐口挑出。挑檐木一般置于屋架端头下部,此时由于挑檐木间距较大,为支承椽条或木望板,需在挑檐木端头设檐口檩条（简称檐檩）。当挑檐长度更大时,构造上需要将挑檐木离开屋架下移一段距离,并在挑檐木与屋架之间加设一块撑木,以防挑檐木发生倾覆。图（d）为承重横墙上设置挑檐木之做法。（图 10-24c）则是女儿墙檐口的构造做法,此时,须在屋架和女儿墙相接处设置天沟板。天沟常用钢筋混凝土槽形天沟板,系标准构件,沟内防水构造详见卷材防水屋面部分。

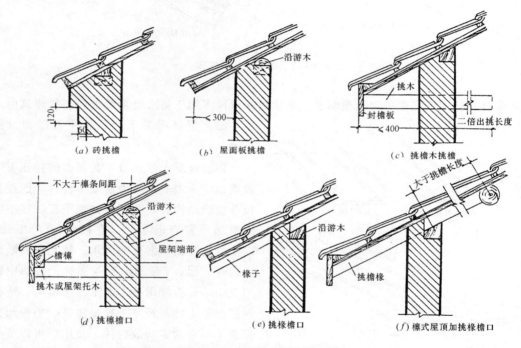

图 10-22 平瓦屋面纵墙檐口构造

2) 山墙檐口——山墙檐口按屋顶形式分为硬山和悬山两种,亦即挑檐口和女儿墙檐口形式（图 10-23）。其中图（a）、（b）系硬山檐构造,女儿墙檐口须将山墙升起,以包住檐口,形成女儿墙,女儿墙与屋面交接处应作好泛水处理。图（a）用砂浆粘贴小青瓦以成泛水,图（b）则用水泥石灰麻刀砂浆抹成泛水。图（c）为悬山屋顶的山墙檐口构造,这里,一般先将檩条向山墙外挑出,檩条端部钉木质封檐板,沿山墙挑檐最外一行瓦,须用 1:2.5 水泥砂浆做成披水线,将瓦封固好。

(2) 天沟和斜沟构造

瓦屋面,当出现等高跨或高低跨相交时,时常会形成天沟,而当两个转折屋面相交时

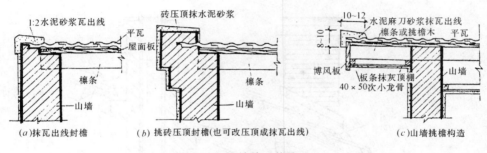

图 10-23 山墙檐口构造

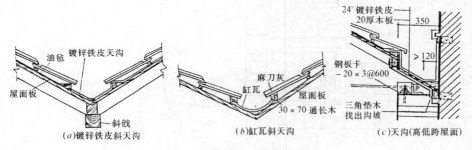

图 10-24 天沟、斜沟构造

则会形成斜沟（或斜脊），此处是雨水的汇集处，防水构造十分重要。图10-24给出几种常见的天沟、斜沟构造做法，以下几点需要注意事项应给予重视：

1）沟道需要足够的断面积，上口宽不宜小于300～500mm，以满足容水量需要。

2）天沟防水材料可用镀锌铁皮，防水卷材或定型钢筋混凝土天沟板。镀锌铁皮或防水卷材做防水时，必须固定牢靠，且伸入瓦材下面的搭接长度应大于150mm。

3）高低跨处的天沟务必做好泛水处理，谨防因防水材料收头脱落而造成渗漏。

(3) 烟囱或管道出屋面处构造

遇到烟囱或管道出屋面时，需解决好防水甚至防火问题。尤其是防火处理，因屋面木质基层需与烟囱接触，可能引起火灾。据《民用建筑设计防火规范》要求，木质基层距烟囱内壁应保持足够距离（≥370mm），如图10-25所示。另外，为了确保不致造成烟囱四周渗漏，在烟囱与屋面交接处应作好泛水处理，此处常因屋面与烟囱或管道变形不协调而出现裂缝，构造上要求除采用水泥石灰麻刀砂浆抹面外，加涂防水涂料也是必要的。

(二) 波形瓦屋面

波形瓦材包括石棉水泥瓦、塑料瓦、玻璃钢瓦或金属瓦等，其中石棉水泥波形瓦在我国应用较为广泛。石棉水泥瓦依其波形的大小分作大波、中波和小波三种基本规格，见表10-3。石棉水泥瓦的规格尺寸较平瓦大得多，一般长在1200～2800mm之间，宽在700～1000mm之间。本身具有一定的刚度，其构造特点较平瓦的简单，只需将波形瓦直接铺钉在檩条上，而非设置椽条、望板、挂瓦条等，见图10-26。檩条的间距视波形瓦的长度规格而定，每张波形瓦至少应呈三点支承，亦即需支承在三根檩条上。

波形瓦材与檩条的固定方法多采用螺丝或螺栓固定法。但固定时应考虑温度变化引起的变形，将瓦上所开钉孔直径做得比螺钉螺栓直径大2～3mm，且应将孔钻在瓦的波峰上。

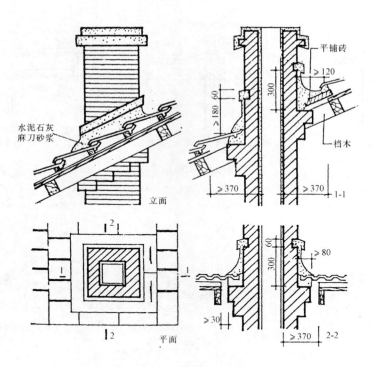

图 10-25 烟囱出屋面构造

石 棉 瓦 规 格　　　　　　　　　表 10-3

瓦材名称	规　格（屋面坡度 1:2.5~1:3）						
	长（mm）	宽（mm）	厚（mm）	弧高（mm）	弧数（个）	角　度	重量（kg/块）
石棉水泥大波瓦	2800	994	8	50	6		48
石棉水泥中波瓦	2400	745	6.5	33	7.5		22
石棉水泥中波瓦	1800	745	6	33	7.5		14.2
石棉水泥中波瓦	1200	745	6	33	7.5		10
石棉水泥小波瓦	1800	720	8	14~17	11.5		20
石棉水波小波瓦	1820	720	8	14~17			20
石棉水泥瓦	850	180×2	8			120~130	4
石棉水泥脊瓦	850	230×2	6			125	4
石棉水泥平瓦	1820	800	8				40~50

　　石棉水泥波形瓦材的搭接长度按规定，上下排之间不应小于 100mm，左右之间大波和中波瓦至少搭接半个波，小波瓦则至少搭接一个波，搭接方向应顺着当地主导风向，以减免雨水倒灌，如图 10-26（b）、（c）所示。

　　石棉水泥瓦屋面具有质轻、块大、构造简单等优点，但易脆裂，保温与隔热性能较差，故主要应用于不需要保温与隔热的临时性建筑，如简易性库房、自行车棚或工棚等。

　　因篇幅所限，石棉水泥瓦的细部构造不再介绍。

　　除波形石棉水泥瓦以外，玻璃钢瓦和塑料瓦不但有质轻，还有透明或半透明之特性，

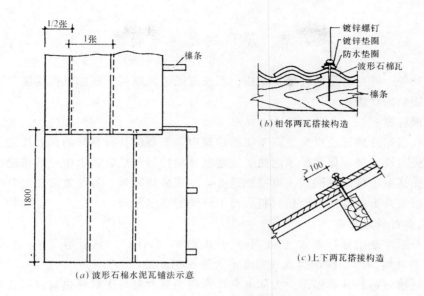

图 10-26 波形石棉水泥瓦屋面构造

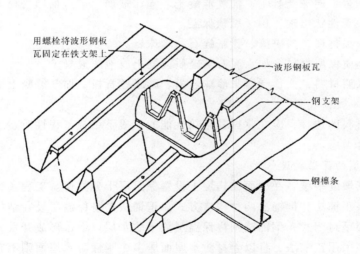

图 10-27 压形钢板瓦屋面构造示意图

可作屋顶采光材料使用。金属瓦（如压型钢板瓦）具有质轻、规格巨大（一般宽 1000mm，长则 20 余米）、防震、防水性能好，彩瓦还有色彩丰富、不生锈等特性，国外早已广泛采用，国内亦有大面积推广，如配合大型轻钢结构使用的超市、商业集中式仓库等，但在工业厂房中的使用则优势明显，使用量较大。

图 10-27 为压型钢板瓦的构造示意图，可见这种瓦的支承还需要在钢檩条上安置与瓦材相配套的金属支架及檐口密封条带等。

工程实践证明，金属波形板瓦屋面具有十分广阔的应用前景。

第六节　屋顶的保温与隔热

屋顶同外墙一样是房屋的外围护结构，不仅应能遮风避雨，还应根据地区气候不同分别具有保温隔热的功能。

一、屋顶保温

在冬季气候寒冷地区或设置空调系统的建筑中，屋顶应具有良好的保温性能，以防止室内热量散失过快过多。保温屋顶的热工问题在环境控制与热物理学中一般按稳态传热原理来考虑。提高屋顶保温性能的主要措施是提高屋顶的热阻值，为此常需在屋顶中增设保温层。保温层通常为铺设一层绝热材料或设不流动的空气间层。

（一）绝热材料的类型

绝热材料通常是指导热系数（λ）不大于 $0.23W/(m·K)$，热阻值（R）不小于 $4.35(m^2·K)/W$ 的材料，尚应满足其表观密度不大于 $600kg/m^3$。

建筑用绝热材料的种类很多，大体上分作有机绝热材料与无机绝热材料两大类。有机绝热材料品种有聚苯乙烯泡沫塑料、轻质钙塑板、轻质纤维板等；无机绝热材料则有膨胀蛭石、膨胀珍珠岩、泡沫混凝土、加气混凝土、泡沫玻璃、矿渣棉和岩棉等。这些绝热材料可以不同的表观性状出现，用于屋顶保温。

（1）散料保温材料，如矿渣、膨胀蛭石和珍珠岩。

（2）现浇轻质保温材料，如水泥石灰轻质混凝土或泡沫混凝土。

（3）板块保温材料，如预制膨胀珍珠岩板、膨胀蛭石板、加气混凝土块、泡沫塑料块材或板材。

对于保温材料的选择，应在掌握其绝热性能的前提下结合工程性质、工程造价、具体部位等因素综合考虑。

（二）平屋顶的保温构造

平屋顶因其坡度平缓，在屋面结构层上设置保温层十分方便。工程实践中根据保温层具体位置不同有正铺法和倒铺法两种构造方式。正铺法是将保温层设在结构层以上，防水层以下，保温层呈封闭式；倒铺法则将保温层置于防水层以上，形成开敞式保温层。平屋顶的保温构造多采用正铺法，且以卷材防水屋面居多，刚性防水屋面则不宜设保温层。

正铺法卷材平屋顶保温屋面构造层次为（从下至上）结构层、保温层、防水层（图10-28）。

由图可见，保温屋面在构造上与非保温屋面的不同之处，在于增加了保温层以及其上下的找平层和隔汽层。由于保温层质地松软，强度低，表面也不够平整，因此在其上须进行找平后方可铺设防水层；保温层下设隔汽层，其目的在于防止室内空气中过多的水蒸气，随热气流外传，通过屋面板的缝隙或孔隙渗入保温层。保温材料一旦浸水而含湿量增大，保温效果便会大为降低。残存于保温层当中的多余水因受防水层的封盖不易蒸发掉，夏季太阳暴晒后极易产生水蒸气，伴随着的膨胀可能会造成卷材防水层的起鼓甚至开裂。基于上述两方面原因，宜在保温层下铺设隔汽层。

另外为了有效地防止保温层因室内渗入过多水分，或者保温材料及找平层未彻底干透就得铺设防水层，以致残存水无法散发出去的工程缺憾，可在保温层中设排汽通道构成排

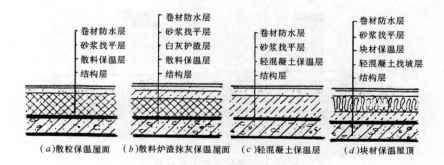

图 10-28 卷材平屋顶保温构造做法

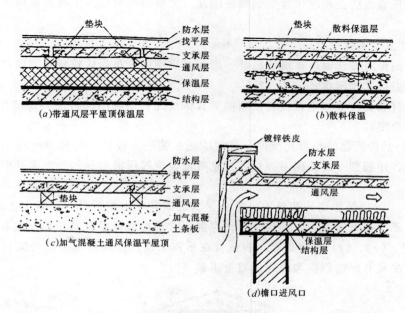

图 10-29 保温层排汽构造

汽屋面，见图10-29。图中花铺基层卷材，采用带砂砾卷材基层有一定的效果；讲究的则在保温层上设砾石或陶粒透气层，或者在保温层中设排汽道，效果较为显著。排汽道宽约60mm，深度与保温层同厚，排汽道内常填充大粒炉渣。

倒铺法保温屋面，其构造层次为结构层、防水层和保温层（图10-30）。倒铺法得名于其构造层次与常规做法层次相反，优点在于防水层铺在保温层以下，使其免受太阳辐射和气候变化的不利影响，不易损坏，耐久性大大增强。据此，工程界有不少专家认为"倒铺法"保温屋面是一种值得研究与推广的屋面。不过这种屋面必须选用吸湿性低、耐候性强的憎水性保温材料，一般还须经耐日晒、雨雪、风力、温度变化和冻融循环试验合格，如聚氨酯和聚苯乙烯泡沫塑料，而不宜采用加气混凝土或泡沫混凝土等吸湿性很强的保温材料。另外，在保温层上须做较重的保护层，以防保温层表面破损并延缓其老化过程，还可使保温屋在雨中不致漂浮，通常可选择大粒径的石子或混凝土作保护层。

因倒铺法保温屋面需采用高质量保温材料，工程造价较高，我国目前仅在重要工程中

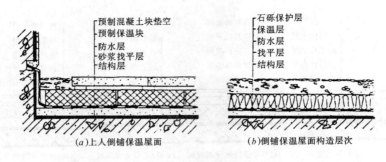

(a) 上人倒铺保温屋面　　　(b) 倒铺保温屋面构造层次

图 10-30　倒铺法保温卷材屋面

采用，北京长城饭店主楼屋顶就是倒铺法屋面，大量性民用建筑工程的使用还受到一定限制。

（三）坡屋顶的保温构造

坡屋顶的保温设计因屋顶坡度较徒，屋面基层刚度较小而比较特殊，即在防水层下结构层上设保温层比较困难。

根据瓦材屋面特征和是否设置吊顶棚等具体情况有多种不同做法，现结合图 10-31 所示情况简单介绍如下：

图（a）是传统建筑小青瓦屋面，其做法是在基层上铺设一层厚厚的粘土稻草泥，除粘接瓦片外，还起到一定的保温效果，少见有铺设纯粹保温材料的，原因是保温材料易滑移。

图（b）、(c)是普通平瓦屋面，常将保温层铺设在木望板以下，檩条之间的空间里，保温层靠钉于檩条下表面的木板层支承，保温层常选松散保温材料，如干锯末或蛭石等。

图（d）、(e)、(f)是将保温材料铺设在吊顶上面，保温材料可用松散材料或板块材料。这种做法具有保温隔热和吸声的双重工效。

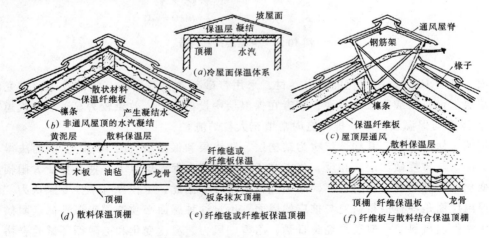

图 10-31　坡屋顶保温构造

二、屋顶隔热

夏季，特别是我国南方炎热地区，在太阳辐射热和室外空气温度的综合作用下，从屋顶传入室内的热量远比墙体的多，易使室内过热，影响室内工作和生活的条件，因此屋顶的隔热与降温问题尤为突出，必须从构造上采取措施，以降低这一影响。

屋顶隔热降温的基本原理是设法减少太阳辐射热对屋顶的热作用，有效降低屋顶内表面温度，并且求得屋顶内表面最高温度发生时间的延迟。屋顶隔热降温的构造措施分为实体材料隔热屋面、通风间层隔热屋面、反射降温屋顶和蒸发散热降温屋顶等几种类型。

（一）实体材料隔热屋顶（图 10-32）

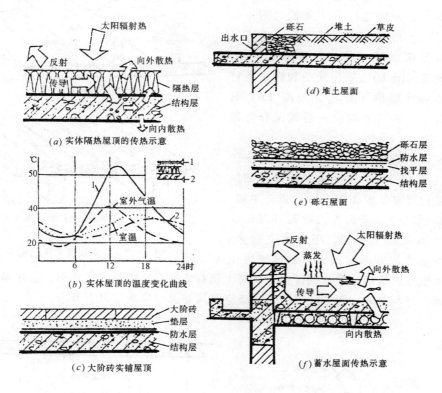

图 10-32 实材隔热屋顶

充分利用实体材料的蓄热性能和热传导中的时间延迟性能，可使实体材料隔热屋顶在太阳辐射下，内表面温度较外表面温度有较大的降幅，内表面出现最高温度的时间延迟 3～5 小时。一般材料表观密度越大，蓄热系数越高，其热稳定性较好。但自重大的材料夜间室内气温降低时，屋顶内蓄热又要向室内散发。故实体材料隔热屋顶只能适用于夜间不使用的房间，如办公室等。

常见的实体材料隔热屋顶有如下几种做法：

大阶砖或混凝土板实铺屋顶（图 c）；

堆土屋面，植草后散热更好（图 d），多用于土材丰厚的乡村建筑；

砾石层屋面（图 e），多见于河川丘岭地区。

（二）通风层降温屋顶

通风层降温屋顶就是在屋顶中设置通风间层，利用热压和风压原理，使间层通风，散发热量，使屋顶变为两次传热，以减低屋面内表面温度，从而达到隔热降温的目的。通风面层通常有两种设置方式。

1. 架空通风间层隔热屋顶

即在结构层上面设置通风间层,通过通风间层的空气对流,达到隔热降温目的。

坡屋顶的瓦屋面可做成双层或单层架空(图10-33),屋檐设进风口,屋脊设出风口,使瓦底面的温度有所降低(图 a)。在钢筋混凝土槽板上覆以弧形瓦,集通风降温与排泄雨水于一体,斜顶底面平整,有利于观瞻(图 b)。采用椽条和檩条下钉纤维板作隔热层顶(图 c),与图(b)具有同等效果。后两者均应做通风屋脊方能有效。

平屋顶一般采用预制板块架空搁在防水层上(图10-34),这种架空层对屋面防水层和结构层有保护作用。架空板有平板、折板、曲板之分。平板为大阶砖(现已少见)和预制混凝土平板,用垫块支起来。若将垫块沿水流方向铺砌成条状气流进出通畅。折板和曲板则多为水泥砂浆或混凝土预制成槽形、弧形或三角形,盖在屋面上作为通风屋顶,材料节省,便于施工。设计架空通风降温层应满足以下要求。

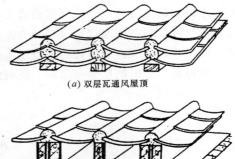

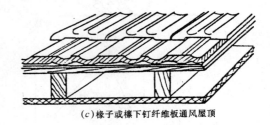

图 10-33 瓦屋面通风隔热构造

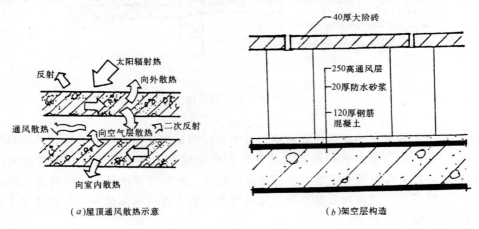

图 10-34 平屋顶通风降温构造

(1)架空屋面的净高应随屋面宽度和坡度大小而变化,屋面愈宽,坡度愈大,净高宜稍大些,一般以 180~240mm 为宜。当屋面宽度大于 10m 时,应设置高差通风脊,以改善通风效果。

(2)为了保证通风的流畅,必须在架空层周边和大面上适当位置设一定数量的通风孔。檐口为女儿墙形式时，通常在离女儿墙500mm范围内不铺架空板，以利空气对流。

（3）支承隔热板的支座宜做成条状垄墙，见图10-34（b）。当架空层的进风口正对当地夏季主导风向时，条状垄墙架空层的通风效果提高显著。有的采用墩式支架，但因易形成紊流而影响气流速度。

2．吊顶棚通风隔热屋顶

利用吊顶棚与屋面之间的空间作通风隔热层，可以起到与架空通风层同样的降温效果。图10-35给出几种常见示例。通常采用在外墙上、坡屋顶的挑檐顶棚上及山墙上，或在屋顶上设进排风口，以利通风，具体构造就不再介绍了。

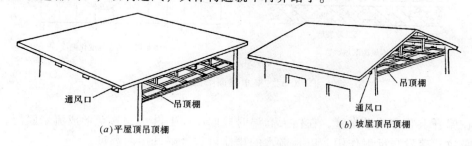

图10-35　顶棚通风隔热屋面

（三）反射降温屋面

利用屋顶表面材料的颜色和光滑度对太阳热辐射的反射作用，对平屋顶的隔热与降温也有一定的效果。在设计中采用浅颜色的砾石铺面、刷白色涂料的钢筋混凝土屋面对隔热降温均有显著效果。如果能在通风屋顶的基层加铺一层铝箔底板，则可利用二次反射作用，屋顶的隔热效果将会得到进一步的改善（图10-36），表10-3给出屋面常用材料与色彩的辐射热反射率，仅供设计时参考。

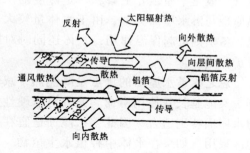

图10-36　反射屋顶降温示意

屋面材料的反射率　　　　　　　　　　　表10-4

屋面表面材料与颜色	反射率（%）	屋面表面材料与颜色	反射率（%）
沥青、玛琋脂	15	石灰刷白	80
油　毡	15	砂	59
镀锌薄钢板	35	红	25
混　凝　土	35	黄	65
铝　箔	89	石棉瓦	34

（四）蒸发散热降温屋面

蒸发散热降温屋面系在平屋顶上设置水体或含水固体材料，利用水体吸收大量太阳辐射和室外空气所含热量，通过水体的蒸发相变，将热量散发到空气中去，以减少屋顶的吸热量，从而达到降温隔热的目的。

蒸发散热、降温屋顶构造上常有如下几种形式：

1. 淋水屋面（图10-37）

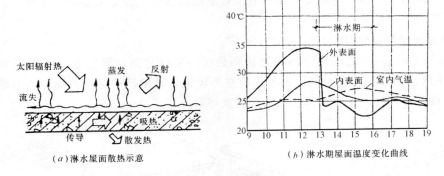

（a）淋水屋面散热示意

（b）淋水期屋面温度变化曲线

图10-37 淋水屋面降温示意

即在屋脊上装有喷淋水管，在白天高温时段向屋面上淋水，甚至形成流水膜层，利用水层的吸收、蒸发与反射作用，以及流水的排泄可有效降低屋面温度。

2. 蓄水屋面（图10-38）

蓄水屋面与淋水屋面不同之处在于其需要在屋顶（一般是平屋顶）上蓄积一定深度的水体，其降温原理与淋水屋面类似，由于水体量较大，夏季降温、冬季则可起保温作用，水体还同时对防水层起保护作用。

总之，蓄水屋面的优点是既隔热，减轻防水层开裂又能延长其使用寿命。尤其对水硬性的混凝土防水屋面特别适合，因此蓄水屋面适宜在我国南方地区采用。如果在水体中种植水生植物，还可利用植物的吸热遮阳作用，使隔热降温效果更加显著。

在构造要求上，蓄水屋面水体厚度一般宜为150～200mm。基层结构宜采用刚性防水屋面，为便于检修与管理，屋面应划分成若干个蓄水区，每区约10m见方，蓄水区的分仓壁上留设过水孔，使各蓄水区水体连通。蓄水屋面四周应做女儿墙，女儿墙上应做好泛水，且要求泛水至少高出蓄水表面100mm。

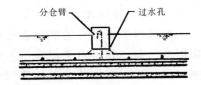
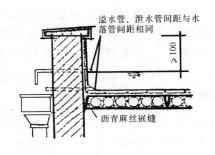

图10-38 蓄水屋面

小　结

1. 屋顶按外形分为平屋顶、坡屋顶和曲面屋顶。平屋顶的坡度 $<\frac{1}{12}$，坡屋顶的坡度 $>\frac{1}{12}$，曲面屋顶有多种，坡度随外形变化。屋顶按防水材料分为卷材防水屋面、刚性防水屋面、构件自防水屋面和瓦材防水屋面。

2．屋顶的设计应该满足排水防水、保温隔热、坚固耐久和造型美观等要求。

3．屋顶排水设计的主要内容有：屋面坡度的选择与形成、排水方式的选定、绘制屋面排水平面图。每个雨水口可负担约 $200m^2$ 的屋面雨水，雨水管的间距取 18～24m；檐沟纵向坡度取 0.5%～1%。

4．卷材防水屋面适合于防水等级为Ⅰ～Ⅳ级的平屋顶。新型防水卷材常只需单层设防，其构造做法是防水层下需作找平层，上面应设保护层，非上人屋面常涂刷涂料，上人屋面需铺地面。保温层铺设在防水层以下时须加设隔汽层；铺在以上时须选用不透水的保温材料。卷材防水屋面的细部构造对防水至关重要。包括泛水、檐沟、雨水口、檐口、变形缝等。

5．混凝土刚性防水屋面多用于我国南方地区，为了防止开裂，常在防水层中加钢筋网片、设置分格缝等。分格缝应在屋面板的支承处，屋面坡度转折处。分格缝的间距不大于 6m。

6．瓦屋面的承重结构有屋架、檩条等。粘土平瓦屋面基层有冷摊瓦式，木望板式，挂瓦板式。波形瓦尤其是压型钢板瓦屋面具有广阔的应用前景。波形瓦多直接铺在檩条上，瓦材用螺钉固定。

7．平屋顶的保温层常铺设在结构层上，坡屋顶时可铺于瓦下或吊顶上。屋顶隔热降温的主要方法有：实体材料隔热、空气间层通风降温、蓄水降温、屋面种植、反射降温。

复习思考题

1．屋顶外形有哪些形式？注意各种形式的特点和应用范围。
2．屋顶设计应满足哪些要求？
3．影响屋顶坡度的因素有哪些？各种屋顶的坡度值是多少？屋顶坡度的形成方法有哪些种？注意各种方法的优缺点比较。
4．什么叫无组织排水和有组织排水？它们 优缺点和适用范围是什么？
5．常见的有组织排水方案有哪几种？各适用于何种条件？
6．屋顶排水设计的内容与要求是什么？
7．如何确定雨水口与雨水管的数目和尺寸大小？
8．卷材防水屋面的构造层有哪些？各层如何做法？上人的、不上人的、保温的和不保温的卷材防水屋面在构造层次上和做法上有什么不同？
9．为什么要设隔汽层、卷材防水屋面为什么要考虑排汽措施？如何做法？
10．卷材防水屋面的泛水、天沟、檐口、雨水口等细部构造要点是什么？
11．何谓刚性防水屋面？刚性防水屋面的构造层有哪些？各层如何做法？
12．刚性防水屋面容易开裂的原因何在？可以采取哪些构造措施预防开裂？
13．为什么要在刚性屋面的防水层中设分格缝？分格缝应设在哪些部位？
14．瓦层面的承重结构系统有哪几种？注意根据不同的屋顶形式来进行承重结构的布置。
15．试比较平瓦屋面、波形瓦屋面的基层做法特点，并用图来加以表示。
16．平屋顶与坡屋顶的保温有哪些构造做法（用构造图表示）？各种做法适用于何种条件？
17．平屋顶与坡屋顶的隔热有哪些构造做法（用构造图表示）？各种做法适用于何种条件？

屋顶构造设计任务书

（一）目的要求

练习屋面排水组织设计和屋顶节点构造详图设计。

（二）设计内容

根据附图（某中学平立剖面图）完成以下设计内容：（2号图一张，铅笔线条）

1．屋顶平面图 1:200。

2．屋顶节点构造详图（选择有代表性的详图 2~4 个）1:10。

（三）屋顶排水方案选择（采用有组织排水）

1．防水层方案：卷材防水屋面或刚性防水屋面。

2．排水方案：檐沟外排水，或女儿墙外排水，或女儿墙内排水。

3．隔热保温方案：根据学生所在地区气候条件考虑是只隔热或只保温，或既保温又隔热。保温方案：选择保温材料与构造做法。隔热方案：架空通风隔热屋面、吊顶通风屋面或蓄水隔热屋面。

（四）图纸深度要求

1．屋顶平面图

（1）画出屋顶排水系统：包括屋脊线、坡面流水方向箭头、坡度值、雨水口位置、天沟纵坡及坡度值。突出屋顶上的结构物应加以表示。

（2）采用刚性防水屋面应画出纵横分格缝。

（3）采用蓄水屋面除画分格缝外，还应画分仓壁、过水孔、溢水孔、泄水孔。

（4）采用架空隔热屋面，应在屋顶平面图一角表示架空层。

（5）标出二道尺寸（轴线尺寸，雨水口到附近轴线的距离）。

2．节点构造详图

根据所选择的排水方案画出具有代表性的节点构造详图，如雨水口及天沟详图、女儿墙泛水详图、高低屋面之间泛水详图、上人孔详图、楼梯间出屋面详图、分格缝详图（刚性防水屋面）、分仓壁及过水孔详图（蓄水屋面）等。

每一详图应反映构件之间的相互连接关系、屋面的构造层次及各层做法，被剖切部分应反映出材料符号，标注各部分的尺寸。

（五）参考资料

1．《建筑设计资料集第三集》（中国建筑工业出版社 1978）第 54~61 页。

2．各地现行屋面标准设计图集。

附图：某中学立面图、底层平面图、三层局部平面图。教室与办公部分不同层高，采用增设踏步办法以协调，见图10-39 平、立、剖面图示意。

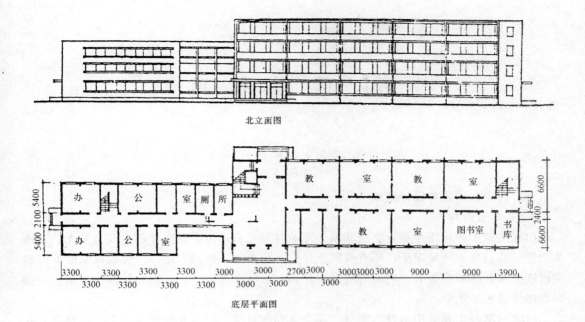

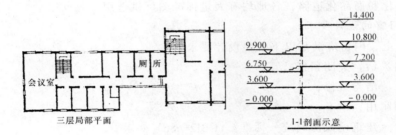

图 10-39 某 18 班中学平、立、剖面图

第十一章 门 和 窗

第一节 概 述

一、门窗的作用和设计要求

(一) 门窗的作用

门在建筑中的作用主要是交通联系，并兼有采光和通风。窗的作用主要是采光、通风及观望。它们在不同情况下，还有分隔、保温、隔声等不同的作用。门窗对建筑的外观和室内造型及装修影响很大，它们的尺度、比例、形状及组合，透光材料的品种类型，均影响着建筑的艺术效果。

门窗的材料主要采用木材、钢材、铝合金和塑料等。门窗在制作生产上，已经走上标准化、规格化和商品化道路，各地均有大量标准图可供选用。

(二) 门窗的设计要求

在构造上，门窗应满足以下主要设计要求：

1. 开启灵活，关闭紧密；
2. 便于清洁与维修；
3. 坚固耐用；
4. 符合《建筑模数协调统一标准》(GBJ2—86) 要求。

二、门窗的类型与开启方式

(一) 门的类型与开启方式

门的类型常按材料分：有木门、钢门、铝合金门、塑钢门和玻璃门。木质门制作方便，造价低廉，亲切宜人；钢门尤其是彩钢门，强度高，表面质感细腻，美观大方；铝合金门尺寸精确，密闭性良好，轻巧灵便；玻璃门平整透光，美观大方。

门的开启方式常见的有如图 11-1 中几种：

(1) 平开门——特点是制作简便，开关灵活，构造简单，大量用于人行、车行之门，有单扇、双扇及内开、外开之分。

(2) 弹簧门——门扇装设有弹簧铰链，能自动关闭，开关灵活，使用方便，适用于人流频繁或要求自动关闭的场所。弹簧门有单面、双面及地弹簧门之分。

(3) 推拉门——特点是门扇在轨道上左右水平或上下滑行，开启不占室内空间，但构造复杂，五金零件数量多。居住类建筑中使用较广泛。

(4) 转门——系 3 至 4 扇门组合在中部的垂直轴上，作水平旋转，其特点是对隔绝室内外气流有一定作用，但构造复杂，造价昂贵，多见于标准较高的、设有集中空调或采暖的公共建筑的外门。

(5) 卷帘门——它是由很多金属页片咬接而成，开启时，门洞上方的转轴将页片向上

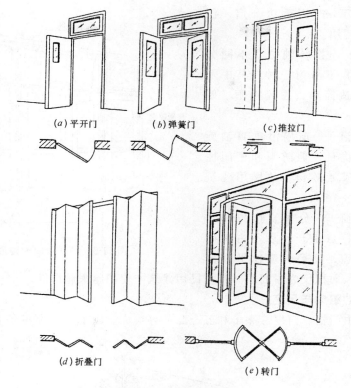

图 11-1 门的开启形式

卷起。其有电动、手动和链条传动等开关方式,常用于人流频繁,常开少关的建筑(如商业建筑)大门。

(二)窗的类型与开启方式

窗的材料类型与门相似。

窗的开启方式有图 11-2 所示几种:

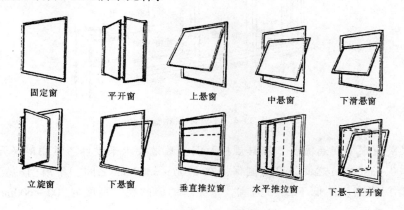

图 11-2 窗的开启方式

(1)平开窗——有内外开之分,以外开者较为常用。构造简单、开启灵活、制作安装维修方便,使用十分广泛。

223

（2）固定窗——因无法开启，仅作为采光和眺望用。

（3）悬窗——按转轴位置不同分为上悬、中悬和下悬窗三种，其中上悬和中悬窗构造简单，通风挡雨，使用较为普遍。

（4）立旋窗——窗扇沿垂直轴旋转，通风效果优良，但防雨和密闭性较差，且不易安装纱窗，故民用建筑使用不多。

（5）推拉窗——分垂直推拉和水拉推拉两种，特点是开启后不占室内空间，受力合理，窗扇玻璃比平开窗的稍大，但通风面积仅为窗面积一半。民用建筑中使用越来越广泛。

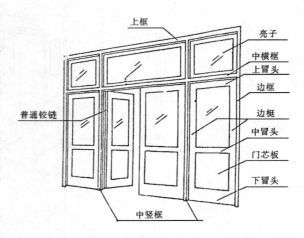

图 11-3　平开木门的构造组成

三、门窗的组成与尺度

门一般是由门框、门扇、亮子和五金配件等组成。图 11-3 是平开门各组成部件示意。

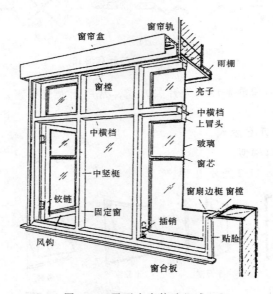

图 11-4　平开木窗构造组成

门的尺度应根据交通需要、家具规格及安全疏散要求来设计。常用的平开木门的洞口宽一般在 700~3300mm 之间，高度则保持在 2100~3300mm 之间。单扇门的宽度一般不超过 1000mm，门扇高度不低于 2000 为宜，带亮子的门的亮子高度为 300~600mm，具体尺度可查阅当地标准图集。

窗子一般由窗框、窗扇、玻璃和五金配件等组成，图 11-4 给出平开木窗各组成部件示意。

窗子的尺度一般应根据采光通风、结构构造、模数制和建筑立面造型等因素来确定。

一般平开窗的窗扇宽度为 400～600mm，高度为 800～1500mm，亮子窗高约 300～600mm。固定窗和推拉窗扇尺度可适当大些。窗洞口常用宽度 600～2400mm，高度则为 900～2100mm，基本尺度以 300mm 为扩大模数。选用时可查阅当地窗标准图集。图 11-5 为我国平开木窗标准尺寸表，仅供参考。

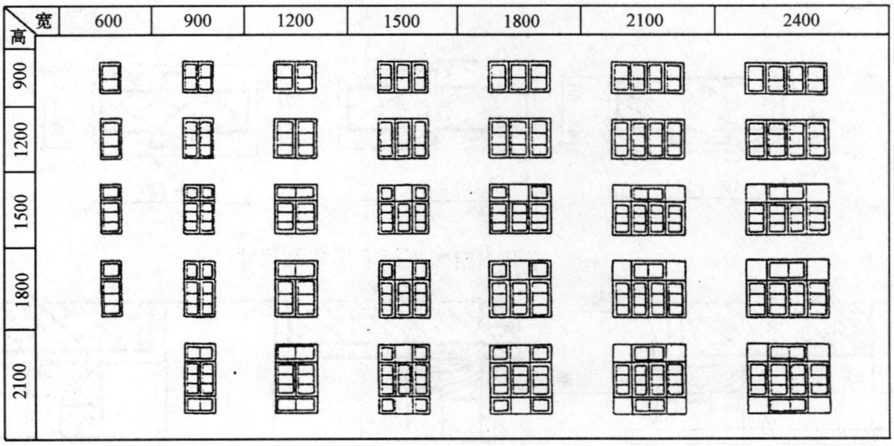

图 11-5 平开木窗标准尺寸表

第二节 窗 的 构 造

一、木窗构造

木窗以平开木窗使用最广，多采用杉木和松木制作，下面以此为典型介绍木窗构造。

（一）窗框

1. 窗框的组成

窗框是窗的骨架，安装固定于墙洞里，以便安装及支承窗扇，其组成与窗扇的数量、性质和组合方式有关，一般多由上、下框，边框，中横框和中竖框等组成，相互间以卯榫方式连接，见图 11-4。

2. 窗框的断面形式与尺寸（图 11-6）

一般单层窗的边框和上下框厚约 40～60mm，宽度为 70～100mm，中横框、中竖框因设有双裁口而其厚度应增加 10mm。双层窗的框料宽度比单窗增加 20～30mm。

窗框的一侧设有裁口，以便固定窗扇，裁口的宽与扇宽相同，深约 10mm；靠墙一侧为防止胀缩变形开设槽口，另外为使墙面粉刷与框的嵌封，特设有灰口。

3. 窗在墙的安装位置（图 11-7）

窗在墙体中的位置有三种：内平、外平和居中等。内平即窗框内表面与墙体内表面齐平，内开窗时窗扇开启后可紧靠墙面，不占空间。外平时，窗框外表面与墙体外表面平齐，外开窗扇开启角度较大。居中则立于洞口墙厚中部，优点是可设内外窗台板，内开窗扇开启后须占室内空间，使用效果差。

4. 窗框的防水处理（图 11-8）

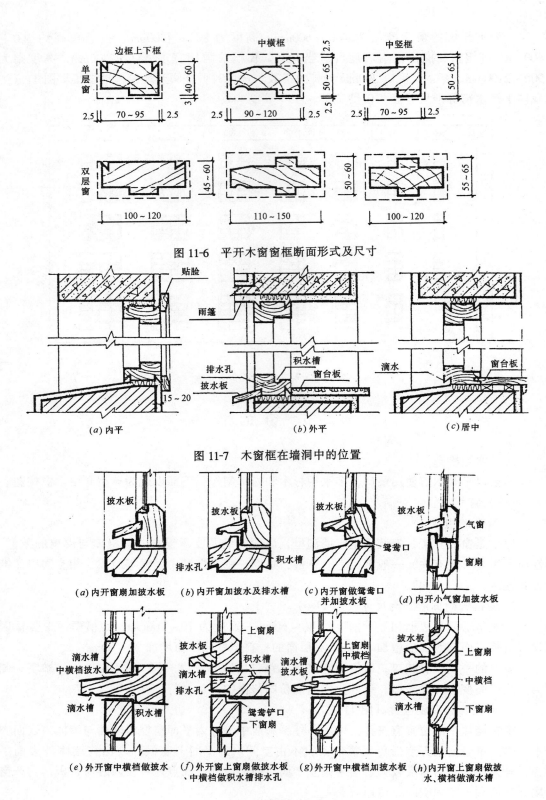

图 11-6 平开木窗窗框断面形式及尺寸

图 11-7 木窗框在墙洞中的位置

图 11-8 平开木窗防水措施

外开窗的上口及内开窗的下口，是防水的薄弱环节，雨水易从此渗入室内。一般须采取必要的防水措施，主要是在窗扇下冒头外面加设披水板，下边框设积水槽及排水孔，中横框做披水及滴水。这些特殊构造看似烦琐，但对防水防渗却十分必要。

（二）窗扇

窗扇是窗的活动部件，并有玻璃扇、纱扇和百叶扇等多种：

1. 窗扇的组成

窗扇一般由上下冒头，边挺，窗芯及玻璃组成（图11-9），木件之间以卯榫连接，玻璃则镶钉于扇上。

2. 窗扇的断面形状与尺寸

窗扇料的宽度约为35～42mm，常取40mm，上下冒头及边框的厚度一般为50～60mm，下冒头若加披水板，可较上冒头加厚10～25mm，窗芯的宽度约为27～40mm。

为镶嵌玻璃，在冒头，边梃和窗芯上，刨出10～12mm深的裁口，裁口宽度一般为12～16mm，且不超过扇料宽的1/3。裁口多设在外侧，为减少木料的挡光和美观需要，尚可做线脚（图11-10）。

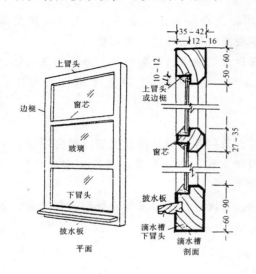

图11-9 单层平开木窗玻璃扇的
组成及断面形式

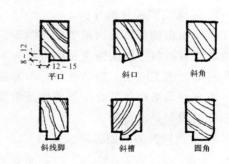

图11-10 扇的线脚

3. 窗玻璃选择与安装

平开窗扇的玻璃一般采用2～3mm厚平板玻璃，常用玻璃厚度为3mm，当玻璃面积大于0.5m^{2}时，则用3～5mm厚玻璃。除普通平板玻璃外，还有磨砂玻璃、压花玻璃、夹丝玻璃、吸热玻璃、有色玻璃及双层中空玻璃等，以满足各种需要。

窗上玻璃一般多用铁钉镶钉，再施玻璃泥（桐油石灰泥）镶嵌。讲究者则可用小木条镶钉。

（三）五金

木窗上装有各种五金零件，以便于启闭时的转动，固定和推拉。如各种铰链，插销，风钩，风撑及推拉用拉手等。

木窗除平开窗外，尚有悬窗，立旋窗，推拉窗等，构造上虽与平开窗有所区别，但框扇的主要构造基本一致，这里不再一一讲述，设计需要时可查阅当地木窗标准图集，均有详细介绍。

二、金属窗和塑料窗

随着新材料、新技术的不断发展,现代建筑对门窗的要求也越来越高,木质门窗已远远不能适应对其大面积、高效保温隔声、高质量防尘防火等综合性要求。在普通钢门窗基础上发展起来的彩涂钢板门窗、铝合金门窗和塑料门窗以及塑钢、塑铝门窗均具有轻质高强、节约木材、耐腐蚀及密闭性能好、尺寸精准、外形美观、维修费用低等多种优点,已得到广泛的应用。值得一提的是,随着建筑节能设计标准的全面实施,门窗密封技术的研究开发,使用多年的普通钢门窗已被宣布为淘汰产品,现已停止生产和使用。因此普通钢门窗的构造就不再介绍,而介绍有前途的新型窗的构造。

(一) 彩涂钢板窗

彩涂钢板窗(简称彩涂钢窗)的组成与木窗一致,以下仅介绍构造上的特点。

1. 彩涂钢窗的用料

彩涂钢窗所用型材的原材料为建筑门窗外用彩色涂层钢板。涂料种类为外用聚酯涂料,基材类型为镀锌平整钢板带,经连续分条多辊液压自动轧机一次成型。

彩色涂层钢板是镀锌钢板经脱脂化学预处理后,机涂多道聚酯涂料,涂层与基板结合牢固,经 180°折弯,锌层、涂层无脱落起皱现象,色泽鲜明,表面平滑,耐腐性极好。

2. 彩涂钢窗构件的连接

彩涂钢窗的框扇均为薄壁空腹型钢定型构件,采用各种钢插接件组装,螺钉固定。下料槎口喷有涂料,以图防腐;中横框与下框均设排水孔。有关配件连接件定型配套生产,质量可靠,施工方便,整体性好,不易变形。

五金件均采用锌基合金压铸件及钢质冲压件,表面进行镀铬或烤漆处理,强度高,造型独特美观,经济耐用。

3. 彩涂钢窗的断面形式和规格

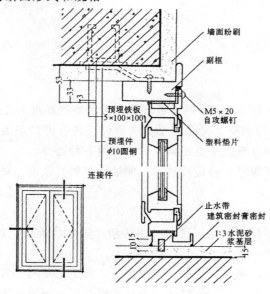

图 11-11 平开彩钢窗断面示意

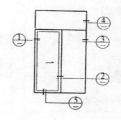

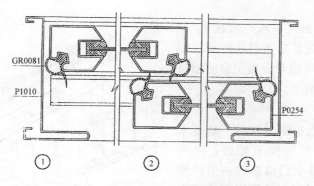

图 11-12 推拉彩钢窗断面示意

彩涂钢窗主要分为固定窗、平开窗和推拉窗三种,各种窗所用型材的断面形式与规格有所不同。平开窗固定窗常用 45,50,55,60(mm)四种规格,而推拉窗则一般用 75,80,85,90,95,100(mm)几种规格。

平开彩涂钢窗的框扇的断面形式如图 11-11 所示,推拉窗的构造见图 11-12。

4. 彩钢窗与墙、柱、梁的连接与安装

有关规程规定,彩钢窗的安装一般须采用预留孔洞,即塞口安装方法。框与墙体的连接一般采用预埋件连接、膨胀螺钉连接和射钉连接等方式(如图 11-13)。

5. 彩涂钢窗玻璃的选用与安装

彩钢涂窗扇一般不设窗芯,玻璃规格较大,通常选用 4~6mm 厚平板玻璃。

玻璃的镶嵌须先用钢弹簧卡或钢夹卡住,在嵌玻璃泥固定,见图 11-14。

(二)铝合金窗

铝合金窗具有耐锈蚀,质轻、密闭、加工方便、美观耐久等优点,是现今窗型中最受欢迎的品种。

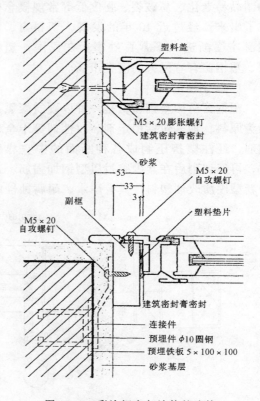

图 11-13 彩涂钢窗与墙体的连接

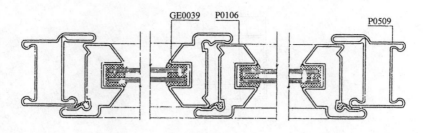

图 11-14 玻璃镶嵌

铝合金窗虽有平开窗（单玻、双玻）、推拉窗等形式，但使用最为普遍者是推拉窗。图 11-15 和图 11-16 分别表示铝合金推拉窗的型材断面形式和密封构造供参考。

（三）塑钢窗

塑钢窗是一种新型化学建材制品，是继木窗、钢窗、铝窗之后的第四代节能窗。进入 20 世纪 90 年代，随着技术的成熟和相关政策的相继出台，并且人们对塑料的认识也从过去的制品易老化、易破裂、强度低等常规概念中跳了出来，经过近 10 年的发展，塑料窗、塑钢窗才逐渐进入平常百姓家。在我国，塑料窗、塑钢窗有着巨大的潜在市场。

1. 塑钢窗的材性

塑钢窗所用塑钢型材是一种以硬质聚氯乙烯为原料，加入包括稳定剂、改性剂等十余种助剂，经注塑挤压制成各种断面的中空异型材，再经切割后在其内腔衬以型钢加强筋。这种新型硬质改性塑料，具有耐水、耐腐蚀性能

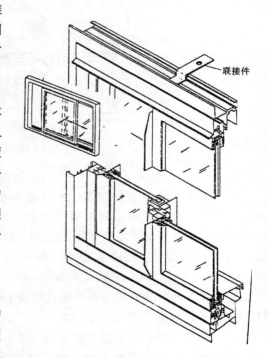

图 11-15 铝合金窗的断面形式

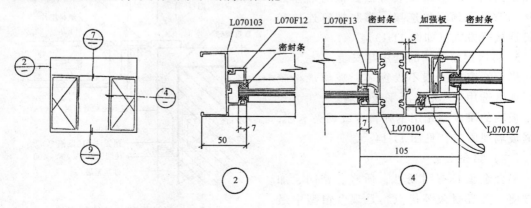

图 11-16 铝合金窗的密封构造

强、抗冲击耐老化（在±45℃条件下热不变形、冷不龟裂）、保温隔热性能优良、密闭隔声、耐火阻燃、美观大方、绝缘安全等多重特性。

塑钢窗可制成固定窗、平开窗和推拉窗等窗型。

塑钢窗最突出的优点是节约木材，不须油漆，保温隔热，综合经济性好。

2. 塑钢窗的制作与连接

其断面呈薄壁空腹（可内衬薄壁型钢）异型材，以钢连接件连接，并用紧固件装牢。

3. 塑料窗的断面形式与规格

塑钢平开窗的断面形式及构造规格如图 11-17 所示。推拉窗的断面形式见图 11-18。其他如玻璃选用与镶嵌、门窗安装等，均与上述金属窗基本相同，这里不再一一介绍。

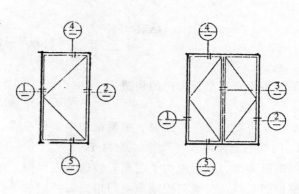

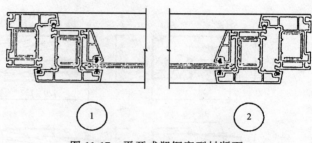

图 11-17 平开式塑钢窗型材断面

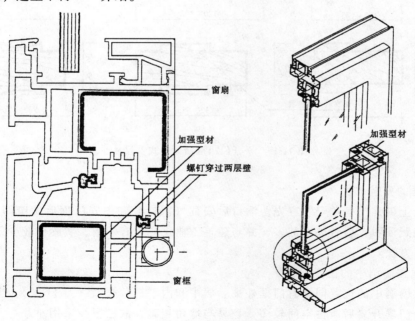

图 11-18 推拉塑钢窗断面

第三节 门的构造

下面主要介绍平开木门的构造。

（一）门框

木门框主要由上框、边框、中横框和中坚框组成，一般为通行方便，不设下框。

1. 门框的断面形式与尺寸（图11-19）

同木窗类似，木门框为了门扇安装的紧密牢固，窗框固定的耐久和美观，也需要设裁口、槽口和灰口。弹簧门因须满足门扇来回摇摆的需要，裁口应改作突口，并须刨成凹弧形，见图11-19。由图还可知，本门框的断面规格较普通木窗断面大些。

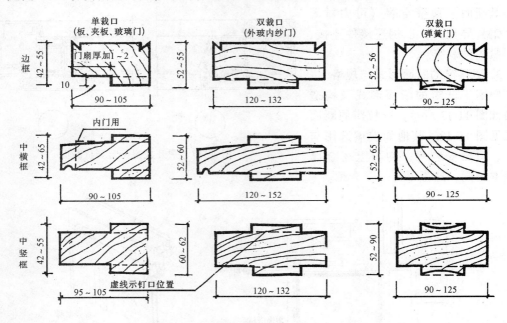

图11-19 平开门门框断面形式及尺寸

2. 门框的安装方法

从理论上讲，门框的安装有先留洞口后安框（塞口）和先安门框后做墙即立口之分，但从施工实践证明，后者弊端甚多，并与建筑工业化要求有矛盾，实际已较少采用，而广泛采用塞口方法。

3. 门框在墙洞中的位置

门框在墙洞中的位置同样有门框外平、居中和内平三种类型（图11-20），当门框外平或居中时，门扇开启后所占空间较多，且易与墙角相碰，故已很少采用。

4. 门框与墙体的连接

门框与墙体的连接应视墙体材料的不同而有所差异，如图11-21所示。由于木门框无下边框，刚度较差，加之门扇启闭频繁，受其影响，门框极易松动，因此，必须严格按有关规程行事，确保连接的可靠性。

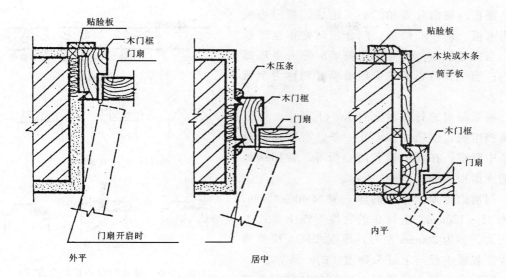

图 11-20　木门框在墙洞中的位置

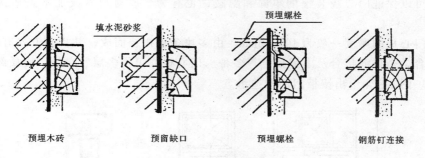

图 11-21　门框与墙连接方式

5．门框与墙体的缝隙构造

门框与墙体因安装和使用之故易产生缝隙，对防雨、防风、防尘及保温隔热均会产生不利影响，故应作妥善处理。

图 11-20 已示意出几种常见的做法，如贴脸板盖缝、压条压缝和筒子板镶钉等。

（二）门扇

中小型民用建筑中的木门扇通常有夹板门、镶板门，纱门等几种。

1．镶板门扇

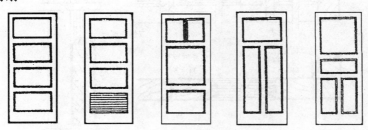

图 11-22　镶板门门扇立面形式

233

镶板门扇由骨架和门心板组成。当门心板采用木板、硬质纤维板、胶合板时称作全镶板门；当门心板的一部分采用玻璃时称为半玻镶板门；当全部门心板均采用玻璃时则称为全镶玻门。

镶板门扇的骨架由上冒头、下冒头、边框和横档组成，横档往往不止一条，有时还需设一条中竖框，在框中镶装门心板等。常用镶板门的立面形式如图 11-22 所示。

门扇边挺和上冒头的厚一般为 40～45mm，宽为 75～120mm，下冒头的宽度习惯上常比上冒头大，多为 200mm 左右，厚度相同，横档和中竖框规格一般与上冒头和边框的一致。

冒头和边框上连接门心板的裁口做成企口状暗槽，可以保证门心板装镶的牢固和隐蔽，也有为节省材料做成加木条形式的，见图 11-23。

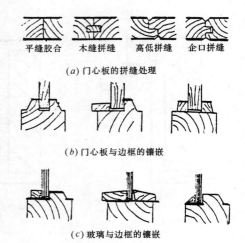

图 11-23 镶板门门心板结合方式

实木门心板的厚度一般为 10～15mm，由多块条板拼装而成，其拼装方式有平缝胶合、高低缝接合、企口缝接合及本键接合等多种。门心板亦可用多层胶合板、硬质纤维板或塑料板代替。图 11-24 给出镶板门的构造示意。

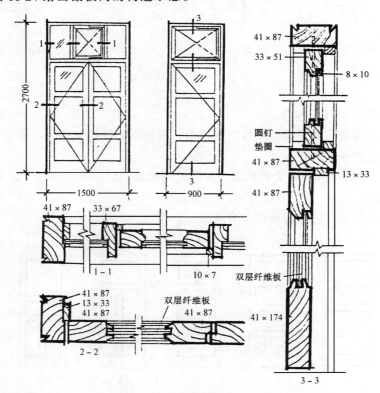

图 11-24 镶板门构造

2. 夹板门扇

夹板门扇由轻型木骨架和双面板组成。其骨架用料断面小，自重轻，外形简洁美观（图 11-25）。一般广泛用于内门。若用于外门，面板须作防水处理，并提高粘接质量。夹板门扇的骨架常用厚 33~35mm，宽 33~60mm 的木料做成木框，框内加纵横肋条，肋条与框材同宽。厚度则稍小，常为 10~25mm，肋条间距约 200~400mm。

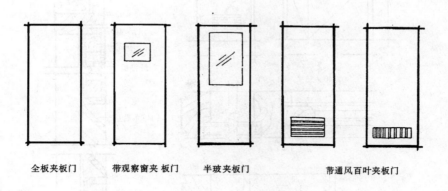

全板夹板门　带观察窗夹板门　半玻夹板门　带通风百叶夹板门

图 11-25　夹板门立面形式

夹板门的面板一般使用胶合板，硬质纤维板或塑料板，用胶结材料双面胶结。胶合板面板施透明漆后，利用木纹具有一定的装饰效果。夹板门的四周边侧面一般采用 15~20mm 厚的硬木条或木纹纸镶边，以取得较好的装饰效果。

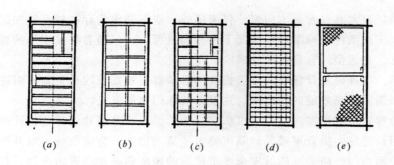

(a)　(b)　(c)　(d)　(e)

图 11-26　夹板门骨架类型

(a) 横向骨架；(b)、(c) 双向骨架；(d) 密肋骨架；
(e) 蜂窝骨架

图 11-26 及图 11-27 分别给出了夹板门骨架类型和构造示意。

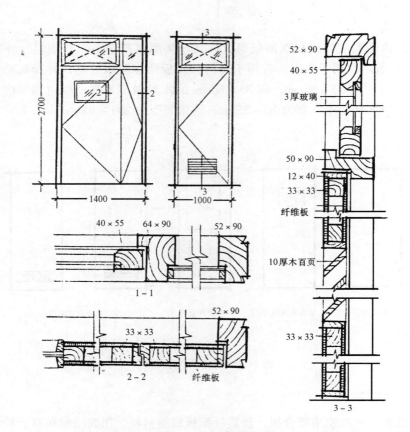

图 11-27 夹板门构造实例

第四节 特殊门窗

前述普通门窗尤其是普通木门窗,保温隔热、隔声防水均存在较严重的缺陷。在人们的生活水平、工作条件及标准较低情况下使用尚且可以,但随着科技水平的提高及设计要求的高标准化,普通型门窗显然无法适应。

根据场所的特殊需要及标准的普遍提高,必须对门窗加以改造更新,引进先进的科技成果,生产出高质量高效能的门窗来,这就是特殊门窗的意义。

门窗的特殊处理要视室内使用要求而定,为了保温隔热或建筑节能设计的需要,应做保温门窗;而录音室、播音室或其他隔声要求较高的房间,为避免噪声对其产生干扰与影响,需要安装隔声门;防火及疏散安全要求较高的场所则必须设置防火门,其他还有防风砂门、防盗门、防毒密闭门、防辐射门等等。其中保温门、隔声门和防火门较为常用,以下主要以此为主进行讲述。

保温门,隔声门和防火门尽管因要求不同,构造处理也各有侧重和特点,但最基本、最主要的共同性要求是密闭,即堵塞缝隙。门窗缝隙密闭处理的方法是:除了改善门窗各部件接口的接缝形式外,需由具有弹性的材料如橡胶、塑料等制成各种密封条,或贴、或镶嵌,以使缝隙密闭。以下主要围绕密闭问题介绍保温门窗,隔声门窗和防火门窗的构造要点。

一、保温门

普通门窗在寒冷地区，冬季因其传热阻和空气渗透阻过小，造成过大的热损失量，对室内的热物理环境和建筑节能十分不利，因此寒冷地区以及冷库与空调建筑，推广和使用保温门窗勿容置疑。

保温门窗的设计要求在于提高其热阻值和减少冷风渗透量。图11-28是保温门构造实例。

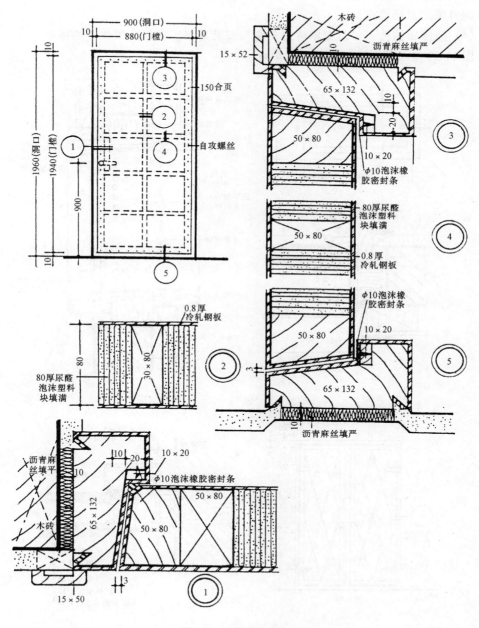

图 11-28 保温门构造

二、隔声门窗

普通单层玻璃窗的隔声能力仅为 15~20dB。胶合板夹板门平均隔声量约为 20dB，这种门窗仅能适应于要求较低的房屋。对于录音室、会议室、播音室等处应采用特制隔声门窗。

提高门窗的隔声能力的构造措施通常是：

（1）对门窗部件断面的裁口和接缝口采用特殊处理，以免声音的直接传入。

（2）对门窗的各种缝隙进行密闭处理。

（3）根据声能的质量定律，对门窗的非透光部分，增加隔声的构造层次。窗玻璃透光部分则可采用双层玻璃。

（4）隔除固体传声的门窗则应避免刚性安装连接，以切断固体声的通路。

图 11-29 是一种隔声门窗的构造示意。

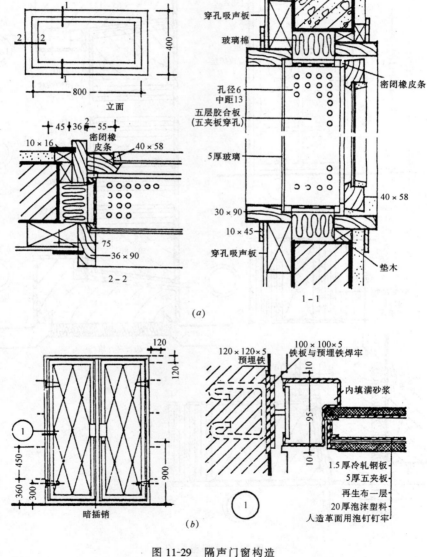

图 11-29 隔声门窗构造
（a）隔声窗；（b）隔声门

三、防火门窗

按照我国《民用建筑防火设计规范》规定,建筑用防火门的防火等级分甲、乙、丙三级,其耐火极限分别为 1.2 小时、0.9 小时和 0.6 小时。

防火门不仅应具有一定的耐火性能,且应开启方便,关闭紧密。为了使防火门具有足够的耐火性能,一般须外包镀锌铁皮或薄钢板,设置玻璃受到严格限制,故外观稍差。

常用的防火门有平开门、卷帘门等。普通房间用的防火门可以是平开门,由于功能需要平时是开启的,一旦发生火灾,须处于关闭状态,并要在关闭后能从任何一侧手动开启,以方便疏散。而用于走道、楼梯间或疏散要求较高的房间的防火门,应采用能向疏散方向开启的单向或双向弹簧门。

防火门的构造组成是内骨架和外包铁皮。其构造要点如下:

(1) 外表面须用不燃材料包裹,如镀锌铁皮或类似的防火板材。

(2) 内骨架必须牢固可靠,目前常用木板和金属骨架,若为金属骨架时,骨架内须填充矿棉等绝热阻火材料。

(3) 采用木板包铁皮时,为防止内部木材遇火后碳化而释放有毒气体,导致门扇胀裂,必须在防火门扇两侧面分设泄气孔,两孔位置还应上下错开。

图 11-30 是常见防火门的构造做法示意。

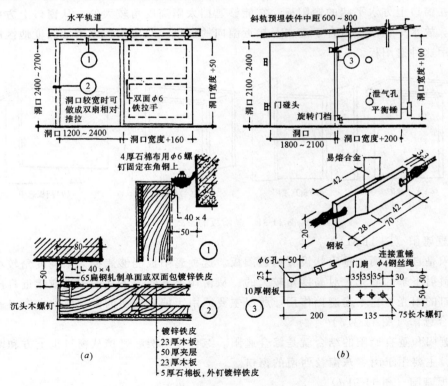

图 11-30 防火门构造
(a) 推拉防火门;(b) 自重下滑防火门(带平衡锤)

第五节 建筑遮阳

一、建筑遮阳的作用和类型

建筑遮阳是防止直射阳光照入室内，引起夏季室内过热及避免产生眩光而采取的一种建筑措施。

直接对外的门窗口经过遮阳后，对抵挡太阳辐射热和降低室内气温效果较为显著，但对房间的采光和通风也有较大的影响。

结合规划及设计，确定好朝向，采取必要的绿化，巧妙地利用挑檐、外廊、阳台等是最好的遮阳；设置苇、竹、木、布制作的简易遮阳虽有一定的效果，但应注意与环境和建筑的结合；设置耐久的遮阳板即构件遮阳，不仅可以有效遮阳，还可起到挡雨和美观作用，故应用较广泛。

二、窗口构件遮阳的基本形式

窗口遮阳板按其外形可分为四种基本形式，水平式，垂直式，综合式及挡板式，如图11-31所示。

1. 水平遮阳（图11-31a）

是指在窗口上方水平状的遮阳板，它能够遮挡太阳高度角较大的、从窗口上方照射下来的阳光。故水平遮阳板适合于南向及接近南向的窗口。北回归线以南低纬度地区的北向窗口也可用这种遮阳板。

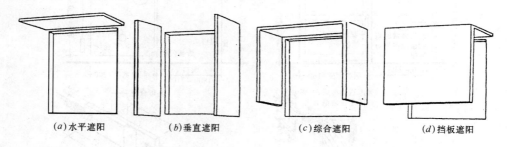

(a)水平遮阳　　(b)垂直遮阳　　(c)综合遮阳　　(d)挡板遮阳

图 11-31　遮阳板的形式

2. 垂直遮阳（图11-31b）

该遮阳是自窗口两侧垂直状设置的遮阳板。这种遮阳板能够遮挡太阳高度角较小，从窗口两侧斜射下来的阳光，对高度角较大的，从窗口上方照射下来的阳光或接近日出日落时正射窗口的阳光，它不起遮挡作用。所以主要适用于偏东偏西的南向或北向窗口。

3. 综合遮阳（图11-31c）

水平遮阳和垂直遮阳的结合就是综合遮阳。综合遮阳能够遮挡从窗口正上方和两侧斜射之阳光，主要用于南、东南及西南的窗口。

4. 挡板遮阳（图11-31d）

这种遮阳板是在窗口正前方一定距离垂直挂设的。由于封堵于窗口以外，能够遮挡太阳高度角较小的、正射窗口的阳光，主要适用于东西向以及附近朝向的窗口，唯一不足之处是也同时挡住视线，对眺望和通风影响甚大，使用定当慎重。

这些是遮阳板的基本形式，亦是构造上最为单纯的形式，一般建筑的遮阳板则根据遮

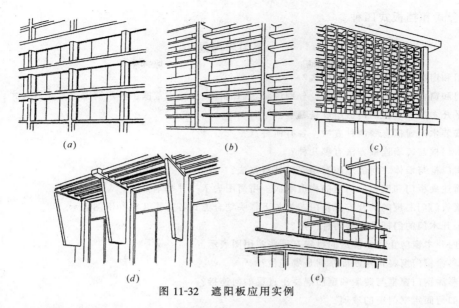

图 11-32 遮阳板应用实例

阳需要及立面造型要求,设计成更复杂更具装饰效果的形式,图 11-32 示意性地给出一些,仅供参考。

小　　结

本章主要讲述木窗、金属窗、塑钢窗的构造,木门构造,建筑遮阳构造,其要点如下:

1. 木门窗框的安装方法尽管有先安框后砌墙(亦称立框法)和先留洞口后装框(亦称塞框法)两种,但前者已很少采用。

2. 木门窗框在墙洞口中的安装位置有内平、居中和外平等三种。其中门内平应用最为广泛,窗居中应用较广泛。

3. 木窗框由左右边框、上下框和中横中竖框等部件组成,木门框与窗类似,但一般不设下框。框断面因须安设窗扇及其他要求,常须在正面背面开设裁口、槽口和灰口,槽口一面填充防水材料,并进行防腐处理。

4. 木框与洞口墙的连接方法有四种,墙内预埋木砖、混凝土块,预留缺口,预埋螺栓和直接用钢筋钉等。

5. 木框与墙之间的缝隙处理有木压条、贴脸和装筒子板等。

6. 内开窗的下口和外开窗的上口易渗漏雨水,其防水措施是在适当部位设披水板、滴水槽、积水槽和排水孔。

7. 普通木门窗常采用 3mm 厚平板玻璃。

8. 木门窗各部件之间的连接靠卯榫。彩钢、铝合金和塑钢门窗侧采用连接件固定。

9. 木门窗玻璃的安装用钉子和玻璃泥,彩钢等新窗玻璃安装则用金属夹子和紧固件。

10. 彩钢等新型门窗框与墙体的连接方法是焊接、射钉和螺栓连接等。

11. 特殊门窗包括保温门窗、隔声门窗、防火门窗等。

12. 建筑遮阳是防止夏季室内过热的重要措施,窗口构件遮阳的形式有水平式、垂直式、综合式和挡板式四种。

复习思考题

1. 门和窗在建筑中的作用是什么？
2. 门和窗各有哪几种开启方式？分别说明它们的特点和适用范围，并用简图表示开启方式。
3. 平开木门、木窗的构造组成是哪些？
4. 安装木门窗框有哪两种方法？各有何特点？
5. 木门框与砖墙连接方法有哪几种？
6. 木门框与墙体之间的缝隙有哪三种处理方法？
7. 简述夹板门和镶板门门扇的构造组成。用简图表示一种基本做法。
8. 镶板门门芯板的结合方式及门芯板与下冒头结合方式各有哪几种？用图表示。
9. 平开木门的门框常有哪两种做法？
10. 内开木窗防止雨水渗透的措施有哪些？用图表示。
11. 彩涂钢门窗料常用断面系列是哪些种？
12. 彩涂钢门窗框与砖墙和钢筋混凝土过梁如何连接？
13. 如何固定钢门窗的玻璃？
14. 保温窗、隔声门窗、防火门构造要点是什么？
15. 遮阳的种类有哪些种？窗口构件遮阳的形式有哪些？分别适合何种朝向窗的遮阳？

第十二章 变形缝及建筑抗震

建筑物由于受气温变化、地基不均匀沉降以及地震等因素的影响，使结构内部产生附加应力和变形，如处理不当，将会造成建筑物的破坏，产生裂缝甚至倒塌，影响使用与安全。其解决办法有二：一是加强建筑物的整体性，使之具有足够的强度与刚度来克服这些破坏应力，不产生破裂；二是预先在这些变形敏感部位将结构断开，留出一定的缝隙，以保证各部分建筑物在这些缝隙中有足够的变形宽度，而不造成建筑物的破损。这种将建筑物垂直分割开来的预留缝隙称为变形缝。

变形缝有三种，即伸缩缝、沉降缝和防震缝。

变形缝的材料及构造应根据其部位和需要分别采取防水、保温、防虫害等安全防护措施，并使其在产生位移或变形时不受阻、不被破坏（包括面层）。

第一节 变 形 缝

一、伸缩缝

（一）伸缩缝的设置

建筑物因受温度变化的影响而产生热胀冷缩，在结构内部产生温度应力，当建筑物长度超过一定限度、建筑平面变化较多或结构类型变化较大时，建筑物会因热胀冷缩变形较大而产生开裂。为预防这种情况发生，常常沿建筑物长度方向每隔一定距离或结构变化较大处预留缝隙，将建筑物断开。这种因温度变化而设置的缝隙就称为伸缩缝或温度缝。

伸缩缝要求把建筑物的墙体、楼板层、屋顶等地面以上部分全部断开，基础部分因受温度变化影响较小，不需断开。

伸缩缝的最大间距，应根据不同材料的结构而定，详见有关结构规范。砌体房屋伸缩缝的最大间距参见表 12-1；钢筋混凝土结构伸缩缝的最大间距参见表 12-2 有关规定。

另外，也有采用附加应力钢筋来加强建筑物的整体性，抵抗可能产生的温度应力，使之少设缝或不设缝，但需经过计算确定。

（二）伸缩缝构造

伸缩缝是将基础以上的建筑构件全部分开，并在两个部分之间留出适当的缝隙，以保证伸缩缝两侧的建筑构件能在水平方向自由伸缩。缝宽一般在 20~40mm。

1. 伸缩缝的结构处理

砖混结构的墙、楼板及屋顶结构布置通常采用双墙一个基础承重方案（图 12-1）。

变形缝最好设置在平面图形有变化处，以利隐蔽处理。

砌体房屋伸缩缝的最大间距（m）　　　　　　表 12-1

砌体类别	屋顶或楼板层的类别		间距
各种砌体	整体式或装配整体式钢筋混凝土结构	有保温层或隔热层的屋顶、楼板层 无保温层或隔热层的屋顶	50 40
	装配式无檩体系钢筋混凝土结构	有保温层或隔热层的屋顶 无保温层或隔热层的屋顶	60 50
	装配式有檩体系钢筋混凝土结构	有保温层或隔热层的屋顶 无保温层或隔热层的屋顶	75 60
普通黏土空心砖砌体	黏土瓦或石棉水泥瓦屋顶 木屋顶或楼板层 砖石屋顶或楼板层		100
石砌体			80
硅酸盐砖、硅酸盐砌块和混凝土砌块砌体			75

注：1. 层高大于 5m 的混合结构单层房屋，其伸缩缝间距可按表中数值乘以 1.3 采用，但当墙体采用硅酸盐砖、硅酸盐砌块和混凝土砌块砌筑时，不得大于 75m。
　　2. 温差较大且变化频繁地区和严寒地区不采暖的房屋及构筑物墙体的伸缩缝最大间距，应按表中数值予以适当减少后采用。

钢筋混凝土结构伸缩缝最大间距（m）　　　　　　表 12-2

项次	结构类型		室内或土中	露天
1	排架结构	装配式	100	70
2	框架结构	装配式 现浇式	75 55	50 35
3	剪力墙结构	装配式 现浇式	65 45	40 30
4	挡土墙及地下室墙壁等类结构	装配式 现浇式	40 30	30 20

注：1. 如有充分依据可靠措施，表中数值可以增减。
　　2. 当屋面板上部无保温隔热措施时，框架、剪力墙结构的伸缩缝间距，可按表中露天栏的数值选用，排架结构可按适当低于室内栏的数值选用。
　　3. 排架结构的柱顶面（从基础顶面算起）低于 8m，宜适当减少伸缩缝间距。
　　4. 外墙装配内墙现浇的剪力墙结构，其伸缩缝最大间距按现浇式一栏的数值选用，滑模施工的剪力墙结构，宜适当减小伸缩缝间距。现浇墙体在施工中应采取措施减少混凝土收缩应力。

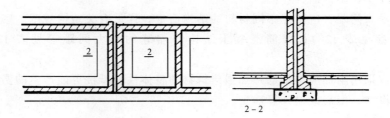

图 12-1　伸缩缝的设置

2．伸缩缝节点构造

（1）墙体伸缩缝构造

墙体伸缩缝一般做成平缝、高低缝、企口缝等截面形式（图 12-2），主要视墙体材料、厚度及施工条件而定，但抗震地区只能用平缝。

为防止外界自然条件对墙体及室内环境的侵袭，变形缝外墙一侧常用浸沥青的麻丝或

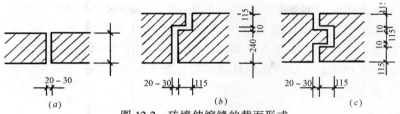

图 12-2 砖墙伸缩缝的截面形式
(a) 平缝；(b) 高低缝；(c) 企口缝

木丝板及泡沫塑料条、橡胶条、油膏等有弹性的防水材料填充，当缝隙较宽时，缝口可用镀锌铁皮、彩色薄钢板、铝皮等金属调节片作盖缝处理。内墙可用具有一定装饰效果的金属片、塑料片或木盖缝条覆盖。所有填缝及盖缝材料和构造应保证结构在水平方向自由伸缩而不产生破裂（图 12-3）。

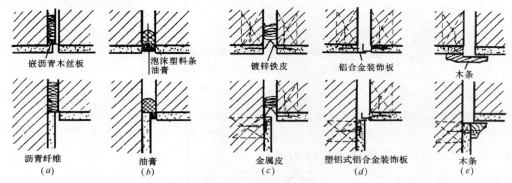

图 12-3 砖墙伸缩缝构造
(a)、(b)、(c) 外墙伸缩缝构造；(d)、(e) 内墙伸缩缝构造

(2) 楼地板层伸缩缝构造

楼地板层伸缩缝的位置、缝宽与墙体、屋顶变形缝一致，缝内常用可压缩变形的材料（如油膏、沥青麻丝、橡胶或塑料调节片等）做封缝处理，上铺活动盖板或橡、塑地板等地面材料，以满足地面平整、光洁、防滑、防水及防尘等功能。顶棚的盖缝条只能固定于一端，以保证两端构件能自由伸缩变形（图 12-4）。

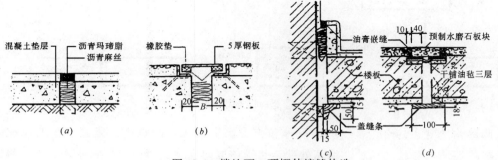

图 12-4 楼地面、顶棚伸缩缝构造
(a) 地面油膏嵌缝；(b) 地面钢板盖缝；(c) 楼板靠墙处伸缩缝；(d) 楼板伸缩缝

(3) 屋顶伸缩缝构造

屋顶伸缩缝常见的位置在同一标高屋顶处或墙与屋顶高低错落处。不上人屋面，一般可在伸缩缝处加砌矮墙，并做好屋面防水和泛水处理，其基本要求同屋顶泛水构造，不同

之处在于盖缝处应能允许自由伸缩而不造成渗漏。上人屋面则用嵌缝油膏嵌缝，并做好泛水处理。常见屋面伸缩缝构造如图12-5所示。值得注意的是，采用镀锌铁皮和防腐木砖的构造方式在屋面中使用，其寿命是有限的，少则十余年，多则三五十年就会锈蚀腐烂。故近年来逐步出现采用涂层、涂塑薄钢板或铝皮，甚至用不锈钢皮和射钉、膨胀螺钉等来代替之。构造原则不变，而构造形式却有进一步发展。

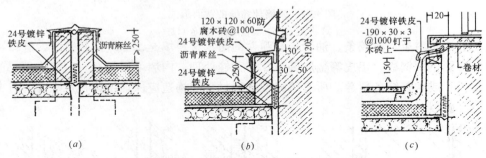

图12-5　卷材防水屋面伸缩缝构造
(a)一般屋面处伸缩缝；(b)高低屋面处伸缩缝；(d)进出口处伸缩处

二、沉降缝

(一) 沉降缝的设置

沉降缝是为了预防建筑物各部分由于不均匀沉降引起的破坏而设置的变形缝。凡属下列情况时均应考虑设置沉降缝（图12-6）：

(1) 同一建筑物相邻部分的高度相差较大或荷载大小相差悬殊，或结构形式变化较大，易导致地基沉降不均匀时；

(2) 当建筑物或部分相邻基础的形式、宽度及埋置深度相差较大，造成基础底部压力有很大差异，易形成不均匀沉降时；

(3) 当建筑物建造在不同地基上，且难于保证均匀沉降时；

(4) 建筑物体型比较复杂、连接部位又比较薄弱时；

(5) 新建建筑物与原有建筑物相毗连时。

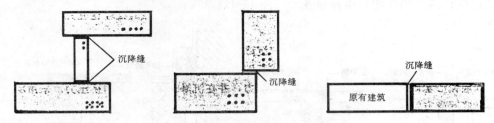

图12-6　沉降缝的设置部位示意图

沉降缝构造复杂，给建筑、结构设计和施工都带来一定的难度，因此，在工程设计时，应尽可能通过合理地选址、地基处理、建筑体型的优化、结构选型和计算方法的调整以及施工程序上的配合（如高层建筑与裙房之间采用后浇带的方法）避免或克服不均匀沉降，从而达到不设或尽量少设缝的目的，并应根据不同情况区别对待。

(二) 沉降缝构造

沉降缝与伸缩缝最大的区别在于：伸缩缝只需保证建筑物在水平方向的自由伸缩变

形，而沉降缝主要应满足建筑物各部分在垂直方向的自由沉降变形，故应将建筑物从基础到屋顶全部断开。同时沉降缝也应兼顾伸缩缝的作用，故应在构造设计时应满足伸缩和沉降双重要求。

沉降缝的宽度随地基情况和建筑物的高度不同而定，可参见表12-3。

沉降缝的宽度　　　　　　　　　　　　　　表 12-3

地基情况	建筑物高度	沉降缝宽度（mm）
一般地基	$H < 5m$ $H = 5 \sim 10m$ $H = 10 \sim 15m$	30 50 70
软弱地基	2～3层 4～5层 5层以上	50～80 80～120 ＞120
湿陷性黄土地基		≥30～70

墙体沉降缝盖缝条应满足水平伸缩和垂直沉降变形的要求，如图12-7所示。

屋顶沉降缝应充分考虑不均匀沉降对屋面防水和泛水带来的影响，泛水金属皮或其他构件应考虑沉降变形与维修余地。构造见图12-5。

楼板层应考虑沉降变形对地面交通和装修带来的影响；顶棚盖缝处理也应充分考虑变形方向，以尽可能减少变形后遗缺陷。构造见图12-4。

基础沉降缝也应断开，并应避免因不均匀沉降造成的相互干扰。常见的砖墙条形基础处理方法有双墙双基础、挑梁基础等二种方案（图12-8）。

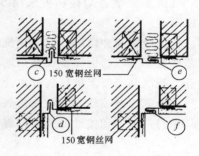

图 12-7　墙体沉降缝构造

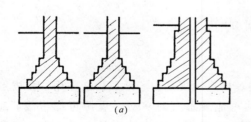

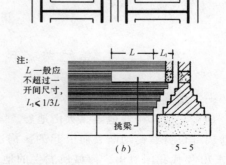

图 12-8　基础沉降缝处理示意
（a）双墙双基础方案；（b）悬挑梁基础方案

其中双墙偏心基础整体刚度大,但基础偏心受力,并在沉降时产生一定的挤压力。采用双墙中心式基础方案,地基受力将有所改进。

挑梁基础方案能使沉降缝两侧基础分开较大距离,相互影响较少。当沉降缝两侧基础埋深相差较大或新建筑与原有建筑毗连时,宜采用挑梁方案。

三、抗震缝

（一）抗震缝的设置

在地震区建造房屋,必须充分考虑地震对建筑造成的影响。为此,我国制定了相应的建筑抗震设计规范。对多层砌体房屋,应优先采用横墙承重或纵横墙混合承重的结构体系,有下列情况之一时宜设抗震缝：

(1) 建筑立面高差在 6m 以上；

(2) 建筑有错层且错层楼板高差较大；

(3) 建筑物相邻各部分结构刚度、质量截然不同。

（二）抗震缝的构造

抗震缝宽度 B 对砖房可采用 50～100mm,缝两侧均需设置墙体,以加强抗震缝两侧房屋刚度。

抗震缝应与伸缩缝、沉降缝统一布置,并满足抗震缝的设计要求。一般情况下,抗震缝基础可不分开,但在平面复杂的建筑中,或建筑相邻部分刚度差别很大时,也需将基础分开。按沉降缝要求的抗震缝也应将基础分开。

抗震缝因缝隙较宽,在构造处理时,应充分考虑盖缝条的牢固性以及适应变形的能力(图 12-9)。屋顶和楼地面等处抗震缝构造同伸缩缝的有关内容。

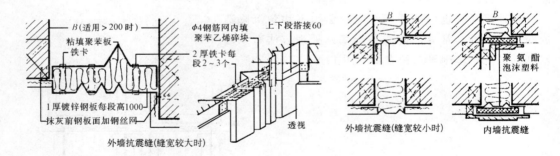

图 12-9　墙体抗震缝构造

第二节　民用建筑的抗震措施

一、地震与震害

地震一般有构造地震、火山地震、陷落地震。构造地震是由于地质构造作用,使岩层的薄弱部位突然错动断裂而引起的。构造地震约占地震总数的 90%,震源可深可浅。20世纪 70 年代我国唐山、海城所发生的地震,均属构造地震。火山地震是由于火山爆发所引起的,其分布范围同火山分布相一致,它的影响范围小,约占地震总数的 7%。陷落地震是由于地层内石灰岩溶洞陷落或矿山巷道塌下而引起的,为数很少,约占地震总数的

3%，且震源浅影响范围小。

地震力以地震波的形式从震源向各个方向传播，直到地球表面，由地基土把地震波传递给建筑物。当建筑物接收地基土所输入的地震波，会引起建筑物左右摇晃和上下颠动（持续时间很短），造成不同程度的破坏。一般坚硬地基土中地震波的振幅较小，所表现的震害也轻。软弱地基土中的地震波的振幅较大，其表现的震害也较严重。从我国两千多年来的地震史料中可以看出，地震所造成的灾害是极其严重的。1556年关中大地震，死亡人数高达80万，为世界地震史上所罕见。20世纪以来，又发生过1920年海城地震和1976年唐山大地震那样的沉痛震害，人民生命财产蒙受了惊人的损失。在世界其他地方，地震造成的灾害同样是十分严重的。1923年日本关东地震，仅东京、横滨两市，死亡人数即达十万余人。1960年智利地震，1967年加拉加斯地震等多次地震，也都造成惨痛的灾难。究其原因，主要是由于建筑物不够坚固，抗震性能不好，地震时大量倒塌所致。据调查，唐山地震，唐山市区内90%以上房屋彻底倒毁；1985年墨西哥地震，远离震中300多公里的墨西哥市，就有300多幢楼房倒塌或严重破坏。

二、震级与烈度

地震的震级是表示一次地震所释放出能量的大小，也是地震规模的指标，一次地震只有一个震级。国际上比较通用的是里氏震级。震级小于2的地震，人们感觉不到，称做微震；2~4级地震称有感地震；5级以上地震统称破坏性地震；7级以上地震称强烈地震；8级以上地震称特大地震。

地震烈度是指某一地区地面及各类建筑物遭到地震影响的强弱程度。一般说，距震中越远地震影响越小，烈度就越低。我国地震烈度共分为12度（表12-4）。

中国地震烈度表（1980年） 表12-4

烈度	人的感觉	一般房屋		其他现象	参考物理指标	
		大多数房屋震害程度	平均震害指数		加速度 mm/s² （水平向）	速度 mm/s （水平向）
Ⅰ	无感					
Ⅱ	室内个别静止中的人感觉					
Ⅲ	室内少数静止中的人感觉	门、窗轻微作响		悬挂物微动		
Ⅳ	室内多数人感觉；室外少数人感觉；少数人梦中惊醒	门、窗作响		悬挂物明显摆动，器皿作响		
Ⅴ	室内普遍感觉；室外多数人感觉；多数人梦中惊醒	门窗、屋顶、屋架颤动作响，灰土掉落，抹灰出现微细裂缝		不稳定器物翻倒	310 (220~440)	30 (20~40)
Ⅵ	惊慌失措，仓惶逃出	损坏——个别砖瓦掉落、墙体微细裂	0~0.1	河岸和松软土上出现裂缝，饱和砂层出现喷砂冒水。地面上有的砖烟囱轻度裂缝、掉头	630 (450~890)	60 (50~90)

续表

烈度	人的感觉	一般房屋		其他现象	参考物理指标	
		大多数房屋震害程度	平均震害指数		加速度 mm/s² (水平向)	速度 mm/s (水平向)
Ⅶ	大多数人仓惶逃出	轻度破坏——局部破坏、开裂,但不妨碍使用	0.11～0.30	河岸出现塌方,饱和砂层常见喷砂冒水。松软土上地裂缝较多。大多数砖烟囱中等破坏	1250 (900～1770)	130 (100～180)
Ⅷ	摇晃颠簸,行走困难	中等破坏——结构受损,需要修理	0.31～0.50	干硬土上亦有裂缝。大多数砖烟囱严重破坏	2500 (1780～3530)	250 (190～350)
Ⅸ	坐立不稳;行动的人可能摔跤	严重破坏——墙体龟裂,局部倒塌,复修困难	0.51～0.70	干硬土上有许多地方出现裂缝,基岩上可能出现裂缝。滑坡、塌方常见。砖烟囱出现倒塌	500 (3540～7070)	500 (360～710)
Ⅹ	骑自行车的人会摔倒;处于不稳定状态的人会摔出几尺远;有抛起感	倒塌——大部倒塌,不堪修复	0.71～0.90	山崩和地震断裂出现。基岩上的拱桥破坏。大多数砖烟囱从根部破坏或倒毁	10000 (7080～14140)	1000 (720～1410)
Ⅺ		毁灭	0.91～1.00	地震断裂延续很长。山崩常见。基岩上拱桥毁坏		
Ⅻ				地面剧烈变化,山河改观		

注:1.Ⅰ～Ⅴ度以地面上人的感觉为主;Ⅵ～Ⅹ度以房屋震害为主,人的感觉仅供参考;Ⅺ、Ⅻ度以地表现象为主;Ⅺ、Ⅻ度的评定,需要专门研究。
2.一般房屋包括用木构架和土、石、砖墙构造的旧式房屋和单层或数层的、未经抗震设计的新式砖房。对于质量特别差或特别好的房屋,可根据具体情况,对表列各烈度的震害程度和震害指数予以提高或降低。
3.震害指数以房屋"完好"为0,"毁灭"为1,中间按表列震害程度分级。平均震害指数所指有房屋的震害指数的总平均值而言,可以用普查或抽查方法确定之。
4.烟囱指工业或取暖用的锅炉烟囱。
5.表中数量词的说明:个别:10%以下;少数:10%～15%;多数:50%～70%;大多数70%～90%;普遍:90%以上。

地震烈度又分为基本烈度、设计烈度和抗震设防烈度。基本烈度是50年期限内,一般场地条件下,可能遭遇超出概率为10%的烈度值,也就是国家地震局制定的全国地震烈度区划图规定的烈度。设计烈度指的是抗震设计中所采用的地震烈度。抗震设防烈度是指按国家批准权限审定,作为一个地区抗震设防依据的地震烈度。一般情况抗震设防烈度可采用中国地震烈度区划图标明的地震烈度。按现行规范规定的设防烈度为6度、7度、8度、9度。对于特殊的建筑,其设防烈度是在基本烈度的基础上加以调正。我国抗震设防原则是"小震不坏、中震可修、大震不倒"。

三、抗震设计的一般原则

1.选择对抗震有利的场地和地基

地震时房屋的破坏程度同场地的地形地貌、工程地质和水文地质有很大关系。对于地形地貌,应选择平坦或平缓坡地,避开陡坡、深沟、狭谷地带。对于地质构造,应避开断层或断层交汇地带。由于建造在坚实地基上的房屋比在软弱地基上破坏要轻,故应选择岩石和密实均匀的土层作地基,避免在含水量大的沙层、淤泥层、松软人工填土等地段上建房屋。

2．建筑体形简单，刚度和质量分布均匀

建筑平面形式应力求简单规整，各部分的刚度、质量要均匀，结构布置要连续和均匀对称，使纵横向都具有足够的刚度。若建筑物各部分刚度不均匀，会引起地震时的振幅大小不同，自振周期长短各异，而产生不协调运动和扭转，导致墙体破坏。对于复杂的平面形式，应该用抗震缝分为若干个简单的几何形体。

楼梯间不宜设在端开间和房屋转角处。楼梯间由于缺少楼板作为墙体的横向支承，且楼梯间墙到顶层时高度为一层半高，因此，整个楼梯间墙体比较薄弱，从而在地震时容易破坏。

立面体形也应力求简单，尽量减少局部突出部件。立面体形复杂，屋面局部突出，其地震反应要比平面不规整的更为敏感。

3．保证结构整体性，连接可靠，并且具有延性

加强建筑物的整体性，可提高房屋的空间刚度，在水平地震力作用下，房屋各部分的自振周期可协调一致，从而明显的提高建筑物的抗震能力。提高建筑结构及其节点适应变形的能力——延性，可使房屋在较大的变形情况下还不致于倾倒。

4．选择经济合理的抗震结构方案

结构方案的选择，实质是结构延性的选择，刚度均匀整体性好的结构方案，对提高建筑物抗震能力是非常有利的。结构方案是根据建筑物的高度、使用性质和技术经济的合理性进行选择的。不同的建筑结构方案，由于其抵抗地震力的能力也各不相同，因此在抗震设计规范中，对多层砖房、底层框架和多层内框架房屋的高度及结构布置，均作了较严格的限制。

5．减轻建筑物自重，降低其重心高度

质量越大，在地震时，由于地面运动所产生的惯性也大，也最容易引起震害。重心位置比较高的建筑物，由于其振幅较大，更易引起震害。

6．尽量避免做地震时易倒、易脱落的装饰构件

女儿墙、挑檐、高门脸、其他装饰物等，地震时易倒、易脱落，特别容易造成次生灾害或危及其他结构构件。另外，由于这些构件的抗震能力较差，在地震初期，多数首先倒塌脱落，危及外逃人们的生命安全，因此应该尽可能避免。从立面造型等因素出发，确实需要设置时，应加强其连接强度，使其震而不倒不掉。

四、砌体房屋的震害特点

中小型民用建筑广泛采用墙承重的多层房屋，这种建筑物所用的砌体属脆性材料，抗剪和抗拉的强度低，抵御地震灾害的性能差，在持续地震中，建筑物由于地面运动而产生很大的惯性力，导致墙体裂缝、倾斜甚至倒塌。在有地裂、砂土液化和滑坡的地段，所遭受的破坏就更为严重。

根据国内外多次震后的调查表明，多层砌体房屋的破坏比率都比较高。这种房屋的破坏部位主要在墙体，而楼板和屋盖破坏的很少。

墙体承重的多层房屋，其震害特点有如下表现：

（1）体形复杂的房屋震害较重，体形简单，平面规整者震害较轻。

（2）纵墙承重的房屋震害较重，横墙承重房层震害较轻。

(3) 房屋两端震害较重，中间部位震害较轻；转角处及凸出部位比一般部位震害较重。

(4) 屋顶重时震害较重，屋顶轻时震害较轻。

(5) 有预制楼板的房屋震害较重，现浇楼板的房屋震害较轻。

(6) 无地下室房屋震害较重，全部设有地下室的房屋震害较轻。

(7) 没有圈梁的房屋震害较重，有圈梁且布置得当的房屋震害较轻。

(8) 楼梯间设在房屋端部时震害较重，设在房屋中部时震害较轻；楼梯间墙体，特别是顶层楼梯间墙体震害较重。

五、抗震构造措施

经震害调查表明，凡是在高烈度区保存下来的建筑物，除场地岩土、建筑物的结构布置和施工质量比较符合抗震要求外，这些建筑物的抗震构造措施也起了重要作用。设计中必须予以足够的重视。

1. 设抗震缝

其设置条件及构造详见本章第一节。

2. 多层砌体房屋总高度

多层砌体房屋的总高度和层数，不应超过表12-5规定。

砌体房屋总高度（m）和层数限值　　　　　　　　　　表 12-5

砌体类别	最小墙厚(m)	烈 度							
		6		7		8		9	
		高度	层数	高度	层数	高度	层数	高度	层数
粘土砖	0.24	24	八	21	七	18	六	12	四
混凝土小砌块	0.19	21	七	18	六	15	五		
混凝土中砌块	0.20	18	六	15	五	9	三		
粉煤灰砖	0.24	18	六	15	五	9	三		

注：房屋的总高度指室外地面到檐口的高度。半地下室可以从地下室室内地面算起，全地下室可以从室外地面算起。

3. 房屋最大高宽比

多层砌体房屋总高度与总宽度之最大比值，应符合表12-6规定。

房屋最大高宽比　　　　　　　　　　表 12-6

烈 度	6	7	8	9
最大高宽比	2.5	2.5	2	1.5

注：单面走廊房屋的总宽度不包括走廊宽度。

4. 设钢筋混凝土构造柱

构造柱的作用是和圈梁一起有效抵抗地震作用，加强纵横墙连接，提高墙的抗变形能力，约束墙裂缝开展。

(1) 构造柱设置部位，一般情况下应符合表12-7之要求。

(2) 外廊式和单面走廊式的多层砖房，应根据房屋增加一层后的层数，按表12-7要求设置构造柱，且单面走廊两侧的纵墙均应按外墙处理。

（3）教学楼，医院等横墙较少的房屋，应根据房屋增加一层后的层数，按第（1）款或第（2）款的要求设置构造柱。

砖房构造柱设置要求 表 12-7

房屋层数				设置的部位	
6度	7度	8度	9度		
四、五	三、四	二、三		外墙四角，错层部位，横墙与外纵墙交接处较大洞口两侧，大房间内外墙交接处	7，8度时，楼、电梯间四角
六～八	五、六	四	二		隔开间横墙（轴线）与外墙交接处，7～9度时，楼、电梯间四角
	七	五、六	三、四		内墙（轴线）与外墙交接处，内墙局部较小墙垛处，7～9度时，楼电梯间四角，9度时内纵墙与横墙（轴线）交接处

构造柱的截面尺寸，不应小于 240mm×180mm。墙体在砌筑时除留槎外，还须沿墙高每隔 500mm 设 2ϕ6 连接钢筋（图 12-10）。构造柱同基础和圈梁都应该有很好的锚固和拉结。

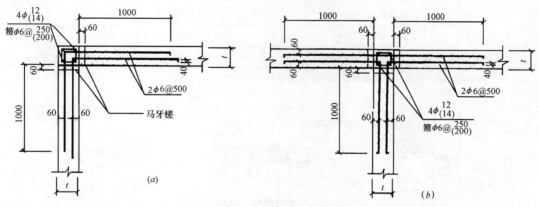

图 12-10 构造柱设置要求
(a) 转角处；(b) 丁字头处

设防烈度为 7 度的高大房间及设防烈度为 8 度、9 度砖房的未设置构造柱的外（内）墙转角和内、外墙交接处均应设置墙角配筋，如图 12-11 所示。

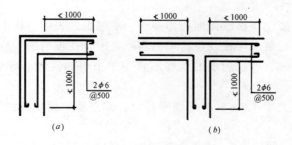

图 12-11 墙体配筋示意
(a) 转角处；(b) 丁字头处

5. 设置圈梁

圈梁可以增加纵横墙的连接，提高楼板和屋盖的刚度，增强墙体的稳定性，提高其抗剪能力，约束墙面裂缝的开展，抵抗由于地震或其他因素引起的地基不均匀沉降对建筑物的破坏作用。

圈梁应该交圈封闭，遇有洞口应上下搭接，圈梁宜与预制板设在同一标高处或紧靠板底；装配式钢筋混凝土楼板、屋盖房屋，当横墙承重时圈梁设置要求见表12-8。纵墙承重时，必须层层设置圈梁、且横墙方向圈梁比表12-8中的规定适当加密。现浇或装配整体式钢筋混凝土楼板、屋盖与墙体有可靠连接的房屋可不另设圈梁，但楼板应与相应构造柱用钢筋可靠连接；钢筋混凝土圈梁的截面高度不应小于120mm。图12-12为圈梁构造示意。

钢筋混凝土圈梁设置要求　　　　表12-8

设置部位	6度和7度	8度	9度
沿上墙、内纵墙	屋盖处及隔层楼板处	屋盖处及每层楼板处	同8度
沿内横墙	同上；屋盖处间距≤7m；楼板处间距≤15m	同上；屋盖处沿所有横墙且间距≤7m；楼板处间距≤7m	同上；各层所有横墙
最小配筋量	4φ8	4φ10	4φ10
箍筋间距	≤250mm	≤200mm	≤150mm

注：如在本表规定的间距内无横墙，应在梁上或板缝中设圈梁拉通。

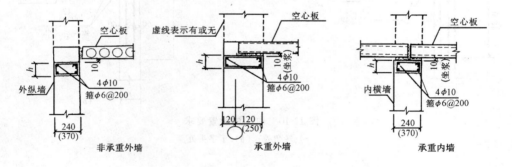

图12-12　圈梁设置要求

6．楼板（屋盖）的构造措施

（1）现浇钢筋混凝土楼板或屋面板伸进纵、横墙内的长度，均不宜小于120mm。

（2）装配式钢筋混凝土楼板或屋面板，当圈梁未设在板的同一标高时，板端伸进外墙的长度不应小于120mm，伸进内墙的长度不宜小于100mm，且不应小于80mm，在梁上不应小于80mm。

（3）当板的跨度大于4.8m并与外墙平行时，靠外墙的预制板侧边应与墙或圈梁拉结，如图12-13所示。

（4）房屋端部大房间的楼板，8度时房屋的屋盖和9度时房屋的楼板、屋盖，当圈梁设在板底时，钢筋混凝土预制板应相互拉结，并应与梁、墙或圈梁拉结，如图12-14所示。

（5）楼板、屋盖的钢筋混凝土梁应与墙、柱（包括构造柱）或圈梁可靠连接。

7．墙体局部构造尺寸的限制措施

建筑物遭受地震时，首先在薄弱处破坏，设计时应特别注意，悬挑构件挑出长度不宜

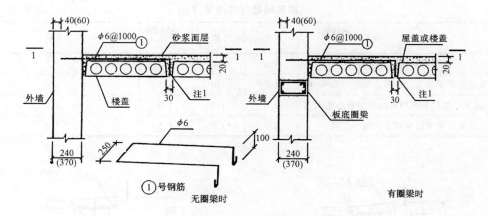

图 12-13 楼板与非承重墙拉结

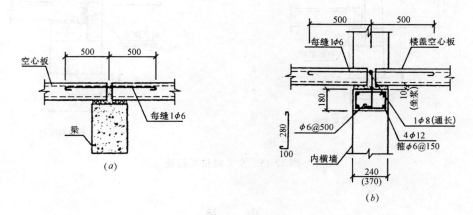

图 12-14 楼板间相互拉结
（a）梁上时；（b）墙上时

过长，其限值见表 12-9。当女儿墙高度超过表 12-9 的允许高度时应采取锚固措施，见图 12-15。洞口对墙体削弱较大，窗间墙不宜过窄，宜等宽布置，其限值见表 12-10。如设计中，外墙尽端至门窗洞边的最小距离不满足表 12-10 的要求时，可采取加构造柱等措施。

悬挑构件不宜挑出过长。其限值见表 12-9。

悬挑构件挑出尺寸限值（m） 表 12-9

构件类别	6度	7度	8度	9度	附 注
无锚固女儿墙最大高度	0.5	0.5	0.5		出入口上面的女儿墙应有锚固
有锚固预制钢筋混凝土挑檐	0.8	0.8	0.8	0.4	
阳台、雨篷挑出墙面	1.5	1.5	1.5	1.0	

255

房屋局部尺寸限值（m） 表 12-10

部　　位	6度	7度	8度	9度
承重窗间墙最小宽度	1.0	1.0	1.2	1.5
承重外墙尽端至门窗洞边的最小距离	1.0	1.0	1.5	2.0
非承重外墙尽端至门窗洞边的最小距离	1.0	1.0	1.0	1.0
内墙阳角至门窗洞边的最小距离	1.0	1.0	1.5	2.0

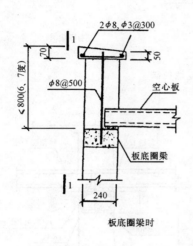 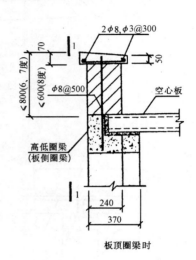

图 12-15　女儿墙锚固措施

小　　结

1．变形缝是解决房屋由温度变化、不均匀沉降及地震等因素影响避免产生裂缝的一种措施，它通常包括温度缝、沉降缝、抗震缝。在建筑上设缝使构造复杂、造价增大，给设计和施工等带来一系列问题，如可采取其他措施加强房屋整体性，抵抗变形破坏，还是以不设缝最好。

2．伸缩缝、沉降缝、抗震缝在设置条件、基础构造处理、缝宽、墙的构造处理等各方面均有所不同，学习时应注意它们的异同点。

3．在建筑设计时应尽量三缝合一。并应满足抗震要求和不均匀沉降要求。

4．抗震设计是防止房屋地震破坏的重要措施，地震有构造地震、塌陷地震、火山地震。构造地震占地震总数 90%。

5．衡量地震大小的指标有震级、烈度，而设计上常用基本烈度和设防烈度，应搞清楚他们的区别。

6．抗震设防区建筑物，一定要遵守抗震设计的有关原则，震害特点是采取抗震构造措施的重要依据，有关的构造措施是提高建筑物抗震能力的重要手段。

复习思考题

1. 什么叫变形缝？它包括哪三种缝？
2. 为什么说建筑物以不设变形缝为最好？
3. 试比较伸缩缝、沉降缝、抗震缝在设置条件、缝宽、基础处理、墙、楼地面、屋顶构造处理上的异同点？
4. 图示说明伸缩缝、沉降缝、抗震缝在外墙上的构造？
5. 当三缝合一时应遵守什么原则？
6. 什么是地震震级、地震烈度？
7. 什么是基本烈度和设防烈度？
8. 抗震设计有哪些原则？
9. 为提高房屋抗震能力可采取哪些构造措施？
10. 试说明圈梁和构造柱的作用，设置要求？

第十三章 建筑工业化

第一节 基本概念

一、建筑工业化的含义和特征

建筑工业化是指用现代工业生产方式来建造房屋,也就是和其他工业一样,用机械化手段生产定型产品。建筑工业的定型产品是指房屋、房屋的构配件和建筑制品等。例如定型的整幢房屋,定型的墙体、楼板、楼梯、门窗等等。只有产品定型,才有利于成批生产,才能采取机械化方法。成批生产意味着把某些定型产品转入工厂制造,这样一来生产的各个环节分工更细致,组织管理更加科学。

建筑工业化的基本特征表现在建筑构配件设计标准化、生产过程机械化、组织管理科学化三个方面。设计标准化是建筑工业化的前提条件,建筑产品如不加以定型,采取标准化设计,就无法成批生产。机械化生产与施工是建筑工业化的核心,机械化是建筑工业化的手段,大多数定型产品都可以在工厂或现场实施机械化生产和安装,从而可以大大提高效率,保证产品质量。组织管理科学化是实现建筑工业化的保证,因生产的环节较多时,相互间的矛盾需要通过严密的科学的组织管理来加以协调,否则建筑工业化的优越性就不能充分体现。建筑工业化的重点则在于提高机械化施工水平和实现建筑的墙体改革。

数千年来,人类建造房屋所依靠的手工操作方法,劳动强度大,工效低,工期长,对于现代建筑工业显然极不适应。只有实现建筑工业化,才能加快施工速度,降低劳动强度,减少人工消耗,提高产品质量,从根本上改变建筑业的落后状况。

二、建筑工业化的发展和实现建筑工业化的条件

我国建筑工业化发展走过了艰难的历程。20世纪50年代就提出要逐步向建筑工业化过渡。1966年以前,主要采用标准设计,即采用标准的构件设计和配件设计。这些标准设计在促进我国建筑工业化方面起到积极作用。80年代以后,建筑工业逐渐成为我国经济的重要部门,标准设计已不能适应发展需要,因为设计与施工基本上脱节。要真正实现建筑工业化,必须走工业化建筑体系的道路。所谓工业化建筑体系,就是把某些类型的建筑,从设计、生产工艺、施工方法到组织管理等各个环节都加以配套,形成工业化生产的完整过程。

工业化建筑体系一般分为专用体系和通用体系。专用体系是指以定型房屋为基础进行构配件配套的一种体系,其产品是定型房屋。而通用体系则是以通用构配件为基础,进行多样化房屋组合的一种体系,其产品是定型构配件。专用体系的优点是以少量规格的构配件就能将房屋建造起来,一次性投资不多,见效大,但其缺点是由于构配件规格少,容易使房屋立面产生单调感。通用体系则不然,它的构配件规格比较多,可以互相调换使用,容易作到多样化,适应的面广,可以进行专业化成批生产。所以近年来很多国家都趋向于

从专用体系转向通用体系，我国的情况也大体如此。

三、工业化建筑的类型

工业化建筑类型可按结构类型和施工工艺进行划分。结构类型主要包括框架结构，框架—剪力墙结构和剪力墙结构等。施工工艺主要按混凝土工程来划分，诸如预制装配（全装配）、工具式模板机械化现浇（全现浇）或预制与现浇相结合等。通常按结构类型与施工工艺的综合特征将工业化建筑划分为以下类型：砌块建筑、大板建筑、框架板材建筑、大模板建筑、滑模建筑、升板建筑和盒子建筑等等。

预制装配式建筑是将建造房屋用的构配件制品，如同其他工业化产品一样，用工业化方法在工厂生产，然后运到现场进行安装。主要包括砌块建筑、大板建筑、盒子建筑等。预制装配式建筑的主要优点是生产效率高、构件质量好、施工速度快、现场湿作业少、受季节影响小等。

现浇或现浇与预制相结合的建筑是将主要承重构件，如墙体和楼板等全部现浇，或其中一种现浇一种预制装配。其主要优点是整体性好，适应性强，运输费用节省，便于组织大面积的流水作业，经济效果好。

限于篇幅，本章主要介绍大板建筑、大模板建筑、装配式框架板材建筑，对盒子建筑，升板和滑模建筑只作简略介绍。

第二节 大板建筑

一、大板建筑的优缺点和适用范围

大板建筑是大型板材装配式建筑的简称。大板意指大墙板、大楼板、大型屋面板。这些板材通常既可在工厂制作，也可在现场预制，是一种全装配式建筑。

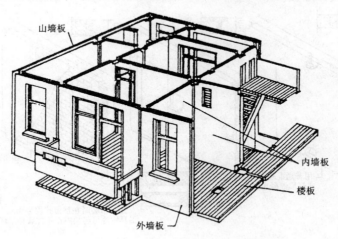

图 13-1 装配式大板建筑

它的主要优点表现在以下几个方面：1）装配化程度高，建设速度快，可缩短工期，提高劳动生产率。国外经验认为比一般的传统施工方法可缩短工期 40% ~ 50%，节约劳动力 30% ~ 40%；2）施工现场湿作业少，施工较少受天气和季节的影响，大部分工作移入工厂进行，改善了工人的劳动条件；3）板材的承载能力比砖混结构高，可减少墙厚和结构自重，对抗震有利，并扩大了使用面积（5%～10%）。大板建筑也存在一些缺点：1）一次性投资较大，也就是先要投入一笔资金修建大板工厂；2）需要有大型的吊装运输设备，而且运输比较困难；3）钢材和水泥用量比砖混结构大，房屋造价也比砖混结构高（约高20%～30%）。

大板建筑的适应范围：1）大板建筑建设数量较稳定的地区才能提高效益，降低造价；2）施工现场宜成街成坊建造，否则，每平方米摊销的机械台班费就会很高，因而会增加建筑造价；3）建筑的类型只能是住宅、宿舍、旅馆等小开间的建筑；4）板材之间有可靠的连接，具有较好抗震性能，所以震区和非地震区都适合；5）由于大板建筑要求的施工设备和运输条件较高，所以宜在平坦的地段建造。

二、大板建筑的板材类型

大板建筑是用内外墙板、楼板屋面板和其他构件组装成的，以下对各种构配件作介绍。

（一）墙板类型

墙板按其安装的位置分为内墙板和外墙板；按其材料分为振动砖墙板、混凝土墙板、工业废渣墙板；按其构造形式分为单一材料墙板和复合墙板。

1. 内墙板

内墙板通常既是受力构件又是分隔构件，应具有足够强度和刚度，还须有隔声、防火能力。为了减少墙板的规格，从底层到顶层均采用同一厚度。多层建筑内墙板厚为140～160mm，高层时为180～240mm。由于内墙板不需要考虑保温与隔热，多采用单一材料制作，常见的构造形式有实心墙板、空心墙板和振动砖墙板（图13-2）。当在墙板端部开设门洞时，可以作成异形板。

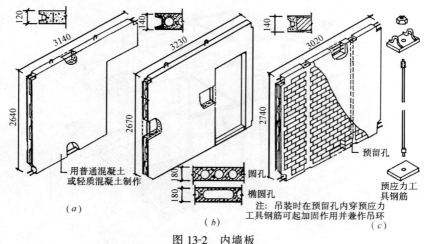

图13-2 内墙板
（a）实心墙板；（b）空心墙板；（c）振动砖墙板

2. 外墙板

外墙板主要应满足围护结构方面的要求，如防风遮雨，保温隔热及便于外装修等。因热工要求较高，外墙板常采用两种以上材料的复合板，如图13-3所示。复合板一般用钢筋

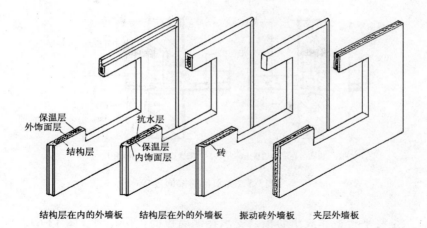

图 13-3 复合式外墙板

混凝土作受力层,以轻质材料作保温隔热层。层数较少的大板建筑,也可采用轻质混凝土做成单一材料的外墙板,如矿渣混凝土、陶粒混凝土、加气混凝土墙板等。

(二) 楼板和屋面板

为了加强房屋的整体刚度,宜采用整间式预应力钢筋混凝土大楼板和屋面板。当吊装运输设备不允许时,也可每间由两块板拼接起来。钢筋混凝土楼板形式可用空心板、实心板、肋形板,如图 13-4 所示。为了便于板材间的连接,楼板、屋面板的四边应预留缺口,并甩出连接用的钢筋。

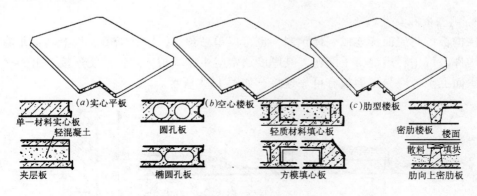

图 13-4 钢筋混凝土楼板形式

(三) 其他构件

大板建筑的其他构件包括阳台构件、楼梯构件、挑檐板、女儿墙板等。

1. 挑阳台板

挑阳台板可以与楼板合为一块整板,也可以单独预制,前一种方法楼板尺寸过大而不便运输,所以一般都倾向于后一种作法。应注意的是,应当将阳台板与楼板锚固成整体,确保阳台不致倾覆,如图 13-5 所示。

2. 楼梯构件

楼梯可按梯段板、平台板分开预制,也可将梯段与平台连成一体预制,分开预制比较方便,故采用较多。平台板与楼梯间两侧墙板的连接,一是将平台板直接支承在侧墙板的

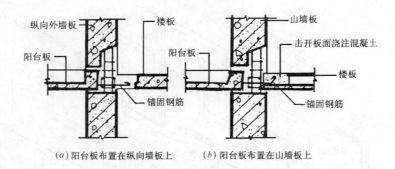

图 13-5　挑阳台的锚固连接

钢牛腿上；二是将平台板作成出肋板，支承在侧墙板的预留孔内（图 13-6）。

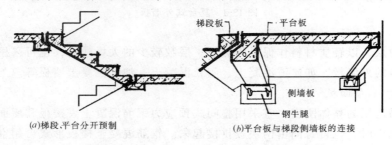

图 13-6　楼梯平台板的连接构造

3．挑檐板和女儿墙板

挑檐板可与屋面板连成一体预制，也可以单独预制，搁置于屋面板上。女儿墙板是非承重构件，可用轻质混凝土制作，其厚度通常与主体墙板一致，以便连接。由于女儿墙板悬于屋面上空，应与屋面板有可靠连接，如图 13-7 所示。

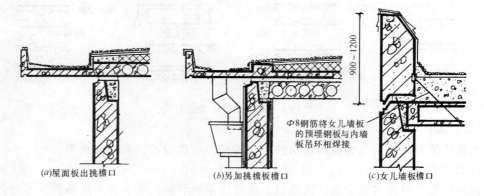

图 13-7　挑檐板和女儿墙板

三、大板建筑的节点构造

大板建筑的节点构造包括板材间的连接和外墙板接缝防水处理。

(一) 板材连接

板材连接是大板建筑至为关键的构造措施，板材只有通过相互间牢固地连接，才能把墙板、楼板连成一体，使房屋的强度刚度得以保证。板材连接有干法与湿法两种。

1. 干法连接

干法连接是借助于预埋在板材边缘的铁件通过焊接或螺栓将板材连成一体。其优点是施工简便，施工速度快。缺点是耗钢量较大，连接件易锈蚀，故这种连接方法的使用受到限制。

2. 湿法连接

湿法连接是在板材边缘预留钢筋（称为甩筋），安装时将这些甩筋相互绑扎或焊接，然后在板缝中浇灌混凝土，从而形成类似的圈梁和构造柱，使大板建筑的整体刚度增强，见图13-8。

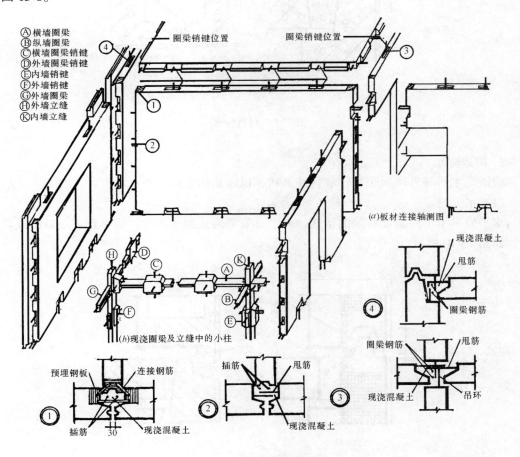

图 13-8 板材连接构造

湿法连接的优点是房屋结构整体性好、刚度大，连接钢筋被混凝土包住，不易锈蚀。但湿法连接必须有一定养护时间，使接头混凝土达到一定强度后才能继续上层板安装。

(二) 外墙板的接缝防水构造

外墙板之间的接缝是最易产生渗漏的地方。引起渗漏的原因主要是墙板间的灌缝混凝土和砂浆开裂，使雨水得以渗入室内。裂缝的产生多因温湿度变化或地基不均匀沉陷，灌缝材料干缩变形或灌缝不密实之故。

防止接缝漏水的措施有两种，即材料防水和构造防水。

1. 材料防水法

材料防水是在外墙板接缝镶嵌密封材料，阻止雨水渗入室内。嵌缝材料应具有弹性好、粘结力强、耐老化等性能。常用聚氯乙烯胶泥（俗称塑料油膏），如图13-9所示。材料防水的优点是墙板边缘形状简单，制作方便，我国南方地区用得较多。

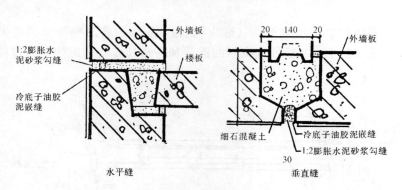

图13-9　材料防水

2. 构造防水

构造防水是将外墙板边缘作成特殊形状，以阻止雨水渗透。

（1）水平缝

水平缝是上下两块墙板间的接缝，为了有效地防止雨水渗透，通常作成企口缝或高低缝，如图13-10所示。

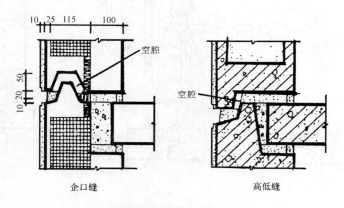

图13-10　水平缝构造

（2）垂直缝

垂直缝是左右两墙板之间的接缝，缝内常留有空腔。空腔有单空腔和双空腔两种作法，见图13-11。雨水一旦渗入缝中，便会顺空腔下流，然后在适当位置用排水管将其排至室外。双空腔做法的防水效果比单空腔的更好。

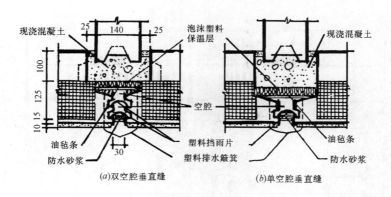

图 13-11 垂直缝构造

第三节 框架板材建筑

一、框架板材建筑的优缺点和适用范围

框架板材建筑是指由框架和楼板、墙板组成的建筑，见图 13-12。其结构特征是由框架承重，墙板仅作为围护和分隔构件。这种建筑的主要优点是空间划分灵活，自重轻，有

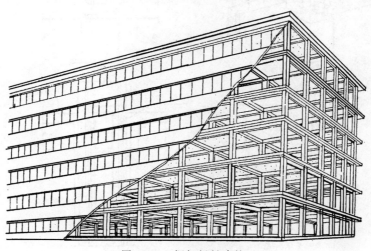

图 13-12 框架板材建筑

利于抗震，节省材料；其缺点是钢材和水泥用量大，构件的总数量多。框架板材建筑适用于要求有较大空间的多层、高层民用建筑，地基较软弱的建筑和地震区建筑。

二、框架结构类型

框架按所用材料分为钢框架和钢筋混凝土框架。通常，20 层以下的建筑可采用钢筋混凝土框架，更高的建筑才采用钢框架。我国目前主要采用钢筋混凝土框架。

钢筋混凝土框架按施工方法不同，分为全现浇、全装配和装配整体式。全现浇框架的现场湿作业多，寒冷地区冬季施工还要采取保温措施，故采用后两种施工方法更有利。

按构件组成不同分为板柱框架、梁板柱框架和剪力墙框架，如图 13-13 所示。其中板柱框架由楼板和柱子组成框架，楼板可用梁板合一的肋形楼板，也可用实心大楼板。梁板

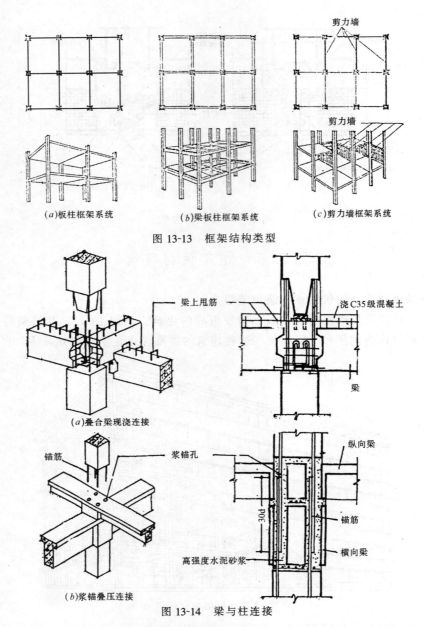

图 13-13 框架结构类型

图 13-14 梁与柱连接

柱框架由梁、楼板、柱子构成框架。剪力墙框架则是在以上两种框架中增设一些剪力墙，其刚度较纯框架的大得多。剪力墙主要承担水平荷载，框架主要承受垂直荷载，故框架的节点构造大为简化，适合在高层建筑中采用。钢筋混凝土框架一般不宜超过10层，框剪结构多用于10~20层的建筑。

三、装配式钢筋混凝土框架的构件连接

框架的构件连接主要有梁与柱、梁与板、板与柱的连接。

（一）梁与柱的连接

梁与柱通常在柱顶进行连接，最常用的是叠合梁现浇连接，其次是浆锚叠压连接，见图13-14。其中图(a)为叠合梁现浇连接构造，叠合方法是把上下柱、纵横梁的钢筋都伸入节点,加配箍筋后浇灌混凝土成型。其优点是节点刚度大,故较为常用。图(b)为浆锚叠压连接,将纵横梁置于柱顶,上下柱的竖向钢筋插入梁上的预留孔,灌入高强砂浆将柱筋锚固,使梁柱连接成整体。

（二）楼板与梁的连接

为了使楼板与梁整体连接,常采用楼板与叠合梁现浇连接,见图13-15。叠合梁由预制和现浇两部分组成。在预制梁上部留出箍筋,预制楼板安放在梁侧,放置纵向架立钢筋后浇筑混凝土,将梁和楼板连成整体。这种连接方式的优点是整体性强,并可减少

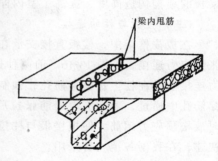

图 13-15 楼板与梁连接

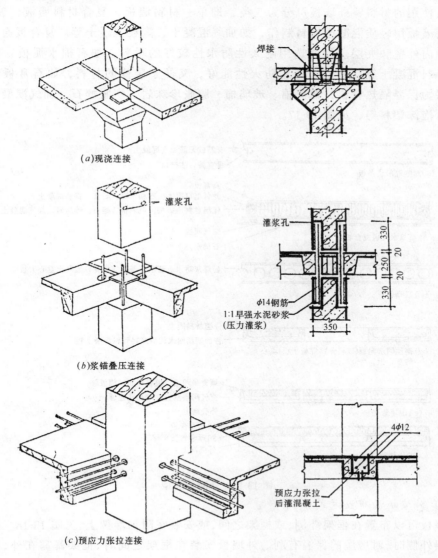

(a)现浇连接

(b)浆锚叠压连接

(c)预应力张拉连接

图 13-16 楼板与柱的连接

梁板的结构构造高度，提高了室内净高。

（三）楼板与柱的连接

在板柱框架中，楼板直接支承在柱上，其连接方法可用现浇连接、浆锚叠压连接和后张预应力连接，见图13-16。前两种连接方法与梁柱连接是相同的，不再说明。后张预应力连接法是在柱上预留穿筋孔，预制大型楼板安装就位后，预应力钢筋从楼板边槽和柱上穿筋孔中通过，对预应力钢筋张拉后，在楼板边槽中灌混凝土，待混凝土强度达到70%时放松预应力钢筋，便把楼板与柱拉接成整体。这种方法构造简单，连接可靠，施工方便快速，在我国各地均有采用。

四、外墙板的类型、布置方式与连接

（一）墙板类型

按所使用的材料，外墙板可分为三类，即单一材料墙板、复合材料墙板、玻璃幕墙。单一材料墙板用轻质混凝土材料制作，如加气混凝土、陶粒混凝土等。复合板通常由三层组成，即内外壁和夹层。外壁选用耐久性防水性较好的材料，如石棉水泥板、钢丝网水泥、轻骨料混凝土等。内壁应选用防火性能好，又便于装修的材料，如石膏板、塑料板等。夹层为保温隔热材料，如矿棉、玻璃棉、膨胀珍珠岩、膨胀蛭石、加气混凝土、泡沫混凝土、泡沫塑料等，见图13-17。

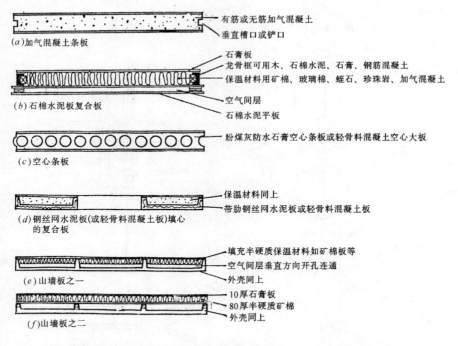

图13-17 外墙板类型

（二）外墙板的布置方式

外墙板可以布置在框架外侧，或框架之间，或安装在附加墙架上，见图13-18。外墙板安装在框架外侧时，对房屋的保温有利。外墙板安装在框架之间时，框架暴露在外，在构造上需对框架柱作保温处理，防止外露的框架柱和楼板形成"冷桥"。轻型墙板通常需安装在附加墙架上，使外墙板具有足够的刚度，保证其在风力或地震力的作用下不会变形。

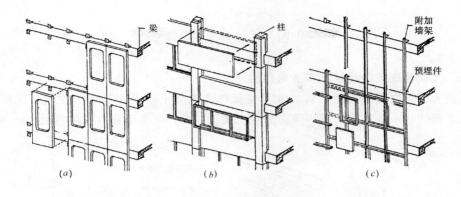

图 13-18 外墙板的布置方式
(a) 外墙板安装在框架外侧；(b) 外墙板安装在框架之间；
(c) 外墙板安装在附加墙架上

(三) 外墙板与框架的连接

外墙板可以采用上挂或下承两种方式支承于框架柱、梁或楼板上。图 13-19 为各种外墙板与框架的连接构造。根据不同的板材类型和板材的布置方式，可采取焊接法、螺栓连接法、插筋锚固法等进行连接。无论采用何种方法，均应注意以下构造要点：1）外墙板与框架连接应安全可靠；2）不应出现"冷桥"现象，防止产生结露；3）构造简单，施工方便。

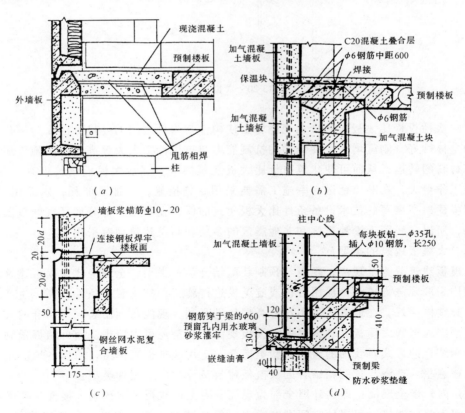

图 13-19 外墙板与框架连接

第四节 大模板建筑

一、大模板建筑的优缺点和适用范围

所谓大模板建筑是指用工具式大型模板现浇混凝土楼板和墙体的建筑,见图13-20。大模板建筑的优点是:由于采用现浇混凝土施工工艺,可不必建造预制混凝土板材的大板

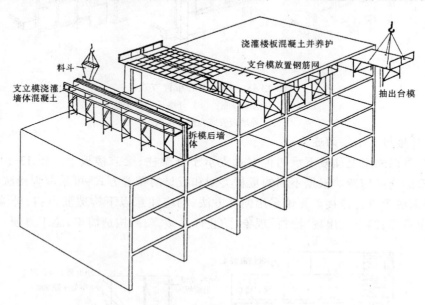

图13-20 大模板建筑

厂,故一次性投资比大板建筑少;现浇施工使构件与构件之间的连接方法大为简化,而且结构的整体性好,刚度增大,使结构的抗震能力与抗风能力大大提高;现浇施工还可以减少建筑材料的转运,从而可使建筑造价比大板建筑的低。当然大模板建筑也有一些缺点:如现场工作量大,在寒冷地区冬季施工需要采用冬施措施,增加了能耗,水泥用量较多。但大模板建筑所需要的技术设备条件比大板建筑的低,在我国大部分地区气候较温暖时适应性强,所以在我国无论地震区和非地震区的多层和高层建筑均有采用。

二、大模板建筑的类型

大模板建筑分为全现浇、现浇与预制装配结合两种类型。全现浇式大模板建筑的墙体和楼板均采取现浇方式,一般用台模或隧道模进行施工,技术装备条件较高,生产周期较长,但其整体性好,在地震区采用这种类型特别有利。现浇与预制装配相结合的大模板建筑采用预制式整间大楼板,墙体采用大模板现浇,甚至还可内墙现浇而外墙板预制。现浇与预制相结合的方式对我国的生产现状更适合,运用起来也更灵活,所以各地应用也较全现浇式普遍些。现浇与预制相结合的大模板建筑又分为以下三种类型:

(1)内外墙全现浇:即内外墙全部为现浇混凝土,楼板采用预制大楼板。其优点是内外墙之间为整体连接,房屋的空间刚度增强,但外墙的支模较复杂,装修工作量也较大。一般多用于多层建筑或地震区的高层建筑。

(2) 内墙现浇外墙挂板：即内墙用大模板现浇混凝土墙体，预制外墙板悬挂在现浇内墙上，楼板则用预制大楼板。这种类型简称为"内浇外挂"。其优点是外墙的装修可以在工厂完成，缩短了工期，同时其保温问题较前一种方式更易解决，同时整个内墙之间为整体浇筑，房屋的空间刚度仍可以得到保证。所以这种类型兼有大模板与大板两种建筑的优点，目前在我国高层大模板建筑中应用最为普遍。

(3) 内墙现浇外墙砌砖：即内墙采用大模板现浇，外墙用砌块来砌筑，楼板则用预制大楼板，简称为"内浇外砌"。采用砖砌外墙比混凝土外墙的保温性能好，而且又便宜，故在多层大模板建筑中曾经运用得较多。但是砖墙自重大，现场砌筑工作量大、工期长，所以这种类型在高层大模板建筑中很少采用。

三、大模板建筑的墙体材料与节点构造

我国大模板建筑目前多用于住宅建筑，内墙一般采用 C20 普通混凝土或轻质混凝土。内横墙厚度应满足楼板搁置长度的需要，内纵墙厚度应满足房屋刚度的要求，两者厚度最好统一。当大模板建筑体系只用于多层住宅时，一般内墙厚度为 140～160mm，若用于多层和高层住宅时，应采用 160～200mm 厚。外墙厚度视材料和地区气候而定。当采用内外墙全现浇混凝土时，宜用轻质混凝土，厚度根据结构计算和热工计算确定。当采用"内浇外挂"时，外墙板宜用复合板。当采用"内浇外砌"时，外墙厚度和当地砖砌体结构的外墙厚度相同。

大模板建筑的节点构造是指墙体与墙体的连接、墙体与楼板的连接。墙体与墙体的连接主要反映在现浇内墙与外挂墙板、现浇内墙与外砌砖墙的连接上。

(一) 现浇内墙与外挂墙板的连接

在"内浇外挂"的大模板建筑中，外墙板是在现浇内墙板之前先安装就位，并将预制外墙板端的甩筋与内墙钢筋绑扎在一起，在外墙板缝中插入竖向钢筋，上下墙板的甩筋也相互搭接焊牢，浇筑内墙混凝土后，这些接头连接钢筋便将内外墙锚固成整体（图 13-21）。

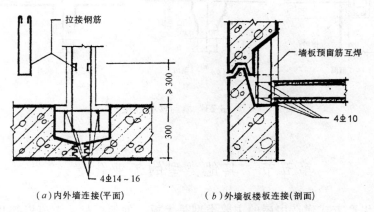

(a) 内外墙连接（平面）　　(b) 外墙板楼板连接（剖面）

图 13-21　内墙与外挂板连接

(二) 现浇内墙与外砌砖墙的连接

在"内浇外砌"的大模板建筑中，砖砌外墙必须与现浇内墙相互拉结才能保证结构的

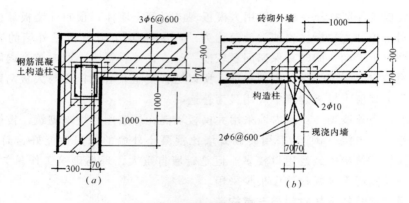

图 13-22 现浇内墙与砖外墙连接

整体性，见图 13-22。施工时，先砌砖外墙，在与内墙交接处将砖墙砌成凹槽，并放置锚拉钢筋，内墙钢筋与这些拉筋绑扎在一起，浇筑内墙混凝土后，砖墙的预留凹槽便形成混凝土构造柱，将内外墙牢固地连接在一起。山墙转角处则应专门现浇钢筋混凝土构造柱。

（三）现浇内墙与预制楼板的连接

楼板与墙体应有可靠的连接，见图 13-23。安装楼板时，可将钢筋混凝土楼板伸进现浇墙内 35～45mm，相邻两楼板之间至少有 70～90mm 的空隙作为浇筑混凝土的位置。楼板端头甩筋与墙体竖向钢筋以及水平附加钢筋相互交搭，浇筑墙体后，在楼板之间形成一条钢筋混凝土现浇带，便将楼板与墙板连接成整体。若外墙采用砖砌筑时，应在砌墙内的楼板部位设钢筋混凝土圈梁。

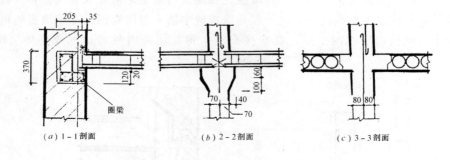

图 13-23 墙与楼板连接

第五节 其他类型的工业化建筑

用工业化生产方式建造房屋的主要类型是大板、框架板材、大模板等几种，除此之外还有滑模建筑、升板建筑、盒子建筑等，也都属于工业化建筑的范畴。下面作一简要介绍。

一、滑模建筑

所谓滑模建筑是指用滑升模板来现浇墙体的一种建筑。滑模现浇墙体的工作原理是利用墙体内的竖向钢筋作支承杆，将模板系统支承其上，用液压千斤顶系统带动模板系统沿支承杆慢慢向上滑移，边升边浇筑混凝土墙体，直至顶层墙体后才将模板系统卸下，见图13-24。

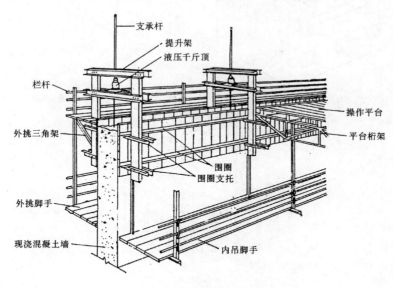

图 13-24 滑模示意

滑模建筑的主要优点是结构的整体性好，抗震能力强，机械化程度高，施工速度快，模板的数量少，且利用率高，施工时所需的场地小。但用这种方式建造房屋，操作精度要求高，墙体垂直度的偏差不能超出允许范围，否则将酿成事故。滑模建筑适宜用于外形简单整齐、上下壁厚相同的建筑物和构筑物，如多层和高层建筑、水塔、烟囱、筒仓等。我国深圳国际贸易中心大厦高53层的主楼部分，便是采用滑模施工的。

滑模建筑通常有以下三种类型：第一种是内外墙全部用滑模现浇混凝土（图13-25a）。第二种是内墙用滑模现浇混凝土，外墙用预制墙板（图13-25b），有利于外墙的保温和装修。第三种是滑模浇注楼梯间、电梯间等构成的筒体结构，其余部分用框架或大板结构（图13-25c），这种典型多见于高层建筑。

二、升板建筑

所谓升板建筑是指利用房屋自身的柱子作导杆，将预制楼板和屋面板提升就位的一种建筑。用升板法建造房屋的过程与常规的建造方法不同，现以图13-26为例加一说明。第一步是做基础，即在平整好的场地开挖基槽，浇筑柱基础。第二步是在基础上立柱子，大多采用预制柱。第三步是打地坪。先作地坪的目的是为了在其上面预制楼板等。第四步是叠层预制楼板和屋面板，板与板之间用隔离剂分隔开，注意柱子是套在楼板屋面板中由上而下逐渐提升。为了避免在提升过程中柱子失去稳定而使房屋倒塌，楼屋面板不能一次就提升到设计位置，而是分若干次进行，要防止上重下轻。第六步是逐层就位，即从底层到顶逐层将楼板和屋面板分别固定在各自的设计位置上。

升板建筑的主要施工设备是提升机，每根柱子上安装一台，以使楼板在提升过程中均匀受力，同步上升，提升机悬挂在承重销上（图13-27）。承重销是用钢制的，可以临时穿

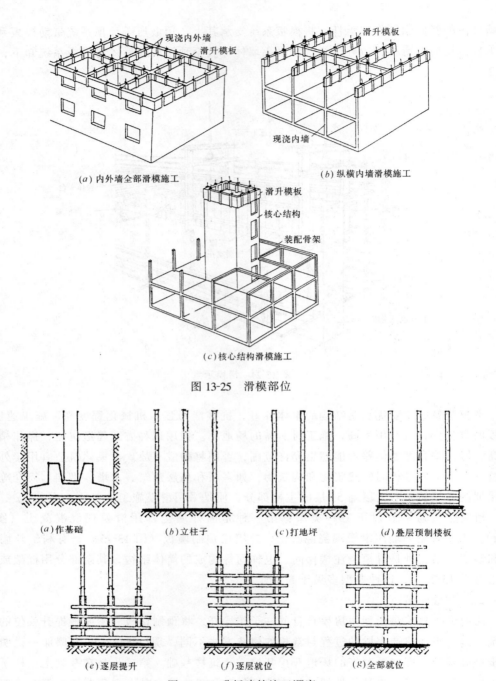

图 13-25 滑模部位

图 13-26 升板建筑施工顺序

入柱上预留的间歇孔中,施工时用它来临时支承提升机和楼板,提升完毕后承重销便永久地固定在柱帽中。提升机通过螺杆、提升架、吊杆将楼板吊住,当提升机开动时,螺杆转动,楼板便慢慢上升,见图 13-27(a)。当楼板提升到间歇孔处时,在楼板下将承重销穿入柱子间歇孔中,支承住楼板。当继续往上提升时,需将提升机移到更高位置,并悬挂在柱子上,如此往复数次,逐渐将各层楼板和屋面板提升到设计位置。

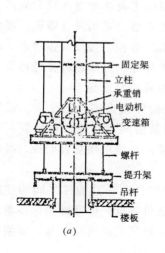 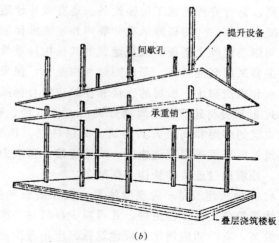

图 13-27 升板建筑

升板建筑的优越性是很明显的，由于是在建筑物的地坪上叠层预制楼板，不需要底模，可以大大节约模板；把许多高空作业转移到地面上进行，可以提高效率，加快进度；预制楼板是在建筑物本身平面范围内进行的，不需要占用太多的施工场地。根据这些优点，升板建筑主要适用于隔墙少、楼面荷载大的多层建筑，如商场、书库、车库和其他仓贮建筑，特点适合于施工场地狭小的地段建造房屋。

三、盒子建筑

盒子建筑是指由盒子状的预制构件组合而成的全装配式建筑。这种建筑始建于 20 世纪 50 年代，目前世界上许多个国家修建了盒子建筑。它适用于住宅、旅馆、疗养院、学校等，不但用于多层房屋，还用于高层建筑。我国从 20 世纪 60 年代初期开始试点，建起了盒子住宅楼，盒子旅馆等。

盒子建筑的主要优点：第一是施工速度快，同大板建筑相比，可缩短施工周期 50%～70%，国外有的 20 多层的旅馆，采用盒子构件组装，一个月左右就能建成。第二是装配化程度高，修建的大部分工作，包括水、暖、电、卫等设备安装和房屋装修都移到工厂完成，施工现场只余下构件吊装、节点处理，接通管线就能使用。现场用工量仅占总用工量的 20% 左右，总用工量比大板建筑减少 10%～15%，比砖混建筑减少 30%～50%。第三，混凝土盒子构件是一种空间薄壁结构，自重很轻，与砖混建筑相比，可减轻结构自重一半以上。目前影响盒子建筑推广的主要原因是建造盒子构件的预制工厂投资太大，建筑的单方造价也较贵。

小 结

1. 建筑工业化是指用现代工业生产方式建造房屋，其特征是设计标准化、生产过程机械化、管理科学化。实现工业化可加快施工速度，降低劳动强度，减少人工消耗，提高工程质量。工业化建筑体系是把设计、生产、施工、组织管理加以配套，构成一个完整的全过程，是实现工业化的有效途径。专用体系的最终产品是定型房屋。通用体系的最终产品是定型构配件，具有更大的灵活性与通用性。

2. 大板建筑是一种全装配体系，装配化程度高，工期短，省劳力，湿作业少，建厂费用高，需有完善的施工运输设备，适宜成片建造。内墙板的主要功能是承重和隔声，常用混凝土制作。外墙板除承重和隔声外还要求保温隔热与外装修，常用复合墙板。楼板常用整间钢筋混凝土楼板。大板建筑的其他构件重量应尽可能与墙板、楼板大体接近。构件连接主要采用现浇接头，形成圈梁和构造柱，保证房屋的整体性。外墙板的接缝可采用材料防水和构造防水。板材的连接和接缝应符合标准化与互换通用的原则。

3．框架板材建筑的空间划分灵活、自重轻、省材料、构件接头多、工序多，适宜于有大空间的多层和高层公共建筑、高层住宅。框架多用钢筋混凝土建造，可预制，可现浇。预制框架可采用现浇连接、浆锚连接、预应力张拉连接。外墙可用复合墙板、玻璃幕墙等，外墙通过连接件悬挂于框架上。

4．大模板建筑是一种现浇体系，但外墙板和楼板也可以预制，其构件之间的连接比预制体系简单，整体性更好，并可减少材料的多次运输，造价降低，但寒冷地区冬季施工耗能量高。它的适应性比大板建筑强，应用范围更广。高层建筑宜用内浇外挂，多层建筑可用内浇外砌，并保证内外墙之间连接可靠。

5．滑模建筑是用可移动的模板，边现浇边移动模板连续施工墙体，房屋整体性好，施工机械化程度高，速度快，但操作精度要求高，适宜于上下墙厚一致的多层和高层建筑。楼板可用现浇或预制，但要与墙体现浇工艺协调。

6．升板建筑利用自身柱子作导杆，把预制楼板提升就位，对施工场地狭小的工程最适合。

7．盒子建筑是装配化程度最高的预制体系，施工速度很快，现场用工量很少，但需要有设备完善的预制工厂和重型施工运输设备。

复习思考题

1．什么叫建筑工业化？建筑工业化的特征有哪些？
2．什么叫工业化建筑体系？什么叫专用体系与通用体系？
3．有哪些类型的工业化建筑？我国主要发展哪些工业化建筑？
4．大板建筑的优缺点和适用范围。
5．大板建筑由哪些构件组成？内外墙板在构造上有何区别？何谓复合墙板？
6．大板建筑板材之间如何连接？注意构造图示。
7．什么叫材料防水和构造防水？防水原理上有何不同？注意构造图示。
8．框架板材建筑的优缺点和适用范围。
9．装配式钢筋混凝土框架的构件连接有哪些方式？注意其特点和图示。
10．框架建筑外墙板有哪几种构造形式？外墙板有几种布置方式？与框架如何连接？
11．大模板建筑的优缺点和适用范围。
12．大模板建筑有哪些类型？各适用于何种情况？
13．大模板建筑的连接构造怎样？
14．什么叫滑模建筑？其优缺点和适用范围如何？
15．什么叫升板建筑？优缺点和适用范围。
16．盒子建筑的优缺点和适用范围。

第二篇 工业建筑设计及构造

第十四章 工业建筑设计概述

第一节 工业建筑的类型、特点和设计要求

一、工业建筑的类型

所谓工业建筑，是指从事各类工业生产及直接为生产服务的房屋，通常也称为厂房或者车间。

为了掌握工业建筑的特征和标准，便于进行设计与研究，工业建筑常被分为如下几种类型。

(一) 按厂房的用途分类

(1) 主要生产厂房。系指从原材料到半成品、成品的整个加工生产过程，进行着产品加工的主要工序的厂房，例如机械制造厂中的铸造车间、锻造车间、铆焊车间、热处理车间、机械加工及装配车间等。其特征是布置较大较多的生产设备和起重运输设备，建筑面积大，职工人数多，车间地位亦较重要。

(2) 辅助生产厂房。指间接从事工业生产的厂房，或称为主要生产厂房提供服务的厂房。在机械制造厂中，这类车间一般是机械修理车间、电修车间、木工车间和工具车间等。

(3) 动力用厂房。指为生产提供能源动力的厂房，如发电厂、锅炉房、煤气发生站、压缩空气站等。动力车间的完好运行对整个生产有着特别重要的意义，同时动力车间的生产状态往往会伴随着一定的危险性或散发有毒有害物。

(4) 储存用房屋。指为生产而储存原料、材料、半成品和成品的各种仓库。

(5) 运输用房屋。指管理、停放、检修交通运输工具的房屋，例如机车库、汽车库、电瓶车库等。

其他如水泵房、污水处理站等也均属于工业建筑。

(二) 按生产状况分类

(1) 冷加工车间。生产操作是在常温下进行，如机械加工车间、机械装配车间等。

(2) 热加工车间。生产中散发大量余热，有时伴随烟雾、灰尘、有害气体，如铸工车

间、锻工车间等。

(3) 恒温恒湿车间。为保证产品质量，车间内部要求稳定的温湿度条件，如精密机械车间、纺织车间等。

(4) 洁净车间。为保证产品质量，防止大气中灰尘及细菌的污染，要求保持车间内部高度洁净。如精密仪表加工及其装配车间、集成电路车间等。

（三）按层数分类

(1) 单层厂房（图 14-1）。这类厂房主要用于重型机械制造工业、冶金工业、纺织工业等。

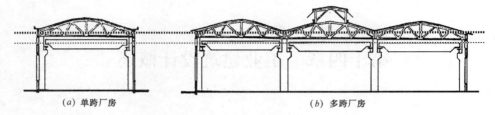

图 14-1 单层厂房剖面图

(2) 双层厂房（图 14-2）。这类厂房主要用于机械制造工业、冶金工业、化纤工业等。

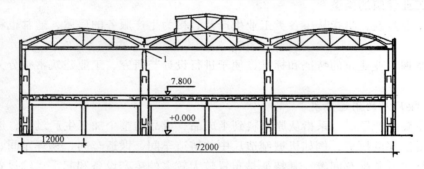

图 14-2 双层厂房铸工车间剖面图

(3) 多层厂房（图 14-3）。这类厂房广泛用于食品工业、电子工业、化学工业、轻型机械制造工业、精密仪器工业等。

二、工业建筑的特点

与民用建筑相比，工业建筑在设计原则、建筑用料和建筑技术等方面，与之有许多共同之处，但在设计配合、平面形式、室内空间处理及承重结构选型方面，尚存在显著特点。

（一）单层厂房的特点

(1) 工艺当先。建筑设计是在工艺设计人员提供的生产工艺设计图的基础上进行的，建筑设计首先应适应生产工艺方面的要求，其次要满足适用、安全、经济、美观的建设方针要求。

(2) 体型高大。大多数单层厂房中，由于生产设备多而体型高大，各部分生产联系紧密，并伴有多种起重和运输设备通行，因而厂房内部需要较大的敞通空间，造成厂房占地面积多、体型高大、内部敞通的特征。

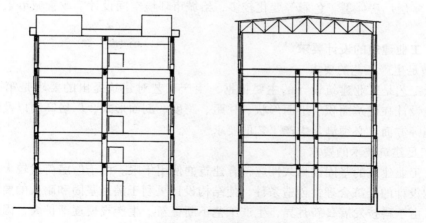

图 14-3 多层厂房剖面图

(3) 屋顶构造复杂。单层厂房多数采用多跨形式，为解决室内采光、通风和屋面排水防水等技术问题，须在屋顶上开设大面积的天窗及复杂的排水系统，致使屋顶构造十分复杂。

(4) 结构特殊。单层厂房由于屋顶荷载大，吊车荷载特殊，生产中还可能有强振等荷载，只有采用大跨度的骨架结构，才能适应较大复杂荷载的特殊要求。

(二) 双层厂房的特点

(1) 双层厂房上下两层的柱网往往不同，底层采用小柱网，这样，可以减小楼板的跨度；二层采用大柱网，可以满足生产工艺的要求。双层厂房的结构与单层厂房相似。

(2) 水平运输与垂直运输相结合，可以满足两层大运输量的要求。

(3) 双层厂房的楼层布置生产车间，而底层则可布置辅助车间、辅助用房或仓库等。所以，双层厂房能节省占地面积 30%～40%，减少建筑体积 10%～20%，并相应地减少外围护结构的面积，从而降低建筑造价。

(4) 在建筑设计中，常在上、下两层之间的桁架式楼板层空间中设置技术层。

(三) 多层厂房的特点

随着轻工业、电子工业、仪表工业、食品工业的发展，多层厂房的发展也十分迅速。即使以前常采用单层厂房的轻型机械工业和纺织工业，现在也开始采用多层厂房了，从而使多层厂房在工业建筑中的比例越来越大。如前苏联，早在 20 世纪 70 年代中期，多层厂房在工业建筑中的比例就已达到 40%。多层厂房具有如下优点：

(1) 在多层厂房中，工作人员在不同的楼层操作，材料和成品的运输采用垂直运输和水平运输相结合的方式，并以垂直运输为主，它特别适合于生产上需要采用垂直运输的厂房，如面粉厂等。

(2) 多层厂房比单层厂房占地少，单位建筑面积的外围护结构面积比单层厂房减少 1/2～1/5，可以降低采暖费用，节约用地、节约能源和降低造价。

(3) 多层厂房由于占地少，地基土石方工程量相应也较少。并且，缩短了厂区道路、管网和围墙的长度。

(4) 多层厂房可以在城市中见缝插针地修建，能够充分利用城市公共服务设施，如托儿所、幼儿园、食堂、电影院等。

(5) 多层厂房体型、色彩等变化较多，给城市环境空间设计、改善城市景观，提供了有利条件。

三、工业建筑的设计要求

1．满足生产工艺的要求

生产工艺是工业建筑设计的主要依据，生产工艺对建筑提出的要求是第一位的。因此，建筑设计在建筑面积、平面形状、柱距、跨度、剖面形式、厂房高度以及结构方案和构造措施等方面，必须满足生产工艺的要求。

2．满足建筑技术的要求

(1) 工业建筑的坚固性耐久性应符合建筑的使用年限。由于厂房荷载较大，建筑设计应为结构设计的经济合理性创造条件，使结构设计更利于满足坚固和耐久的要求；

(2) 由于科技发展日新月异，生产工艺不断更新，生产规模逐渐扩大，因此，建筑设计应使厂房具有较大的通用性和改建扩建的可能性；

(3) 应严格遵守《厂房建筑模数协调标准》及《建筑模数协调统一标准》的规定，合理选择厂房建筑参数（柱距、跨度、柱顶标高），以便采用标准通用的结构构件，使设计标准化、生产工厂化、施工机械化，从而提高厂房建筑工业化水平。

3．满足建筑经济的要求

(1) 在不影响卫生、防火及室内环境要求的条件下，将若干个车间合并成联合厂房，对现代化连续生产极为有利。因为联合厂房占地较少，外墙面积相应减小，缩短了管网线路，使用灵活，能满足工艺更新的要求；

(2) 建筑的层数是影响建筑经济性的重要因素，因此，应根据工艺要求，技术条件等，确定采用单层、双层或多层厂房；

(3) 应减少结构面积、提高使用面积，在满足生产要求的前提下，设法缩小建筑体积，充分利用建筑空间；

(4) 在不影响厂房的坚固、耐久、生产操作、使用要求和施工速度的前提下，应尽量降低材料的消耗，从而减轻构件的自重，降低建筑造价；

(5) 设计方案应便于采用先进配套的结构体系和工业化施工方法。

4．满足卫生及安全要求

(1) 应有与厂房所需采光等级相适应的天然采光，以保证厂房内部工作面上的照度；应有与室内生产状况及气候条件相适应的自然通风；

(2) 排除生产余热、废气及有害气体，提供卫生的工作环境；

(3) 对散发出的有害气体、有害辐射、严重噪声等应采取净化、隔离、消声、隔声等措施；

(4) 美化室内外环境，注意厂房内部的水平绿化及垂直绿化以及色彩处理。

第二节　单层工业厂房结构类型

单层工业厂房的结构支承方式可以分为承重墙支承与骨架支承两类。只有当厂房的跨度、高度、吊车荷载较小时才用承重墙承重结构，而当厂房的跨度、高度和吊车荷载较大时，则多采用骨架承重结构。

一、骨架结构

骨架结构系由柱子、屋架或屋面大梁（或柱梁结合或其他空间结构）等承重构件组成，以承受厂房的各种荷载。在骨架结构中，内外墙一般不承重，只起到围护或分隔作用。

骨架结构的优越性在于：

1）便于提供宽大通敞的厂房室内空间，有利于生产工艺及其设备的布置、工段的划分，也有利于生产工艺的更新和改善，为工业生产提供良好的场所。

2）由于骨架主要用来承受厂房的各种荷载，内外墙仅起围护或分隔作用（尽管单层工业厂房的内墙一般很少）。分工的明确使骨架和墙体材料均能充分发挥各自的材料工程性能，使设计更趋合理、有效，节省工程造价。

骨架结构按材料可分为砌体结构、钢筋混凝土结构和钢结构。

1．砌体结构

它由砖石等砌块砌筑成柱子，钢筋混凝土屋架（或屋面大梁），钢屋架等组成，图14-4为砖柱，组合屋架的厂房。

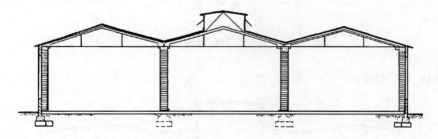

图14-4　砖砌体结构厂房

2．装配式钢筋混凝土结构（图14-5）

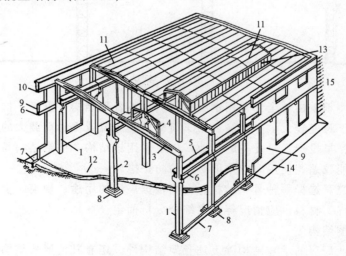

图14-5　单层厂房装配式钢筋混凝土骨架及主要构件

1—边列柱；2—中列柱；3—屋面大梁；4—天窗架；5—吊车梁；6—连系梁；7—基础梁；
8—基础；9—外墙；10—圈梁；11—屋面板；12—地面；13—天窗扇；14—散水；15—风力

281

这种骨架结构主要由横向骨架和纵向连系构件组成。横向骨架主要包括屋面大梁（或屋架）、柱子、柱基础。它承重厂房的各种荷载。纵向连系构件包括屋面板、连系梁、吊车梁、基础梁等，用以将各个横向骨架连接成整体骨架，提高厂房的整体稳定性。

这种结构坚固耐久，采用预制装配法施工、建设周期短，与钢结构相比可节省钢材，造价较低，故在国内外工业建筑中应用十分广泛。唯自重大，抗震性能不如钢结构厂房。

图 14-6 为这种骨架结构几种常见预制钢筋混凝土柱的形式。

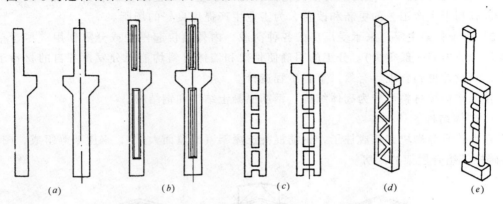

图 14-6 几种常见预制钢筋混凝土柱

3．钢结构（图 14-7）

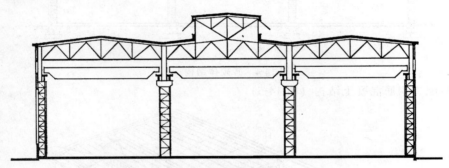

图 14-7 钢结构厂房

它的主要承重构件全部采用钢材制作。这种骨架结构自重轻，抗震性能好，施工速度快，主要用于跨度较大、空间高、吊车荷载重、高温或振动荷载大的厂房。对于那些要求建设速度快，早投产、早受益的工业厂房也采用钢结构。但钢结构易锈蚀，保护维修费用高，耐久性能较差，使用时应采取必要的防护措施。

设计中究竟选择哪种骨架结构，定当根据厂房的用途、规模、生产工艺和起重运输设备、施工条件、材料供应情况等因素综合分析而定。

二、其他结构

单层工业厂房的承重结构除上述骨架结构外，还有其他形式结构。

一类是上述骨架结构中，屋顶部分并非采用屋架及连系构件系统，而是改用轻型屋盖，如 V 型折板结构、单面或双面曲壳结构、网架结构，如图 14-8 所示。这类结构均属空间结构，其共同特点是受力合理，较能充分地发挥材料的力学性能，空间刚度大，抗震性能较强。缺陷在于施工复杂，大跨及连跨厂房使用时受限制较大。

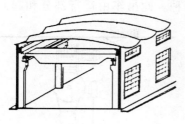 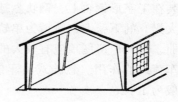

图 14-8　薄壳式屋顶结构　　　　　　图 14-9　门式刚架结构

另一类是如门式刚架（图 14-9）、T 形板等特殊结构。门式刚架（简称门架），是一种梁柱合一的结构形式；而 T 形板用作竖向承重构件时相当于墙柱结合的构件。这一类结构的共同特点是构件类型少，材料节省。

第三节　单层工业厂房排架结构的组成

在骨架结构中，如图 14-5 所示的装配式钢筋混凝土排架结构应用得十分普遍。下面以此为例介绍单层工业厂房的结构组成。

（一）承重结构

由图 14-5 可知，排架结构主要由横向排架、纵向连系构件和支撑系统组成。

（1）横向排架由基础、柱子、屋架（或屋面大梁）组成，承受厂房的各种荷载。

（2）纵向连系构件包括基础梁、连系梁、吊车梁、大型屋面板（或檩条）等。它们与横向排架构成整个骨架，保证厂房的整体性与稳定性；纵向构件还要承受作用于山墙上的风荷载及吊车纵向制动力，并将其传给柱子。

（3）为了保证厂房的整体性与稳定性，还需在厂房屋架之间和柱间设置支撑系统，分别被称为屋盖支撑和柱间支撑。

组成骨架的柱子、屋架、柱基础和吊车梁是厂房的主要承重构件，关系到厂房的坚固与安全，必须给予足够的重视。

（二）围护结构

单层厂房的外围护结构主要包括外墙、屋顶、地面、门窗及天窗。是单层工业厂房的外壳，对于保持厂房室内良好的生产生活环境起着重要的保障作用。

（三）其他

包括散水、地沟、坡道、吊车梯、室外消防梯、内部隔墙等。

第四节　单层工业厂房内部的起重运输设备

为在工业生产中运送原材料、成品或半成品，厂房内部应设置必要的起重运输设备。起重运输设备的种类很多，用途各异，其中与厂房的空间及结构设计密切相关的是各种高空运行的吊车。常见的吊车有单轨悬挂式吊车、梁式吊车和桥式吊车等。

一、单轨悬挂式吊车（图 14-10）

单轨悬挂式吊车按操纵方法有手动和电动两种。此吊车由运行部分和起升部分组成，安装在工字形钢轨上，钢轨悬挂在屋架（或屋面大梁）的下弦上，轨道为单轨式，布置或直或曲。为此厂房屋顶应有较大的刚度，以适应吊车荷载的作用。悬挂式吊车的起重量较小，一般为 1~2t。

二、梁式吊车（图 14-11）

梁式吊车亦分手动和电动两种，手动的多用于工作不甚繁忙的工段或检修设备之用。一般厂房多用电动梁式吊车，可在吊车上的司机室中操纵，也有的可在地面操作。

梁式吊车由起重行车和支承行车的横梁组成，横梁断面为"工"字形，直接作为起重行车的轨道，横梁两端装有行走轮，以便在吊车轨道上运行。吊车轨道亦可悬挂在屋架（或屋面大梁）的下弦上或支承在吊车梁上，后者通过吊车梁和牛腿等支承于柱子上。

梁式吊车的起重量一般不超过 5t。

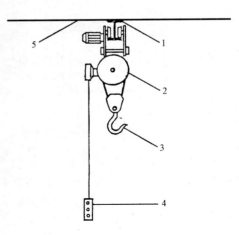

图 14-10 单轨悬挂式吊车
1—钢轨；2—电动葫芦；3—吊钩；
4—操纵开关；5—屋架或屋面大梁下表面

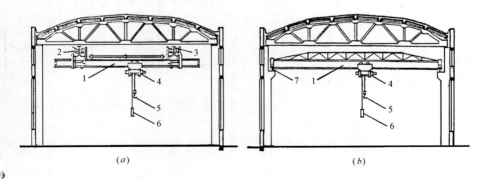

图 14-11 梁式吊车
（a）悬挂梁式吊车；（b）支承梁式吊车
1—钢梁；2—运行装置；3—轨道；4—提升装置

三、桥式吊车（图 14-12）

桥式吊车由起重行车及桥架组成，桥架上铺有起重行车运行的轨道（沿厂房横向布置），桥架两端借助车轮在吊车轨道上运行（沿厂房纵向），吊车轨道铺设在柱子支承的吊车梁上。桥式吊车的司机室多设在吊车桥架端部，极少数设在桥架中部。

根据工作班时间内的吊车工作时间，桥式吊车分重级工作制（工作时间 >40%）；中级工作制（工作时间为 25%~40%）；轻级工作制（工作时间为 15%~25%）。

桥式吊车按桥架的形式分为双梁桥式吊车和单梁桥式吊车，后者是单梁箱形结构，它的特点是自重轻。

桥式吊车的起重范围可由5t到数百吨，它在工业建筑中应用很广。但由于所需净空高度大、本身又很重，故对厂房结构是不利的。因此，设计采用落地龙门吊车代替桥式吊车，这种吊车的荷载直接传到土壤上，因而大大减轻了承重结构的荷载，便于扩大柱距以适应工艺流程的改革。但龙门吊车行驶速度缓慢，且多占厂房使用面积，所以还不能有效地替代桥式吊车。

单层厂房内部除采用上述以吊车为代表的起重运输设备外，根据生产特点不同，还有多种运输设备，如由低处往高处运送散粒材料的移动式胶带运输机、平面运输重大条块状材料的平板车，还有灵活机动的电瓶车、叉式装卸车，甚至还包括载重汽车和火车等，因篇幅所限不再一一详述。

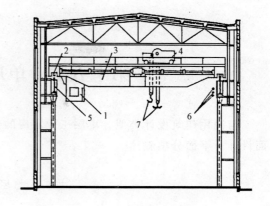

图 14-12　桥式吊车
1—吊车司机室；2—吊车轮；3—桥梁；
4—起重小车；5—吊车梁；6—电线；7—吊钩

小　　结

本章共讲述了四个方面的内容，现将其要点归纳如下：
1．工业建筑设计应满足生产工艺、建筑技术、建筑经济、卫生安全四个方面的要求。
2．生产工艺是工业建筑设计的依据。
3．工业建筑设计必须严格遵守《厂房建筑模数协调标准》和《建筑模数协调统一标准》的规定。
4．生产工艺平面图的内容有：根据产品的生产要求所提出的生产工艺流程；生产设备和起重运输设备的类型、数量；工段划分；厂房建筑面积；生产对建筑设计提出的各项要求。这些都直接影响厂房的平面形状、柱网选择、门窗及天窗洞尺寸、位置及窗扇开启方式、剖面形式、结构方案等。
5．单层工业厂房的结构类型有承重墙承重结构和骨架承重结构两大类。
6．厂房内部的起重运输设备主要是吊车，常采用单轨悬挂式吊车、梁式吊车和桥式吊车。

复习思考题

1．什么叫工业建筑？按照它的用途、层数和生产状况分别有哪些类型？
2．单层、双层及多层厂房各有何特点？
3．工业建筑设计应满足哪些要求？
4．装配式钢筋混凝土排架结构单层厂房由哪些构件组成；
5．何为骨架结构？它包括哪些类型？骨架结构的优越性是什么？
6．单层工业厂房内部吊车的常见形式有哪些？

第十五章 单层工业厂房设计

与民用建筑设计类似，单层工业厂房的建筑设计也同样包括平面设计、剖面设计和立面设计。下面分项叙述。

第一节 单层厂房平面设计

一、总平面设计对厂房平面设计的影响

通常，单层厂房的平面设计是在工厂厂区总平面设计的指导下进行的。工厂总平面设计是根据全厂的生产工艺流程、交通运输及建筑群体景观要求等条件所决定的。总平面设计的任务是确定建筑物的规模、建筑物与建筑物、建筑物与构筑物之间的平面关系；合理组织人流、货流；设计主干道、次干道，布置各种空间、地面及地下管网；厂区竖向设计（室内外地面标高、道路标高、排水方向、排水坡度，确定挖填土石方工程量）；还要考虑热环境、光环境及声环境的影响，以及进行厂区的绿化美化。

工厂总平面设计一旦确定，总平面中的诸多要素就从总体上影响和制约着厂房的平面设计。首先是厂区的人流、车货流组织影响着厂房平面设计中出入口位置、数量及尺寸。因为厂房平面设计应尽量减少人流、货流的交叉和迂回，运行线路应尽量短捷通畅。其中厂房的主要出入口要靠近厂区人流主干道，方便工人上下班。要便于原材料的运进和成品的运出。门的尺寸及数量能满足运输工具安全通行的要求。图15-1表示某机械制造厂总

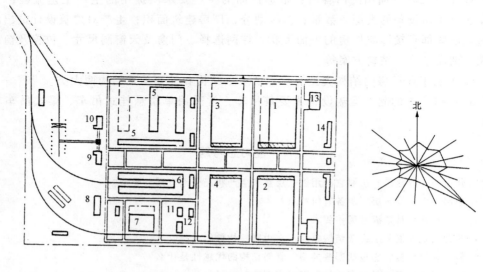

图15-1 某机械厂总平面布置图
1—辅助车间；2—装配车间；3—机械加工车间；4—冲压车间；5—铸工车间；6—锻工车间；7—总仓库；
8—木工车间；9—锅炉房；10—煤气发生站；11—氧气站；12—压缩空气站；13—食堂；14—厂部办公楼

平面布置图，可见各厂房位置、形状和布置关系与厂区的人货流线发生着十分密切的关系。

其次是厂区地形直接影响厂房的平面形状和朝向。因为厂房的平面形式，在工艺许可的情况下，要尽可能适应地形，以减少土方量的开挖，降低施工费用，缩短工期。这种情况在山谷地貌下则更显突出（图15-2）。第三，建设基地气候条件诸如温湿度、日照和风向对厂房平面设计同样会产生重大影响。

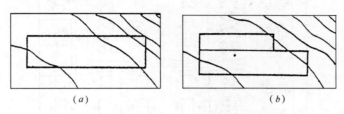

图15-2　地形对厂房平面形状的影响

二、生产工艺对厂房平面设计的影响

民用建筑的平面设计及空间组合设计，主要是根据建筑物使用功能的要求进行的。而单层厂房平面及空间组合设计，则是在工艺设计及工艺布置的基础上进行的。所以说，生产工艺是工业建筑设计的重要依据之一。

一个完整的工艺平面图，主要包括下面五个内容：1）根据生产的规模、性质、产品规格等确定的生产工艺流程；2）选择和布置生产设备和起重运输设备；3）划分车间内部各生产工段及其所占面积；4）初步拟定厂房的跨间数、跨度和长度；5）提出生产对建筑设计的要求，如采光、通风、防振、防尘、防辐射等。图15-3是某机械加工车间生产工艺平面图。

生产工艺对厂房平面设计的影响主要表现在以下几方面：

（一）生产工艺流程的影响

生产工艺流程指某一产品的加工制作过程，即由原材料按生产要求的程序，逐步通过生产设备及技术手段进行加工生产，并制成半成品或成品的全部过程。不同类型的厂房，生产工艺流程也不相同。厂房平面设计正是根据由生产工艺流程以及生产工艺流程平面图而进行的。

（二）生产状态的影响

不同性质的厂房，在生产操作时会出现不同的生产状况。如机械加工装配车间，生产是在正常的温湿度条件下进行的，产生的噪声较小，室内无太大余热及有害气体散发，但是，采光有一定的要求。又如铸工车间（也称翻砂车间），生产时，车间内部产生大量生产余热，室内空气温度高，落砂工段有大量灰尘。因此，它对建筑设计的要求是加强室内通风，迅速补充冷空气，排除室内热空气。在平面设计中影响到门窗的位置和大小，影响到墙体的形式等。

（三）生产设备布置的影响

生产设备的大小和布置方式将影响厂房的跨度和跨间数，同时也影响柱距及厂房大门的尺寸。

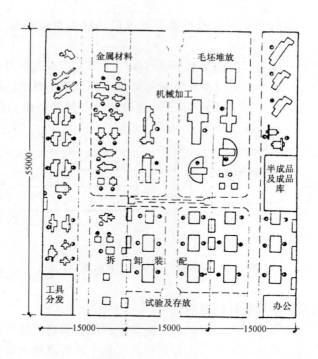

图 15-3 生产工艺平面

（四）起重运输设备的影响

为了运送原材料、半成品、成品以及安装、检修和改装设备的需要，厂房内部常设置各种起重设备和运输设备。

如前所述，起重设备包括各种类型的吊车，运输设备则有各式运输车、传送带等。其中起重设备对厂房平面设计影响最大。因为这种起重设备往往是架设在厂房结构构件之上的，它们的运行荷载无疑是厂房设计的重要依据。

三、厂房平面设计应满足的要求

厂房平面设计一般应满足如下设计要求：

（1）满足生产工艺要求；

（2）厂房的平面形状力求简单规整，以节省建设用地。减少建筑物外围护结构面积，从而节省材料，降低能耗；

（3）选择合理的柱网，使其既能满足目前工艺要求，又能适应今后生产工艺改造的需要；

（4）合理解决采光通风、保温隔热、除尘等技术问题，以满足厂房生产工艺和生产状态对建筑的要求。

上述设计要求只是一般性要求，若厂房工艺特征还带有某些特殊性，如酒精车间、油漆车间有爆炸的危险，故厂房平面设计还应满足防爆泄压的要求等。

四、厂房平面形式的选择

（一）影响厂房平面形式的因素

（1）厂房在总平面图中的位置，厂房所在地段的地形地貌；

(2) 生产工艺流程；

(3) 厂房的生产规模及生产特征；

(4) 起重运输设备的类型；

(5) 厂房的结构类型；

(6) 当地的气象条件；

上述因素中影响最大最为直接的是生产工艺流程和生产特征。

(二) 生产工艺流程与平面形式

生产工艺流程的类型主要有直线式、直线往复式和垂直式三种（图15-4），各种流程类型的工艺特点及与之相适应的厂房平面形式如下：

(1) 直线式生产工艺流程。即原料由厂房一端进入，而成品或半成品由另一端运出（图15-4a），其特点是厂房内部各工段间联系紧密，唯运输线路和工程管线较长。与之相适应的厂房平面形式是矩形平面，根据工艺特点和规模，平面可以是单跨，亦可是两跨或多跨平行布置。如果是单跨或两跨平行矩形平面，采光通风较易解决，但当厂房长宽比过大时，厂房外墙面积过大，对保温隔热不利。这种平面简单规整，适合对保温要求不高或生产工艺流程无法改变的厂房，如线材轧钢车间。

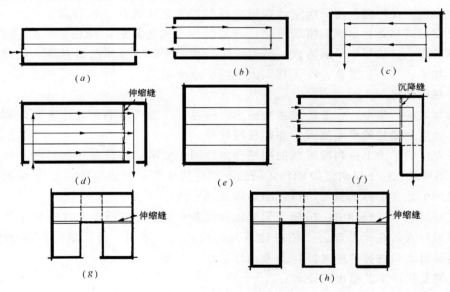

图15-4 单层厂房平面形式

(2) 直线往复式生产工艺流程。系原料从厂房一端进入，产品则由同一端运出（图15-4b、c、d）。这种工艺特点在于工段联系紧密，运输线路和工程管线短捷，平面形状规整，占地面积少，外墙面积较小，对节约材料和保温隔热有利，与之相适应的平面形式是多跨并列的矩形平面，适合于多种生产性质的厂房。唯一的技术问题是采光通风及屋面排水工程较复杂。

(3) 垂直式生产工艺流程。指原材料从厂房一端（尤其是多跨一端）进入，产品则从靠近另一端的左右两侧运出（图15-4f）此工艺流程的特点是工艺流程紧凑，运输和工程线路较短。与之相适应的平面形式是 L 形平面，在跨间布置上往往出现垂直跨。通常在垂直跨与平行跨相接处，因设置变形缝致使结构和构造复杂，施工难度增加，并因占用土地多而经济性较差。该平面形式一般适合垂直式工艺的厂房，如机械制造厂的总装配车间等。

（三）生产状态与厂房平面形式

生产特征也影响着厂房的平面形式。在生产状态的类型中，热加工车间对厂房平面形式的限制最大。热车间（如机械厂的铸钢、铸铁、锻工，钢铁厂的轧钢车间等）在生产过程中散发出大量的热量和烟尘。在平面设计中应使这类厂房具有良好的自然通风，为此，厂房不宜太宽。

当厂房生产工艺流程要求厂房平面宽度不大，如在三跨以下时，可以选用矩形平面。但当跨度多于三跨时，如若仍用矩形平面，则必将对厂房的自然通风带来极大的难度。行之有效的途径是将厂房平面的一跨，甚至两跨同其他跨间的相垂直布置，再视厂房生产规模和建筑面积大小将平面形式设计成 L 形（图 15-4f）、U 形（图 15-4g）和 E 形（图 15-4h）。

L、U、E 形平面的特点是厂房各体部宽度均不大，厂房平面周长较长，可以利用较长的外墙较多地开设门窗，使厂房室内获得较好的采光通风条件，以改善室内的工作环境。但这些平面形式都必然出现纵横跨垂交，带来结构及构造复杂的缺陷；若处在高地震区，地震对其影响将较矩形平面为大，抗震设防处理必将使厂房和造价提高。因此，这些平面形式，如无特殊工艺需要，在工程实践中应尽量少用。

五、柱网选择

在骨架结构厂房中，柱子是最主要的承重构件。作为厂房平面设计重要内容之一的结构布置，要求确定柱的平面位置，亦即柱网选择。

柱子在厂房平面上排列所形成的网格称为柱网，柱网尺寸是由跨度和柱距组成的（图 15-5）。由图可见，柱子纵向定位轴线之间的距离称为跨度，横向定位轴线之间的距离称作柱距。柱网的选择实际上就是选择厂房的跨度和柱距。

工艺设计人员在设计中，根据工艺流程和设备布置特征对跨度和柱距提出工艺上的要求，建筑设计人员在此基础上，依照建筑及结构的设计原则，最终确定厂房的跨度和柱距。建筑设计人员选择柱网时要综合考虑以下几个方面：

（1）满足生产工艺提出的要求；

（2）遵守《厂房建筑模数协调标准》的有关规定；

（3）尽量扩大柱网，提高厂房的通用性和经济合理性；

（4）满足建筑材料、建筑结构和施工等方面的科学性要求。

（一）跨度尺寸的确定

厂房跨度实际上规定着屋架或屋面大梁的跨度尺寸，厂房跨度一旦确定，厂房结构中屋架的跨度尺寸也随即而定。

跨度尺寸主要应根据下列因素确定：

（1）生产工艺中生产设备的大小和布置方式。设备大，所占面积也大，设备布置成横向或纵向，都影响跨度的尺寸；

（2）车间内部通道宽度。不同类型的水平运输设备，如电瓶车、汽车、火车等所需通

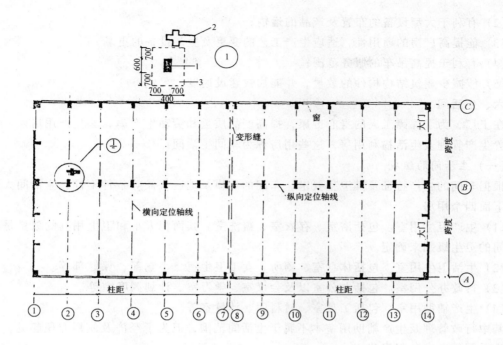

图 15-5 柱网示意
1—柱子；2—机床；3—柱基础轮廓

道宽度是不同的，同样影响跨度的尺寸；

(3) 满足《厂房建筑模数协调标准》的要求。有关规定如下：当厂房跨度＜18m时，应采用扩大模数30M（3000mm）的尺寸系列，即跨度可取9m、12m、15m。当跨度尺寸≥18m时，按60M的模数增长，即跨度可取18m，24m，30m和36m。

（二）柱距尺寸的确定

柱距是两柱之间的纵向间距，在厂房结构中，实际也规定了诸多纵向构件如基础梁、吊车梁、联系梁、屋面板、柱间支撑等的长度尺寸。根据我国设计、制作、运输、安装等方面的经验，柱距通常采用6m，并称为装配式钢筋混凝土结构体系的基本柱距。

根据上述关于跨度柱距的有关规定，我国已经颁布工业建筑全国通用构件标准图集，使相关构件成型配套，并得到广泛的采用。

（三）扩大柱网及其优越性

现代工业生产的显著特征之一在于生产工艺、生产设备和运输设备在不断更新变化，而且其周期越来越短，速度越来越快。为使厂房适应这种变化，厂房应具有相应的灵活性与通用性，这种通用性、灵活性在厂房平面设计中的技术表现就是扩大柱网，也就是扩大厂房的跨度和柱距。根据国内外的设计经验，就是把柱距由6m扩至12m、18m乃至24m，如采用扩大柱网（跨度×柱距）为12m×12m、15m×12m、18m×12m、24m×12m、18m×18m、24m×24m等。

有研究成果证明：扩大柱网的主要优点是：

(1) 可以有效提高厂房面积的利用率；

(2) 有利于大型设备的布置及产品的运输；

(3) 能提高厂房的通用性，适应生产工艺的变更及生产设备的更new；

(4) 有利于提高吊车的服务范围；

(5) 能减少建筑结构构件的数量，并能加快建设速度。

六、生活间

在工厂，为了保障工人的身心健康，提高产品质量和劳动生产率，除生产用房外，尚需设置生产管理及生活福利用房，这些用房称为车间生活间。

（一）生活间的组成

根据车间的生产特征及其卫生要求、车间的规模及地区气候等条件不同，生活间大致包括下面四个用房：

(1) 生产卫生用室。包括浴室、存衣室、盥洗室。其面积大小和卫生用具的数量是根据车间的卫生级别来确定。

(2) 生活卫生用室。包括休息室、厕所、女工卫生室、小吃部、保健部等。

(3) 行政办公用室。包括办公室以及会议室、学习室、计划调度室等。

(4) 生产辅助用室。包括工具室、材料库、计量室等。

其中行政管理及生产辅助用室本不属于生活间范围，但为了经济及使用方便起见，也常与生活间结合在一起组建。

上述组成并非每个车间均需全部设置，设计时可参照《工业企业设计卫生标准》和各地已有经验合理确定。

（二）生活间的设计要求

生活间本属于民用建筑，只因其位于厂区，且主要为车间的生产及生活服务，因此设计要求有别于普通民用建筑。

(1) 生活间设计应本着"有利生产、方便生活"的原则，根据有关标准规定，结合车间具体情况合理确定其规模和标准。

(2) 生活间应尽量布置在车间主要人流出入口处，且与生产操作地点有方便的联系，还应避免人流与厂内主要运输线路交叉。

(3) 生活间应有适宜的朝向，以获得较好的采光、通风和日照条件。

(4) 生活间不宜布置在散发粉尘、毒气和其他有害气体车间的下风侧，尽可能避免噪声及振动的影响。

(5) 在生产条件许可或使用方便的前提下，力求将几个车间的生活间合并建造或布置于车间内部的空闲位置，以节省用地和投资。

(6) 生活间的平面布置应注意面积紧凑，人流通畅，管线集中，建筑形式与风格应与车间和厂区环境相协调。

（三）生活间的布置方式及其特点

目前我国单层厂房中生活间的常用布置方式有毗连式、独立式和车间内部式三种基本类型。

1. 毗连式生活间

紧靠车间外墙布置的生活间称为毗连式生活间（图15-6a、b）。毗连式生活间的主要优点是：与车间的距离短捷，联系使用方便；可以与车间共用一道墙，节省材料，经济性

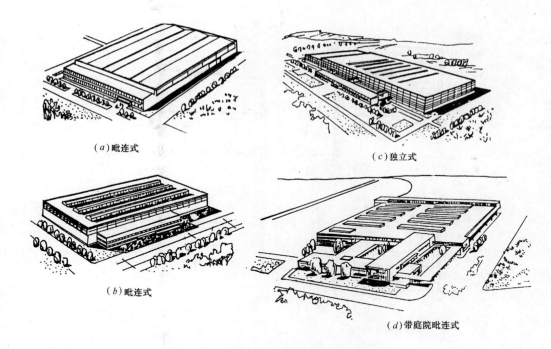

图 15-6 位于车间外部不同位置的生活间鸟瞰图

好；车间的某些辅助部分可以布置在生活间的低层，从而增加厂房的生产面积；占地较少，寒冷地区对车间和生活间的保温隔热均有利。毗连式生活间的缺点也是有的，比如当生活间沿厂房纵墙毗连时，不同程度地影响车间的采光和通风；当车间内部有较大的余热、烟尘、噪声、有害气体或有较大振动时，对生活间会产生较大的干扰和危害。

因此，毗连式生活间适合于冷加工车间，与厂房的毗连方式也多为紧靠山墙布置，当与纵墙毗连时，其毗连长度受到严格限制。

毗连式生活间平面组合多采用单面走廊方式，生活间深度方向组合类型（房间进深＋走廊宽）有（6.0＋1.8）m、（6.0＋2.1）m和（6.6＋2.4）m等几种，开间则参照民用建筑有3.3m、3.6m和3.9m等几种。毗连式生活间的底层常可设生产辅助用房，层高常根据生产需要增至3.3～3.6m。其余按民用建筑标准采用。

该生活间与车间的结合处，因结构类型之别须设变形缝，通常是沉降缝。沉降缝处的结构构造处理方案有两种：

(1) 当生活间高于车间时，毗连墙应归属生活间结构体系部分，而沉降缝须位于毗连墙外紧靠车间一侧（图15-7a），这时毗连墙下基础与车间柱基础常常冲突，为满足两侧结构沉降需要，毗连墙基础宜采用以下两种构造处理：

1) 做带形基础。在带形基础与车间柱基础相遇一段，将带形基础断开，并增设钢筋混凝土承梁墙，跨越柱基，以承托毗连墙。

2) 做墩式基础。使其与车间独立式基础交错开布置，上架基础梁来承托毗连墙。

(2) 当生活间低于车间时，毗连墙则应属车间结构体系，沉降缝须位于毗连墙紧靠生活间一侧（图15-7b）。此时，毗连墙支承在车间柱式基础的基础梁上。生活间的楼板采用悬臂结构，生活间的地面、楼面、屋面均以变形缝与毗连墙断开，以解决生活间和车间

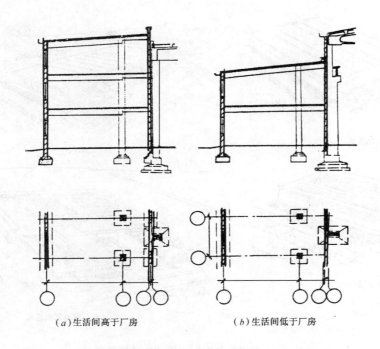

(a) 生活间高于厂房　　　　(b) 生活间低于厂房

图 15-7　毗连式生活间沉降缝处理

产生不均匀沉陷的问题。

2. 独立式生活间

距车间一定距离、单独布置的生活间称为独立式生活间（图 15-6c）。它的优点是：生活间和车间的采光、通风互不影响；生活间布置灵活，卫生条件好；生活间和车间的结构方案互不影响，结构、构造容易处理。它的缺点是：占地较多；生活间至车间的距离较远，联系不够方便。

独立式生活间适用于散发大量生产余热、有害气体及易燃易爆车间。

独立式生活间与车间的连接方式有三种：

（1）走廊连接。这种连接方式简单、适用。根据气候条件，在南方地区宜采用开敞式走廊，北方地区宜采用封闭式走廊（也称暖廊）；

（2）天桥连接。当车间与独立生活间之间有铁路或运输量很大的公路时，在铁路或公路上空设连接桥，这种立体交叉的布置方式可以避免人流和货流的交叉，有利于车辆运输和行人安全；

（3）地道连接。这也是立体交叉处理方法之一，其优点同天桥连接。

应当指出，天桥和地道造价较高，由于与车间室内地面标高不同，使用也不十分方便。

3. 车间内部式生活间

内部式生活间是将生活间布置在车间内部的生活间。只要在生产工艺和卫生条件允许的情况下，均可采用这种布置方式。它具有使用方便、经济合理、节省建筑面积和体积的优点。它的缺点是只能将生活间的部分房间布置在车间内，如存衣室、休息室等。车间的通用性也受到限制。

内部式生活间有下列几种布置方式：

(1) 在边角、空余地段布置生活间，如在柱子上空、柱与柱之间的空间；

(2) 在车间上部设夹层。生活间布置在夹层内，夹层可支承在柱子上，也可以悬挂在屋架下；

(3) 利用车间一角布置生活间；

(4) 在地下室或半地下室布置生活间。但是需要设置机械通风、人工照明，且构造复杂、费用较高，故一般较少采用。

生活间建筑设计原理和方法与民用建筑相同，可阅读该部分有关内容。

第二节 单层厂房剖面设计

一、生产工艺对厂房剖面设计的影响

单层厂房剖面设计是在平面设计的基础上进行的，剖面设计着重解决建筑在高度空间方面如何满足生产的各项要求。

生产工艺对厂房剖面设计影响很大，生产设备的体积大小，工艺流程的特点，生产状态情况，加工件的重量及大小，起重运输设备的类型和起重量等都直接影响厂房的剖面形式。

为了保证厂房生产的空间需要及为工人创造良好、舒适的生产环境，厂房剖面的建筑设计应满足以下要求：

(1) 在满足生产工艺要求的前提下，合理地确定厂房的高度。

(2) 妥善解决厂房的采光、自然通风和屋面排水。

(3) 合理选择围护结构形式及其构造措施，使其具有良好的围护功能。

(4) 采用经济合理的结构方案，并为提高建筑工业化水平创造条件。

二、厂房高度的确定

单层厂房的高度是指由室内地坪到屋顶承重结构底面的距离。通常情况下，厂房承重结构（屋架或屋面大梁）的底面与柱顶面基本齐平，因此习惯上常以柱顶标高来代表厂房的高度。但当屋顶承重结构是下沉式的，厂房的高度必须是由地坪面至屋顶承重结构的最低点。

(一) 柱顶标高的确定

1. 无吊车厂房

在无吊车厂房中，柱顶标高是按最大生产设备高度及安装检修时所需的净空高度来确定的，且应符合《工业企业设计卫生标准》的要求，同时柱顶标高还必须符合扩大模数 3M（300mm）数列之规定。无吊车厂房柱顶标高一般不得低于 3.9m。

2. 有吊车厂房（图 15-8）

有吊车厂房，柱顶标高可按下式来计算：

$$H = H_1 + h_6 + h_7$$

式中 H——柱顶标高（m），必须符合 300mm 的模数。

H_1——吊车轨道顶面标高（m），轨顶标高一般由工艺设计人员提出。H_1 一般按下

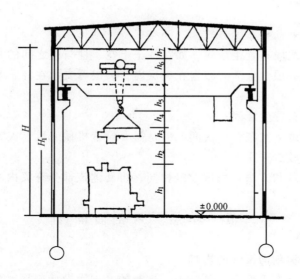

图 15-8 厂房高度的构成

式计算：

$$H_1 = h_1 + h_2 + h_3 + h_4 + h_5$$

式中 h_1——生产设备或隔墙的最大高度（m）；

h_2——吊车运行时被吊物件的安全超越高度（m），一般为 400～500mm；

h_3——被吊物件的最大高度（m）；

h_4——吊索最小高度（m），根据加工件大小可定；

h_5——吊钩到轨道顶面的高度（m），据吊车规格表查出；

h_6——吊车轨顶至小车顶面的高度（m），据吊车规格表查出；

h_7——小车顶面到屋架下弦底面之间的安全净空尺寸（m），一般取 220mm。湿陷性黄土地区取 300mm。

厂房高度对造价有直接影响，因此在确定厂房高度时，注意有效地利用和节约厂房空间，对降低建筑造价意义重大。若遇个别高大设备或个别要求高大空间的操作环节，如有可能，在不影响生产工艺的前提下，通常可采取特殊处理，使其不致抬高整个厂房的高度。如图 15-9 所示是某厂房变压器修理工段剖面图。图例将变压器修理由地坪降到局部地坑内进行，这种处理既满足修理操作要求，又降低了厂房的高度。图 15-10 则表示某厂房内设置高大的混砂机，在不影响生产工艺流程的前提下，设计处理是把混砂机移至跨端，并巧妙地将其升至屋架之间，避免提高整个厂房高度，减少了浪费。

在多跨平行布置厂房中，由于各跨生产工艺和设备布置的需要，可能会出现两种以上的柱顶标高，剖面上造成平行不等高跨现象。出现不等跨时，高低跨相接处的柱子以及封墙和屋面构造复杂，施工麻烦，如柱子要设高低牛腿，设墙梁，做泛水等；更不利于建筑工业化要求。

为了简化结构、构造和施工，当相邻两跨间的高差不大时，可将两跨间变成等高跨，虽然增加了用料，但总体还是经济的。鉴于这种思想，我国《厂房建筑模数协调统一标准》规定：

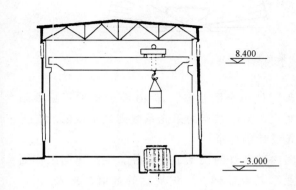
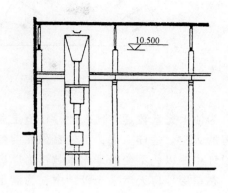

图 15-9 利用降低设备地坪降低厂房高度　　图 15-10 利用屋顶空间布置设备降低厂房高度

在多跨厂房中，当高差值等于或小于 1.2m 时不设高差；在不采暖的多跨厂房中，高跨一侧仅有一个低跨；且高差值等于或小于 1.8m 时，也不设置高差。另外，有关建筑抗震的技术文件还建议，当有地震设防要求时，上述高差小于 2.4m 时，宜做等高跨处理。

（二）室内地坪标高的确定

室内地坪标高（±0.000）的确定是指，如何选定室内地坪相对室外地面的高差。设此高差的目的不外乎防止雨水浸入室内，但单层工业厂房运输工具进出厂房频繁，若室内外高差值过大则出入不便，要么必须加长出入口坡道的长度，故在不违反厂区总平面设计对厂房室内地坪标高的规定时，一般多取 150mm。

三、天然采光

（一）天然采光系数

白天，建筑室内利用天然光进行照明的方式称作天然采光。天然采光的技术途径是在外围护结构上开设窗口。开窗时，窗口的大小、形式及其布置方式都直接影响采光效果。

采光设计就是根据室内生产工艺对采光的要求来确定窗子的大小、形式和布置，保证室内采光的强度、均匀度及避免眩光。

1. 满足采光系数最低值的要求

照度是衡量照射在工作面上光线强弱的度量单位，单位用勒克斯（lx）表示。天然光的照度值随时都在变化着，受此影响，室内工作面上的照度值也是随时变化的。在天然采光设计中不可能用这个变化不定的照度值作为天然采光的依据，而是用室内外照度的相对值即采光系数来表示。采光系数的定义是：室内工作面上某一点的照度值 E_n 与同时刻室外露天地面上照度值 E_w 的比值（图 15-11），表达式如下：

$$C = \frac{E_n}{E_w} \times 100\%$$

式中　E_n——室内工作面上某点的照度（lx）；

E_w——同时刻露天地面上的天空扩散光照射下的照度（lx）。

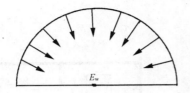 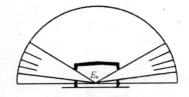

图 15-11 确定采光系数示意

为使采光系数具有代表性，C 值是假定天空处于全阴状态，即 10 级云量看不见太阳位置的天空。这样一来，不管室外照度如何变化，室内某点的采光系数则是不变的。在采光设计中，以此不变的采光系数作为厂房采光设计的标准。

在单层厂房天然采光设计中，为满足车间内部良好的视觉工作条件，生产车间工作面上的采光系数最低值不应低于我国《工业企业采光设计标准》中规定的数值，见表 15-1。由表可知，工业企业生产按加工的精细程度不同，将天然采光等级分为五级，最高是 Ⅰ 级，其采光系数最大。

生产车间工作面上的采光系数最低值   表 15-1

采光等级	视觉工作分类		侧窗采光	
	工作精确度	识别对象的最小尺寸 d (mm)	室内天然光照度最低值 (lx)	采光系数最低值 (%)
Ⅰ	特别精细工作	$d \leq 0.15$	250	5
Ⅱ	很精细工作	$0.15 < d \leq 0.3$	150	3
Ⅲ	精细工作	$0.3 < d \leq 1.0$	100	2
Ⅳ	一般工作	$1.0 < d \leq 5.0$	50	1
Ⅴ	粗糙工作	$d > 5.0$	25	0.5

常见各类生产车间及工作场所相应的采光等级见表 15-2。

生产车间和工作场所的采光等级举例   表 15-2

采光等级	生 产 车 间 和 工 作 场 所 名 称
Ⅰ	精密机械和精密机电成品检验车间，精密仪表加工和装配车间，光学仪器精加工和装配车间，手表及照相机装配车间，工艺美术工厂绘画车间，毛纺厂造毛车间
Ⅱ	精密机械加工和装配车间，仪表检修车间，电子仪器装配车间，无线电元件制造车间，印刷厂排字及印刷车间，纺织厂精纺、织造和检验车间，制药厂制剂车间
Ⅲ	机械加工和装配车间，机修车间，电修车间，木工车间，面粉厂制粉车间，造纸厂造纸车间，印刷厂装订车间，冶金工厂冷轧、热轧车间，拉丝车间，发电厂锅炉房
Ⅳ	焊接车间，板金车间，冲压剪切车间，铸工车间，锻工车间，热处理车间，电镀车间，油漆车间，配电所，变电所，工具库
Ⅴ	压缩机房，风机房，锅炉房，泵房，电石库，乙炔瓶库，氧气瓶库，汽车库，大、中件贮存库，造纸厂原料处理车间，化工原料准备车间，配料间，原料间

2. 满足采光均匀度的要求

所谓采光均匀度是指假定工作面上的采光系数的最低值与平均值之比。为了保证视觉舒适，要求室内照度均匀，可以通过采光口的布置来实现采光均匀度的要求，具体方法可查阅《工业企业采光设计标准》。

3. 避免产生眩光

在人的视野范围内出现比周围环境特别明亮而又刺眼的光叫眩光、它使人的眼睛感到不舒适，影响视力和操作。设计时应避免工作区出现眩光现象。

(二) 采光面积的确定

采光面积实际上就是指采光窗洞口面积。采光面积的确定，通常是根据厂房的采光、通风和立面处理等综合因素来决定。其步骤是先大致确定窗面积，然后根据厂房的采光要求进行校核，验证其是否符合采光标准值。

采光设计计算的方法有多种，在《工业企业采光设计标准》中均有详细介绍。建筑设计人员则习惯于《标准》所推荐的窗地面积比估算法，因为这种方法使用起来十分简便，唯一缺陷是计算结果不够精确。表 15-3 给出不同采光等级时窗地面积比标准值，供采光设计时参考。

窗地面积比　　　　　　　　　　表 15-3

采光等级	单侧窗	双侧窗	矩形天窗	锯齿形天窗	平天窗
Ⅰ	1/2.5	1/2	1/3	1/3	1/5
Ⅱ	1/3	1/2.5	1/3.5	1/3.5	1/6
Ⅲ	1/4	1/3.5	1/4.5	1/5	1/8
Ⅳ	1/6	1/5	1/8	1/10	1/15
Ⅴ	1/10	1/7	1/15	1/15	1/25

注：当Ⅰ级采光等级的车间采用单侧窗或Ⅰ、Ⅱ级采光等级的车间采用矩形天窗时，其采光不足部分应有照明补充。

(三) 采光方式及其特性

采光方式指采光窗在外围护结构上的位置。

与民用建筑不同，单层工业厂房仅靠在外墙上设采光窗口，往往难以满足车间的天然采光要求，还需要在其屋顶上开设窗口。这就使厂房的采光方式较民用建筑的更加丰富。

单层工业厂房采光方式可概括为三种，即侧窗采光、天窗采光和混合采光。

1. 侧窗采光

侧窗采光是指利用开设在外墙上的窗口进行的采光。常分为单侧采光和双侧采光两种，按上下位置不同还有高侧窗、低侧窗之别，如图 15-12 (a)、(b)、(c) 所示。

侧窗采光的特点是构造简单，施工方便，造价低廉，低窗可直接观赏室外景物，视野开阔，有利消除疲劳。

设计中，通常采用双侧采光，而当厂房很窄或厂房一侧面无法开窗时，可采用单侧采光。单侧采光的低侧窗在横向的采光曲线衰减快，采光不易均匀，近窗点照度大，远窗点

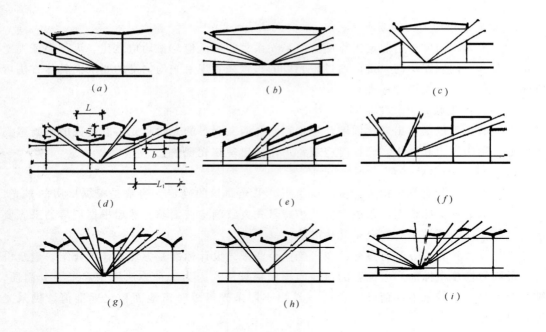

图 15-12 单层厂房天然采光方式

(a) 单侧窗采光；(b) 双侧窗采光；(c) 高侧窗采光；(d) 矩形天窗采光；(e) 锯齿形天窗采光；
(f) 横向下沉式天窗采光；(g) 平天窗采光；(h) M形天窗采光；(i) 混合采光

照度很小。高侧窗是指外墙在吊车梁高度范围以上的侧窗。高侧窗的采光特性是近窗口照度低，而远窗口照度较高。若将高侧窗与低侧窗结合起来设计，会提高厂房横向采光均匀度。对于一般中等照度要求的厂房，侧窗采光的有效深度为侧窗口上沿至工作面的高度之2倍，如图15-13所示。另外，高侧窗窗台高度如果过低，进入室内的光线易受吊车梁的遮挡，因此，高侧窗下沿（窗口）距吊车梁顶面的高度一般宜取 600mm（图15-14）。低侧窗窗台高视工作高度不同常取 900～1200mm。在同等条件下，双侧采光比单侧采光大大提高跨度方向采光均匀度，见图15-15。

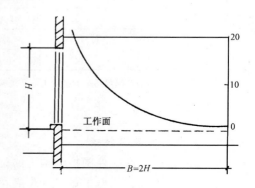

图 15-13 单侧采光照度曲线

2. 天窗采光

天窗采光指利用设置在屋顶上的窗子进行的采光。当厂房为连续多跨厂房，甚至是数十跨的联合厂房，条件不允许侧窗采光或者侧窗面积很有限，根本无法依靠其来满足内部绝大部分工作面上的照度要求时，须利用覆盖面积巨大的屋顶设置天窗（图15-12d、e、f、g、h、i）。天窗采光的优点集中表现在照度均匀，采光效率高，布置灵活。缺点是构造复杂、造价较高。

3. 混合采光

混合采光是上两种方式组合起来的采光，当厂房跨度较大或跨数较多，侧窗采光不能完全满足车间内部照度要求，而采用天窗采光给予补充；或者由于厂房朝向等多种原因不宜开设过大的侧窗面积，则以天窗采光为主，将侧窗采光作为补充。混合采光集侧窗采光和天窗采光两种采光方式的优点于一身。在实际工程中应用十分广泛。

（四）采光天窗的形式和选择

采光天窗的形式有多种，如图 15-16 所示，有矩形天窗、梯形天窗、M 形天窗、锯齿形天窗、下沉式天窗、三角形天窗、平天窗等。其中最常用的矩形、锯齿形、下沉式和平天窗等四种。

1. 矩形天窗（图 15-16a）

它的采光特点与高侧窗采光类似，尤其天窗扇朝向南北，可减少直射阳光进入室内；室内照度比较均匀，照度最高值位于跨中，柱子处照度较低；窗扇关闭时，积尘少，且

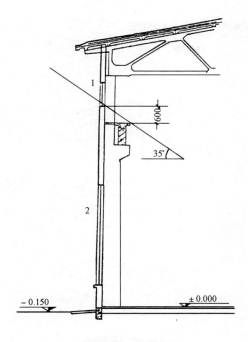

图 15-14 高低侧窗
1—高侧窗；2—低侧窗

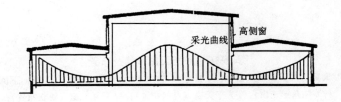

图 15-15 高底侧窗结合

易于防水；窗扇开启时，可兼起通风作用。实际工程中应用较多。但是矩形天窗的构件类型多、结构较复杂，自重大，造价高，且增加厂房高度，对抗震不利。

2. 锯齿形天窗（图 15-16d）

在厂房锯齿状屋面两齿之间开设的天窗称为锯齿形天窗。这种天窗一般窗口向北或接近北向。窗扇多为垂直布置，亦可稍向外倾斜。锯齿形天窗的优点是照度稳定均匀，光线柔和，采光效率高，且无直射光进入室内，另外不需特别增加天窗构件，自重减轻，造价降低。唯一的缺陷是窗扇高度受屋架尺寸的限制。锯齿形天窗适用于室内温湿度要求稳定的厂房，如纺织厂、印染厂及某些精密车间。

3. 下沉式天窗（图 15-16e）。

这种天窗是将屋顶一个柱距内的屋面板布置在屋架下弦上，相邻柱距的屋面板仍支于屋架上弦，利用屋架上下弦的高差作采光口。只因屋面板须下沉故得名下沉式天窗。它的优点是：布置灵活，不需增加厂房高度，结构简单，造价低廉，采光效率与矩形天窗接

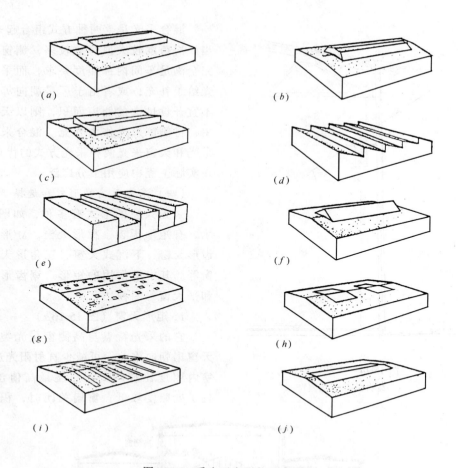

图 15-16 采光天窗形状及布置
(a) 矩形天窗；(b) 梯形天窗；(c) M型天窗；(d) 锯齿型天窗；(e) 横向下沉式天窗；
(f) 三角形天窗；(g) 平天窗（点状布置）；(h) 平天窗（块状布置）；
(i) 平天窗（带状横向布置）；(j) 平天窗（带状纵向布置）

近。缺点则在于窗扇形式和高度均受屋架形式的限制，构造较复杂，厂房纵向刚度尤其是屋盖部分纵向刚度受到削弱。这种天窗适用于东西向厂房，以改变天窗采光方向，避免东西晒造成室内过热，实际中应用较多。

4. 平天窗（图 15-16g、h、i、j）

直接在厂房屋面板上开设的采光口称为平天窗，它的优点表现在，构造简单，施工方便，造价低廉；采光口接近水平而采光效率高；布置灵活。平天窗虽有上述显明优点，但还存在有待研究解决的问题。如一般较难通风，如若通风，构造则较复杂，还会对防水带来影响；寒冷地区采暖厂房，天窗玻璃下表面易结露，严重者有滴水现象；炎热地区，在太阳直射光作用下工作面上眩光严重，还会引起室内过热；玻璃易碎、易积灰亦是问题之一。由于这些原因，平天窗应用受到一定的限制。

四、自然通风

厂房室内的通风分机械通风和自然通风两种。机械通风是依靠通风机为动力来实现通风换气的。其特点是通风稳定，不受自然条件的影响，通风量可以随意调节，但耗电量大，设备投资及维修费用高。自然通风是利用自然力作为动力来实现厂房的通风换气的。它是一种简单经济的通风方式，但易受气候条件及周围环境的影响，通风效果不够稳定。

机械通风是当生产工艺有特殊要求的厂房或工段不得已才采用的，一般厂房多采用自然通风，或者以自然通风为主，以机械通风为辅的通风方式。

有效地组织好厂房的自然通风，是厂房剖面设计的重要内容之一。

（一）自然通风的基本原理

概括地说：单层厂房自然通风是利用空气的热压和风压作用来实现的。

1. 空气的热压作用

如图 15-17 所示厂房，内部各种热源（主要指工业锅炉、热加工件等）排放出大量热量，提高了室内空气温度，使其体积膨胀，体积密度减小而自然上升。室外空气温度则较低，体积密度较大。由于室内空气温

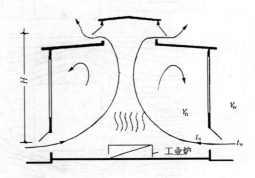

图 15-17 热压通风原理示意图

度比室外高、体积密度则比室外小，从而产生室内外空气的压力差，这种空气的压力差称作热压。若在厂房的上部设置出气口，下部设置进气口，在此热压的作用下，室外冷空气便从进气口流入室内，而室内上升的热空气便从出气口排出；进入室内的冷空气被加热变轻，上升，并由排气口排出，如此循环不已，就达到了通风换气的目的。实验结果表明，热压越大，通风效果越好，热压值按下式计算：

$$\Delta P = Hg(\gamma_w - \gamma_n)$$

式中　ΔP——热压（N/m²）；

　　　g——重力加速度 9.8m/s²；

　　　H——进风口中心线至排风口中心线的距离（m）；

　　　γ_w——室外空气体积密度（kg/m³）；

　　　γ_n——室内空气体积密度（kg/m³）。

可以看出，热压的大小取决于上下进排风口间的距离和室内外空气体积密度差的大小。据此得出如下结论：在厂房内外空气体积密度差保持不变的前提下，加大进排风口之间的垂直距离，亦即尽量抬高厂房天窗或高侧窗的高度，尽量降低低侧窗的标高，对提高通风效果十分有利。

2. 空气的风压作用

图 15-18 是风压通风原理示意图。假设风（气流）是在一极大的通道中均匀流动，房屋则是这个通道中的阻碍物。当风吹向建筑物时，受房屋迎风面墙壁的阻挡，气流改变原流动方向沿墙面和屋面绕行而过。

从图 15-18 可以看出，在迎风面，由于气流受阻，使迎风面空气压力增大，超过正常大气压，即迎风面为正压区，用符号"＋"表示。当风越过房屋迎风面时，根据单位时间流量相等的原理，侧风流速增大，使房屋顶面、背面和侧面的空气压力减小，低于正常大气压，即为负压区，用符号"－"表示。这种由风引起空气的压力差称为风压。

若能在房屋的正压区（迎风面）外墙上设置进风口，在负压区外墙上设排风口，就会

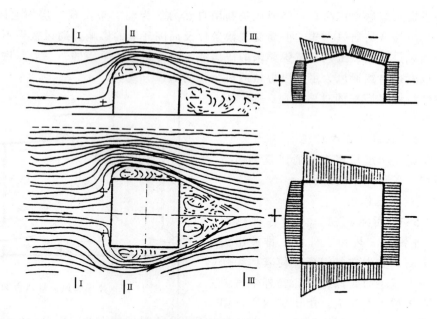

图 15-18 风绕建筑物流动时车间剖面及平面示意图

使室外空气由进风口进入厂房室内，使室内空气由排风口排出，从而达到通风换气的目的。

在剖面设计中，应根据自然通风的热压原理和风压原理，正确布置进排风口的位置，合理组织气流，达到通风换气的目的。

（二）厂房自然通风设计

厂房中有冷车间和热车间之分，因两者的生产状态不同，热压在自然通风组织中的地位是截然不同的。

冷加工车间内部热量不大，通风除热排烟压力很小，但也应组织好自然通风，以引入新鲜空气，增强工人的舒适感。据此，冷加工车间的自然通风的机理是利用风压来实现的。

主要采用如下技术途径：1）合理布置进排风口的位置；2）选择有效的进排风口形式及其构造；3）合理组织气流路径，组织好穿堂风，使其吹至尽可能多的操作区。另外注意限制厂房的宽度（一般 60m 左右），使厂房长轴垂直或接近垂直于夏季主导风向，以及在纵横贯通的通道端部设大门等，对组织穿堂风将十分有利。

热加工车间往往除了存在大量热量外，还有烟尘和有害气体，因此组织好自然通风，除热排烟尤为重要。在热车间的自然通风设计中，要充分利用热压原理，为搞好自然通风创造良好的条件。

热压通风采取的技术途径与冷车间的基本相同，但各项技术措施的依据和原理却有差别。仅以进排风口位置及其形式加以说明。

南方炎热地区，为提高通风效率，常将外墙下部设计成开敞式，屋顶设通风天窗。为防止雨水溅入室内，一方面仍需设 600~800mm 高的窗台，另外开敞部分还应设挡雨片，如图 15-19（a）所示。

北方寒冷地区的热车间的通风组织如图 15-19（b）所示。系把作为进气口的低侧窗分

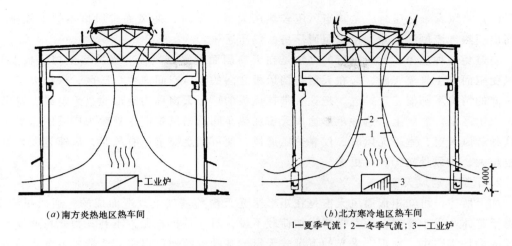

(a) 南方炎热地区热车间　　　　(b) 北方寒冷地区热车间
1—夏季气流；2—冬季气流；3—工业炉

图 15-19　热车间通风示意

成上下两段，上段窗口下沿距室内地坪高不小于 4.0m，均须设可开启的窗扇。夏季通风时，关闭上段，开启下段以提高热压，加大通风。冬季则相反打开上段窗，关闭下段，以防冷气流直接吹到工人身上，影响健康。

(三) 通风天窗的选择

以通风为主要目的的天窗称为通风天窗。通风天窗一般作为热车间自然通风的排气口，其形式的选择对组织好厂房的自然通风具有重要地位。很明显，应选择那些局部阻力系数小，排风量大，防雨好，结构简单，省材料，造价低，施工方便的通风天窗。我国目前常用的通风天窗有矩形通风天窗和下沉式通风天窗两种。

1. 矩形通风天窗

采用的矩形采光天窗能起一定的通风作用，但很不稳定。窗扇开启角度有限是影响的一个原因，但更主要的原因是室外风压的影响。因为热车间的自然通风是在风压和热压的共同作用下进行的。如图 14-20 所示，天窗迎风面窗口处会出现如下三种不同状态。

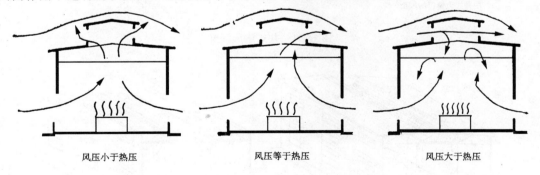

风压小于热压　　　　风压等于热压　　　　风压大于热压

图 15-20　风压和热压共同作用下三种气流状况

(1) 当风压小于热压时，迎风面和背风面排气口均可排气，但由于迎风面受风压的影响，排气量减小；

(2) 当风压等于热压时，迎风面排气口停止排气，但背风面排气口仍可排气；

(3) 当风大于热压时，尤其当风压较热压大得很多时，迎风面排风口不但不能排气，反而出现热气流倒灌现象，严重阻碍厂房的热压通风。

要避免这种现象，比较可行的办法是在天窗侧面设置挡风板。当风吹至挡风板上时，因风受阻而产生气流飞跃，必在天窗与挡风板之间的喉口空间产生负压区，保证天窗在任何风向的情况下都能稳定排气。把这种带挡风板的矩形天窗称为矩形通风天窗或者避风天窗，以示区别。实际上，这种矩形通风天窗在热车间的通风中应用是较为广泛的，因为使用这种避风天窗，室外无风时，仅靠热压通风，便可满足要求；有风时，风速越大，负压值也越大，排风量较无风时更大。

2. 下沉式通风天窗

如上所述，可知矩形通风天窗是在矩形采光天窗的基础上改造而成的，通风很稳定，但由于整体凸出于屋面，耗费材料增加荷载不说，对建筑抗震尤为不利。为此在通风天窗形式的设计实践中，发现在采光的下沉式天窗的基础上照样可以将其改造成下沉式通风天窗，且更加简便。下沉式天窗的凹下槽口（或井口）内，在任何风向下均处于负压区，这就为其改造成通风天窗提供了十分有利的条件，只需将采光窗扇改为排气口所要求的形式即可基本实现。

据此，下沉式通风天窗也和下沉式采光天窗一样，具有井式通风天窗，纵向下沉式通风天窗和横向下沉式通风天窗三种不同的种类。如图15-21、图15-22、图15-23所示。

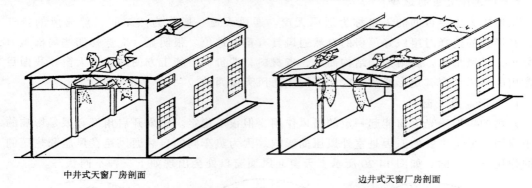

中井式天窗厂房剖面　　　　　　　　边井式天窗厂房剖面

图 15-21　井式通风开窗

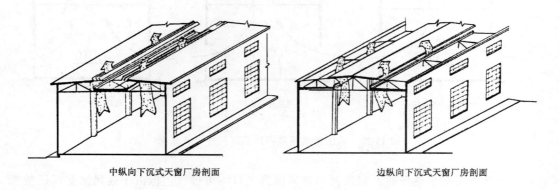

中纵向下沉式天窗厂房剖面　　　　　边纵向下沉式天窗厂房剖面

图 15-22　纵向下沉式通风开窗

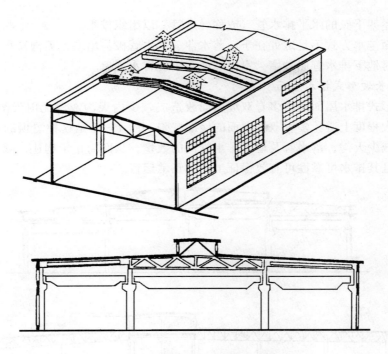

图 15-23　横向下沉天窗厂房剖面

这种下沉式通风天窗除了通风稳定的优点外，其他构造上的优点这里不再叙述。

五、屋面排水方式

与民用建筑相比，单层工业厂房屋面排水方式也分为无组织排水和有组织排水两大类，其中有组织排水又包括有组织内排水和有组织外排水两种。但有所不同的是单层工业厂房具有多跨并列、垂直跨相接、高低跨相连的特征。其屋顶排水方式远较民用建筑复杂，当采用不同的屋面排水方式，不仅造成厂房剖面形式的变化，而且还因构造的不同会对厂房设计的其他方面造成影响。以下仅简要介绍几种常见的屋面排水方式及其特点，供设计时参考。

（一）多脊双坡形式排水屋面

多年来，我国单层工业厂房多采用标准化的装配式钢筋混凝土排架结构体系，与此相配套的屋架形式多为双坡式，这对于连续多跨的厂房，必然形成如图 15-24 所示的多脊双坡屋面形式。这种屋面自然形成若干内天沟。内天沟的排水往往须采用内落式，有时还需

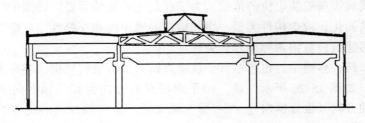

图 15-24　多脊双坡排水屋面

设置悬挂于屋架下弦的水平排水管（或称导水管）以组织排水。

这种屋面排水方式不足之处在于：落水斗、落水管极易堵塞，天沟易积水，并产生渗漏现象；有时地下排水管网被堵，室内地面会出现冒水现象。

（二）缓长坡形式排水屋面

缓长坡形式排水屋面是将多脊双坡屋面改造成较少内天沟或者无内天沟的长坡屋面，这样可在很大程度上避免多脊双坡屋面的堵漏缺陷。图15-25是这种屋顶的示例。这种屋面排水不仅减少天沟、落水管及地下排水管网的数量，从而简化了构造，减少了投资和维修费用，而且其排水可靠性可有效保证生产的正常运行。

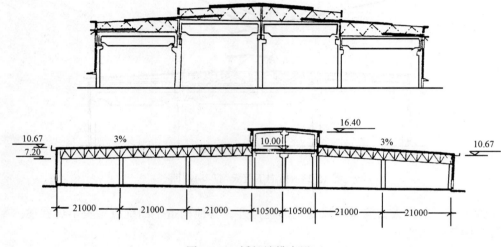

图 15-25　缓长坡排水屋面

缓长坡屋面若仍用惯用的 1/5～1/12 坡度时，易增大厂房的体积，当使用新型高效防水材料，坡度可以降至 5%，或者更小些，故此称为缓长坡屋面。

缓长坡多用于要求排水、防水可靠，不允许有漏水可能的车间，如大型热加工车间（炼钢厂、轧钢厂等）。

第三节　单层厂房定位轴线

单层厂房定位轴线是确定厂房主要承重构件的平面位置及其标志尺寸的基准线，同时也是厂房施工放线和设备安装定位的依据。为了建筑工业化的需要，必须使厂房建筑主要构配件标准化和系列化，减少构件类型，增加构件的通用性和互换性，厂房定位轴线的确定必须执行《厂房建筑模数协调标准》有关规定。

对于常用的单跨、多跨平行也包括有少量垂直跨的多跨平行厂房，存在着明显的长轴方向和短轴方向，如图15-26所示。该厂房平面图左右方向为其长轴方向（亦称纵向），而前后方向为短轴方向（也称横向）。在习惯上通常把厂房长轴方向的定位轴线称为纵向定位轴线，在平面图中，由下至上按 A、B、C……字母顺序进行编写（编号中不使用I、O、Z三个字母）。垂直于厂房长轴方向亦即短轴方向的定位轴线称为横向定位轴线，在平面图中，从左至右按 1、2、3……数字顺序进行编写。同时规定：相邻两条横向定位轴线

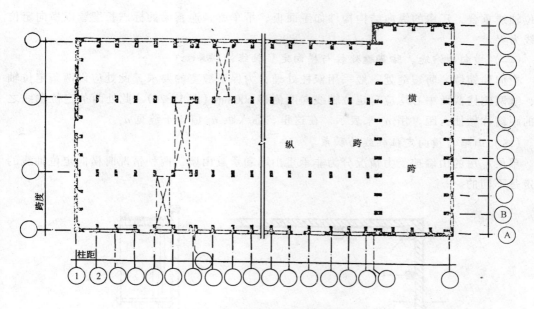

图 15-26 单层厂房定位轴线示意

之间的距离称为柱距；相邻两条纵向定位轴线之间的距离称为跨度。

一、横向定位轴线

（一）中间柱与横向定位轴线的联系（图 15-27）

除横向变形缝两侧及厂房端部排架柱外的柱称为中间柱。中间柱的截面中心线与横向

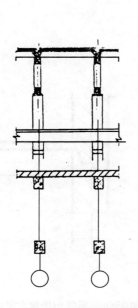

图 15-27 中柱与横向定位轴线的联系

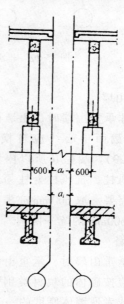

图 15-28 横向伸缩缝防震缝处柱与横向定位轴线的联系

a_i—插入距；a_e—变形缝宽

定位轴线重合，厂房的纵向结构构件如屋面板、吊车梁、连系梁的标志长度皆以横向定位轴线为界。

（二）横向伸缩缝、防震缝处柱与横向定位轴线的联系

横向伸缩缝、防震缝处一般采用双柱处理，为保证缝宽的要求，此处应设两条定位轴线，缝两侧柱截面中心均应自定位轴线向两侧移600mm（图15-28）。此处两条定位轴线之间的距离称做插入距，用 a_i 来表示。在这里，插入距 a_i 值等于缝宽 a_e。

（三）山墙与横向定位轴线的联系

单层厂房的山墙按受力情况分为非承重山墙和承重山墙，两种情况时横向定位轴线的确定是不同的。

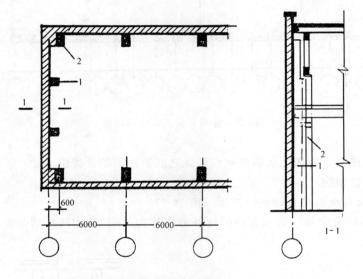

图15-29 非承重山墙端柱与横向定位轴线的联系

1. 非承重山墙

当山墙为非承重山墙时，山墙内缘与横向定位轴线重合，端部柱截面中心线应自横向定位轴线向内移600mm（图15-29）。端柱其所以内移600mm，是由于山墙内侧设有抗风柱，抗风柱上柱须通至屋架上弦进行连接的构造空间需要。取600mm亦考虑与横向伸缩缝防震缝处柱子移动600mm的统一协调。

2. 承重山墙

当山墙为承重山墙时，承重山墙墙体内缘与横向定位轴线的距离应按砌体的块材类别分别取块材的半块或半块的倍数，或者取墙体厚度的一半，如图15-30所示。作此规定，是为考虑当前有些厂房仍然可用砌筑外墙作承重墙的可能性，只是应保证满足结构支承长度的要求。

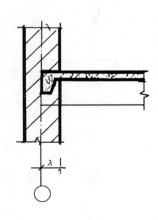

图15-30 承重山墙横向定位轴线
λ—墙体块材的半块（长）、半块（长）的倍数或墙厚的一半

二、纵向定位轴线

厂房纵向定位轴线的确定，除考虑构造简单，结构合理外，在有吊车的情况下，还应保证吊车运行及检修的安全需要。

（一）外墙、边柱与纵向定位轴线的联系

在有吊车的厂房中，《厂房建筑模数协调标准》对吊车规格与厂房跨度作如下协调要求：

$$L_K = L - 2e$$

式中 L_K——吊车跨度（mm），即两条吊车轨道中心线之间的距离；

L——厂房跨度（mm）；

e——吊车轨道中心线至纵向定位轴线之间的距离（mm），一般取 750mm，当吊车起重量大于 50t 或者为重级工作制需设安全走道板时，取 1000mm（图 15-31）。

据图所示构造关系可知：

$$e = h + C_b + B$$

式中 h_0——轴线至上柱内缘的距离（mm）；

B——吊车桥架端部构造长度（mm），即吊车轨道中心线至吊车端头外缘的距离，查吊车规格资料；

C_b——吊车端头外缘至上柱内缘的安全净空距离（mm），当吊车起重量 $Q \leq 20t$ 时，$C_b \geq 80mm$；$Q \geq 75t$ 时，$C_b \geq 100mm$。C_b 值主要考虑吊车和柱子的安装误差以及吊车运行中的变形而应预留的安全空隙。

由于吊车起重量、柱距、跨度、有否安全走道板等因素的影响，边柱外缘与纵向定位轴线的联系有两种情况：

1. 封闭、结合式纵向定位轴线

在无吊车或只有悬挂式吊车，以及在柱距为 6m，桥式吊车起重量 $Q \leq 20t$ 条件下的厂房中，一般采用封闭结合式定位轴线（图 15-32），即边柱外缘（通常也是外墙内缘）与纵向定位轴线相重合。

此时采用封闭结合定位轴线的原因是：

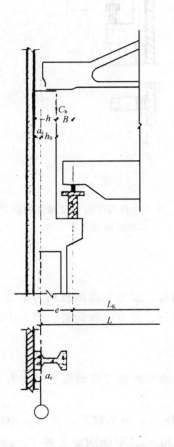

图 15-31 吊车与厂房空间关系示意

h—上柱宽度，一般为 400，500mm；

h_0—轴线至上柱内缘的距离；

C_b—上柱内缘至吊车桥架端部的缝隙宽度（安全缝隙）。

B—桥架端头长度；其值随吊车起重量大小而异；a_c—连系尺寸，即轴线至柱外缘的距离

当 $Q \leq 20t$，则 $B \leq 260mm$，$C_b \geq 80mm$；

柱距 6m，吊车轻，$h \leq 400mm$；

不设安全走道板，$e = 750mm$。

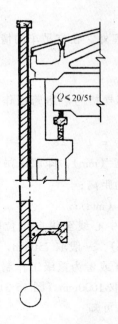
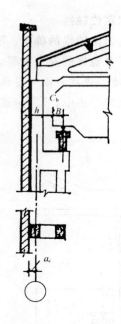

图 15-32　外墙、边柱与纵向定位轴线的联系
（封闭结合）

图 15-33　外墙边柱与纵向定位轴线的联系
（非封闭结合）

则：$C_b e-(h+B)=90mm$

满足　$C_b \geq 80mm$ 的要求。

在封闭结合中，封闭的含义在于：当采用此类定位轴线，屋架和屋面板均为定型化标准构件，按常规布板，则屋架及屋面板与外墙内缘必然闭合，没有结构构造间隙，不需设补充构件，具有构造简单、施工方便等优点。

2．非封闭结合式纵向定位轴线

在柱距为 6m、吊车起重量 $Q \geq 30t$ 的厂房中，边柱外缘与纵向定位轴线之间应有一定的距离，如图 15-33 所示。

这是由于 $Q \geq 30t$ 时，$B \geq 300mm$；$C_b \geq 80mm$；柱距较大，吊车较重，故 $h \geq 400mm$；如不设安全走道板，$e=750mm$。则 $C_b=e-(h+B)=50mm$，不能满足上述 $C_b \geq 80mm$ 的要求。

很容易看出，由于 B 和 h 值均较 $Q \leq 20t$ 时为大，如继续采用封闭结合，已不能满足吊车安全运行所需净空要求。

解决问题的办法是将边柱外缘自定位轴线向外移动一定距离，这个距离称为联系尺寸，用 a_c 来表示。为了减少构件类型，a_c 值须取 300mm 或 300mm 的整倍数。当墙为砌体时可为 50mm 或 50mm 的整倍数。

在非封闭结合时，用标准的整块屋面板只能铺至定位轴线处，与外墙内缘必然出现一条结构构造间隙，不能闭合，这也正是非封闭结合的含义。非封闭结合构造复杂，施工较为麻烦。

（二）纵向中柱与纵向定位轴线的联系

在多跨厂房中，中柱会有等高跨中柱和不等高跨（习惯称高低跨）两种情况。

1. 等高跨中柱与纵向定位轴线

当厂房为等高跨时，其等高跨间的中柱称为等高跨中柱。等高跨中柱通常设置单柱，其柱截面中心与纵向定位轴线相重合（图15-34）。此时上柱截面高度一般取600mm，以满足屋架或屋面大梁的支承长度，且上柱不带中腿，构造简单。

2. 高低跨中柱与纵向定位轴线的联系

当厂房出现横向高低跨时，其高低跨间的中柱称作高低跨中柱。高低跨中柱与定位轴线的联系有两种截然不同的情况：

(1) 当高低跨处采用单柱时，高跨上柱外缘和封墙内缘宜与纵向定位轴线相重合（图15-35a）。此时，纵向定位轴线按封闭结合设计，不需要设联系尺寸，也无需设两条定位轴线；

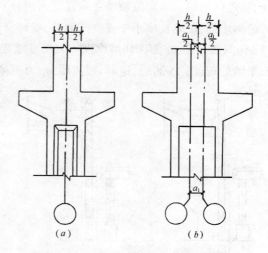

图15-34 等高跨中柱与纵向定位轴线
h—上柱高度

(2) 当上柱外缘和封墙内缘与纵向定位轴线不能重合时，应采用两条定位轴线。

高跨轴线与上柱外缘之间设联系尺寸 a_c，低跨定位轴线与高跨定位轴线之间的插入距 a_i 等于联系尺寸 a_c（图15-35b）；当高跨采用封闭结合时，且高跨封墙需要封至低跨屋架端部，则两轴线之间插入距 a_i 等于封墙（图15-35c）厚 t；而当高跨采用非封闭结合，且墙体需封至低跨屋架端部，定位轴线之间的插入距 a_i 则等于联系尺寸 a_c 与封墙厚 t 之和（图15-35d）。

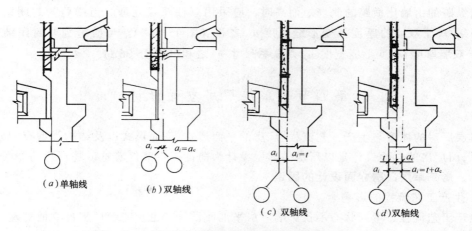

图15-35 高低跨中柱与定位轴线
a_i—插入距；a_c—连系尺寸；t—封墙厚

三、纵横跨连接处柱与定位轴线的联系

有纵横跨的厂房，由于纵跨和横跨的长度、高度、吊车起重量都可能不相同，为了简化结构和构造，设计时，常将纵跨和横跨的结构分开，并在两者之间设置变形缝。纵横跨连接处设双

柱、双定位轴线。两定位轴线之间设插入距 a_i（图 15-36），有如下几种可能：当纵跨的山墙比横跨的侧墙低，山墙长度小于或等于侧墙，横跨又为封闭结合轴线时，则可采用双柱单墙处理（图 15-36a），插入距 a_i 为砌体墙厚度 t 与变形缝宽度 a_e 之和。当横跨为非封闭结合时，仍采用双柱单墙处理（图 15-36b），这时，插入距 a_i 为砌体墙厚度 t、变形缝宽度 a_e 及联系尺寸 a_c 之和。

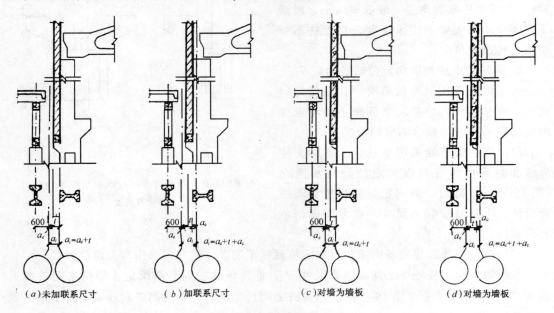

（a）未加联系尺寸　（b）加联系尺寸　（c）对墙为墙板　（d）对墙为墙板

图 15-36　纵横跨相接处与定位轴线

a_i—插入距；t—封墙厚度；a_c—联系尺寸；a_e—变形缝宽度

当纵跨的山墙比横跨的侧墙短而高时，应采用双柱双墙处理。当横跨为封闭结合时，插入距 a_i 等于双墙的厚度及变形缝宽度 a_e 之和（图 15-36c）。当横跨为非封闭结合时，a_i 等于双墙厚度 t、变形缝宽度 a_e 及联系尺寸 a_i 之和（图 15-36d）。

第四节　单层厂房立面设计

单层厂房的体型与生产工艺流程、厂房的平面形式、剖面形式以及结构类型有十分密切的关系，而厂房的立面设计是以厂房的体型设计为前提。本节仅着重讲述厂房的立面设计。

一、影响单层厂房立面设计的因素

1. 生产工艺流程的影响

生产工艺流程、生产状态不仅影响厂房平剖面设计，也影响着厂房的立面处理，如轧钢厂、造纸厂，生产工艺流程多是直线式的，体形也多为单跨或多跨平行并列的长方形体形（图 15-37）；但重型机械厂的金工车间，由于各跨加工件和设备大小相差悬殊，厂房的体形则起伏较多；而铸工车间不仅各跨高宽均有不同，又有冲出屋面的化铁炉，露天的吊车栈桥等，体形较为复杂（15-38）。

2. 结构和材料的影响

不同的结构形式，不同的材料质地对厂房的体形和立面设计产生不同的影响，特别是

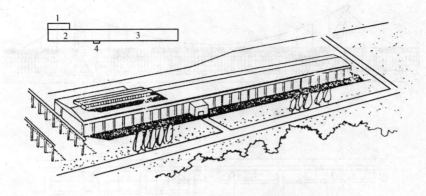

图 15-37　某钢厂轧钢车间
1—加热炉；2—热轧；3—冷轧；4—操纵室

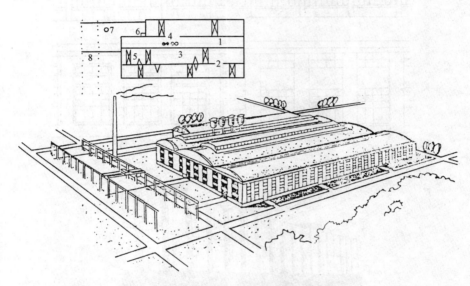

图 15-38　上海某铸造铸工车间
1—沙型处理；2—造型及型芯；3—浇注合箱；4—熔化；
5—清理；6—烘炉；7—烟囱；8—栈桥

图 15-39　某无缝钢管厂金工车间

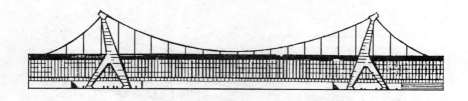

图 15-40 意大利某造纸厂

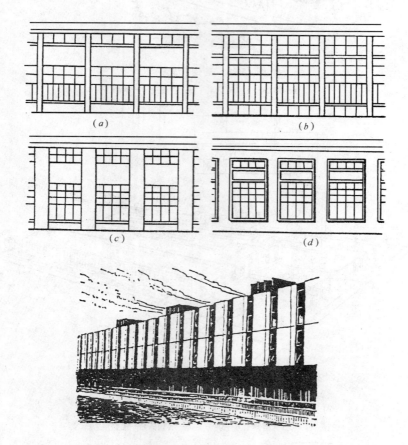

图 15-41 墙面垂直划分

屋顶承重结构形式在很大程度上决定厂房的体形。图 15-39 是采用锯齿形屋顶的某钢管厂金工车间，立面节奏感韵律感极强。图 15-40 是采用悬索结构的国外某造纸厂，给人以明快活泼之感。

3．环境和气候的影响

寒冷地区的厂房，因需避风防寒，立面窗小，墙面大，给人以稳重厚实的感觉；炎热地区因强调通风，窗洞面积很大，甚至开敞式外墙，又给人以开敞轻盈之感。

二、墙面划分

现代单层工业厂房大多采用平屋顶或缓坡屋顶，墙面在造型中占有显著的地位。墙面的大小、形式、色彩及门窗的大小、排列直接影响厂房立面效果。而墙面处理，关键是墙面的线条划分及窗墙的比例。墙面划分常采用以下三种方法：

1. 垂直划分

根据砌块或板材的墙体结构特点，利用承重柱、壁柱、向外突出的窗间墙、竖向条形组合窗等构成竖向线条可改变单层厂房扁平的比例关系，使厂房立面显得挺拔、有力。为使墙面整齐美观，门窗洞口和窗间墙的排列，多以一个柱距为一个单元，在立面中重复使用，使整个墙面产生统一的韵律。当墙面很长时，可隔一定距离插入一个变化的单元，这样既可避免立面单调而又有节奏感（图15-41）。

2. 水平划分

墙面水平划分的处理方法主要采用带形窗，使窗洞口上下的窗间墙体构成水平横线条（图15-42）。若再采用通长的水平窗眉线、窗台线、遮阳板、勒脚线，则水平线条的效果更为显著，亦可采用不同材料、不同色彩处理水平的窗间墙，使厂房立面显得明快，大方。

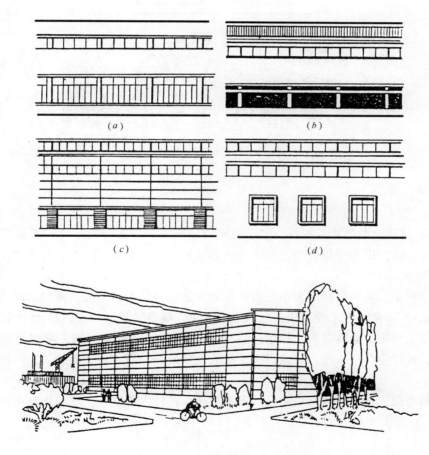

图15-42 墙面水平划分

3. 混合划分

在工程实践中，除单独采用垂直划分或水平划分外，常采用将两者结合的混合划分

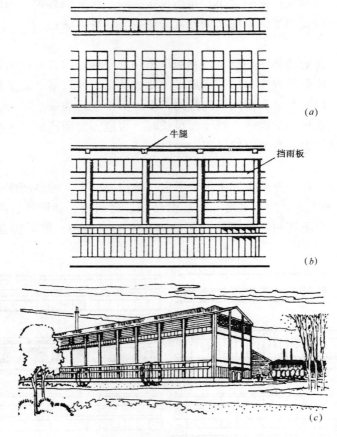

图 15-43 墙面混合划分

(图 15-43)。这样,既能相互衬托,又有明显的主次关系。图 15-43(a)系以垂直划分为主。图 15-43(b)以水平划分为主,两者达到互相渗透,混而不乱,又有主次,取得了生动和谐的效果。

厂房立面中,窗洞面积的大小是根据采光和通风要求来确定的。窗与墙的比例关系有三种情况:1)窗面积大于墙面积,立面以虚为主,显得轻巧、明快;2)墙面积大于窗面积,立面以实为主,显得敦实、稳定;3)窗面积等于或接近墙面积,虚实平衡,显得安静、平稳。设计中往往采用以虚或以实为主的立面处理,而虚实平衡的手法,稍显平淡而较少采用。

因篇幅所限,厂房的内部空间设计不再叙述,设计中需要时,可参见有关设计资料。

小　结

本章共讲述了四个方面的内容,现将其要点归纳如下:

1. 生产工艺流程有直线式、往复式和垂直式三种形式。
2. 承重结构柱子在平面上排列所形成的网格称为柱网。柱网尺寸是根据生产工艺的特征、生产工艺流程、生产设备及其排列、建筑材料、结构形式、施工技术水平、地基承载能力及有利于提高建筑工业化等因素来确定的。

3. 横向定位轴线之间的距离称作柱距（变形缝除外），常采用 6m；纵向定位轴线间的距离称作跨度，常采用 9、12、15、18、24、30、36（m）。

4. 柱距采用扩大模数 60M 数列；当跨度 ≤18m 时，采用扩大模数 30M 数列，当跨度 >18m 时，采用扩大模数 60M 数列。

5. 扩大柱网的优点是：可以提高使用面积利用率；有利于布置设备和运输原材料及产品；能适应工艺变更及设备更新所提出的要求，从而提高通用性；减少构件数量，但增加构件重量；减少柱基础土石方工程量；综合经济效益显著。

6. 生活间与车间毗连的沉降缝处理，应明确生活间高于车间时，毗连墙属于生活间；生活间低于车间时，毗连墙属于车间。其基础设计应保证沉降后互不影响。

7. 确定柱顶标高时，首先确定符合 3M 数列的牛腿顶面标高，然后再确定仍符合 3M 数列的柱顶标高。

8. 天然采光系数 C 值越大，工作面上所需照度越高。在估算采光口面积时，首先要确定剖面设计中的采光方式，查出车间的采光等级及其相应的采光系数，查表确定窗地比，计算出窗地面积。若采光系数在表中不能直接查出，则用插入法计算出采光系数及其相对应的窗地比。注意有些地区的采光系数应乘以 1.25。

9. 自然通风的基本原理，是靠热压和风压进行的。热压值 ΔP 的大小与室外及室内空气密度差，以及进、排风口中心线的距离成正比。

10. 通风开窗的通风要点是保证排风口处于负压区。其类型主要有避风天窗和下沉式天窗。

11. 定位轴线是确定厂房主要承重构件位置及其标志尺寸的基准线，同时，也是施工放线和设备安装的依据。

12. 横向定位轴线标志纵向构件如屋面板、吊车梁的长度；纵向定位轴线标志屋架的跨度。

13. 纵向定位轴线是封闭结合还是非封闭结合的关键是保证吊车能否安全运行，必须满足 C_b 值的要求，C_b 值的大小又决定于吊车吨位。

14. 纵向定位轴线的确定，应根据吊车吨位、封墙位置和数目，确定插入距 a_i、联系尺寸 a_c、墙体厚度 t、变形缝宽度 a_e 等。

复习思考题

1. 什么叫工业建筑？按照它的用途、层数和生产状况分别有哪些类型？
2. 单层、双层及多层厂房各有何特点？
3. 工业建筑设计应满足哪些要求？
4. 钢筋混凝土单层厂房由哪些构件组成？
5. 工厂总平面、生产工艺对平面设计有何影响？
6. 单层厂房平面设计应满足哪些要求？
7. 什么叫柱网？如何确定柱网（跨度和柱距）的尺寸？扩大柱网有何特点？
8. 生活间由哪几部分组成？其布置方式有哪三种？各有何特点？
9. 毗连式生活间与车间之间的沉降缝有哪两种处理方法？用简图表示。

10. 独立式生活间与厂房的联系有哪三种方法？各有何特点？用剖面图表示。
11. 单层厂房剖面设计应满足哪些要求？
12. 如何确定单层厂房的牛腿顶面标高和柱顶面标高？其扩大模数是多少？
13. 在单层多跨厂房中，在何种情况下相邻跨不设高差而采用平行等高跨？
14. 什么叫天然采光？天然采光系数是如何确定的？
15. 某单层五跨机械加工装配车间柱距为 6m，跨度均为 24m，试计算边跨采用单侧窗采光和中间跨采用矩形天窗采光时，其采光口面积各为多少？
16. 采光天窗有哪几种形式？各有何特点？分别用剖面图表示。
17. 什么叫自然通风？解释热压 $\Delta P = hg(\gamma_w - \gamma_n)$ 的物理意义。
18. 在冷加工车间剖面设计中，如何布置进风口和排风口？
19. 矩形避风天窗为何要设挡板，而下沉式天窗又不设挡风板？
20. 下沉式天窗有哪几种形式？
21. 什么叫定位轴线？什么是横向定位轴线？什么是纵向定位轴线？
22. 什么是封闭结合定位轴线和非封闭结合定位轴线？解释公式 $e = h + C_b + B$ 的含义。
23. 单层厂房设计中，联系尺寸 a_c 和插入距 a_i 的含义是什么？
24. 单层厂房墙面划分有哪三种形式？

第十六章　单层厂房构造

第一节　外　墙

单层厂房的外墙按受力情况不同可分为承重墙和非承重墙；按用材和构造方式不同可分为砌块墙和板材墙。砌块墙一般由粘土砖或其他中小型砌块砌筑；板材墙则包括大型预制板、压型钢板等。

一、砖外墙

在我国，单层厂房采用砖外墙者较多，所用砖材有普通粘土实心砖、粘土空心砖及灰砂砖等。

当厂房跨度小于15m，吊车起重不超过5t或无吊车时，可采用带壁柱的承重砖外墙。由于承重砖外墙的承载能力尤其是抗震能力不够理想，应用中越来越受到很大限制。

当吊车起重量较大，厂房跨度较大或高度较高时，一般采用骨架结构承重，而砖外墙仅起围护作用，即非承重砖外墙。这种非承重砖外墙在我国应用十分广泛。

非承重砖外墙通常采用基础梁支承和连系梁支承方式，现行规范规定：当厂房外墙高度不足15m时，只需将其支承于基础梁上；当墙体高度超过15m时，其上部墙体由连系梁支承，连系梁则搁置在柱子的牛腿上。

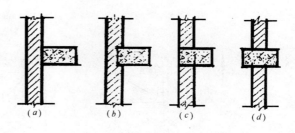

图16-1　外墙与柱平面位置关系

外墙与柱的平面位置有两种方案：一种是墙体位于柱的外侧（图16-1a），其构造简单，施工方便，热工性能较好，基础梁和连系梁均可采用标准构件，故此法应用较为广泛；另一种是把墙体砌于柱间（图16-1b、c、d），可增加柱列间刚度，甚至有时可省去柱间支撑，但明显的缺陷是施工较麻烦，热工性能较差，基础梁和连系梁只能采用异型构件，不利于厂房统一化要求，故较少采用。

基础梁与基础的连接应视基础的埋深而定。当柱基础埋置较浅时，常将基础梁支承于基础杯口壁的承台上，如图16-2（a）；当基础较深时，在基础梁下增设过渡垫块或挑出牛腿支承如图16-2（b）、（c）。通常基础梁顶面标高，低于室内地坪面60mm。当厂房有采暖要求时，为了防止基础梁处形成冷桥，宜在基础梁一定范围内，回填松散保温材料（如矿渣等），如图16-3（a）所示；北方非采暖厂房，为防松散材料产生冻胀，还可在基础下预留空隙（图16-3b）。

外墙与柱子、屋架端部相接处，按规范要求均应采用钢筋拉接，如图16-4、图16-5所示。

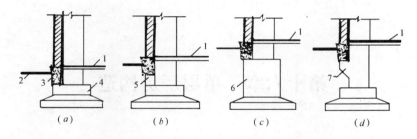

图 16-2 基础梁与基础的连接
1—室内地面；2—散水；3—基础梁；
4—柱杯形基础；5—垫块；6—高杯形基础；7—牛腿

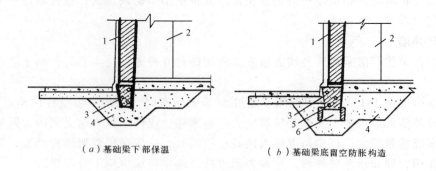

图 16-3 基础梁下的保温措施
1—外墙；2—柱；3—基础梁；4—炉渣保温材料；5—立砌普通砖；6—空隙

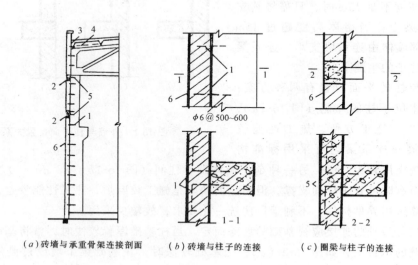

图 16-4 砖墙与柱子的拉接
1—墙柱连接筋；2—圈梁兼过梁；3—檐口墙内加筋 $1\phi 12\ l=1000mm$；
4—板缝加筋（$1\phi 12$）与墙内加筋连接；5—圈梁与柱连接筋；6—砖外墙

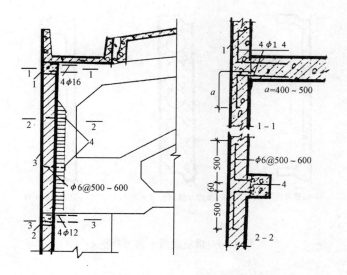

图 16-5 砖墙与屋架的连接
1—檐口圈梁；2—柱顶圈梁；3—砖墙；4—预埋铁件

系由柱子和屋架上，每隔 500～600m 伸出 2ϕ6 钢筋与墙体锚固，以保证墙体的稳定性。

二、钢筋混凝土板材墙

发展大型板材墙是改革墙体、促进建筑工业化的重要措施之一，这不仅将加快厂房建筑工业化进程，减轻工人劳动强度，而且可以充分利用工业废料，节省大量粘土资源，对农业、对生态环境均会产生有利的作用。

板材墙的主要类型有：钢筋混凝土板材墙、振动砖墙板、轻质高强的夹心板材，以及轻型的波形瓦板。限于篇幅，本书仅介绍钢筋混凝土板材墙。

（一）墙板的类型

钢筋混凝土墙板按热工性能分为保温墙板和非保温墙板两大类，按构造特征有单一材料墙板和复合墙板两种。

1．单一材料墙板

（1）钢筋混凝土槽形板、空心板（图 16-6）。这类板坚固耐久，制作简单，还可施加预应力，故而经济指标好，适合用于保温要求不高的厂房。

（2）轻混凝土墙板。这类墙板品种很多，如粉煤灰硅酸盐混凝土墙板，各种加气混凝土墙板，陶粒混凝土墙板等。它们的共同优点是自重较轻，保温隔热性能好，具有足够的强度和耐久性，不足之处是吸湿性较大。适用于对保温和隔热有较高要求且湿度不很大的厂房。

2．复合墙板

复合墙板是由承重材料和绝热材料经组合而成的板材。承重材料既可是重质的钢筋混凝土，也可是轻型的石棉水泥板、塑料板及金属板等。绝热材料多采用膨胀蛭石、膨胀珍珠岩、陶粒、泡沫混凝土、泡沫塑料等。

依据保温材料所处的位置，常有夹心墙板、槽形和槽瓦形墙板（图 16-7）。

复合墙板的特点是既发挥了结构材料的承重、耐气候性能，又发挥了绝热材料的热工

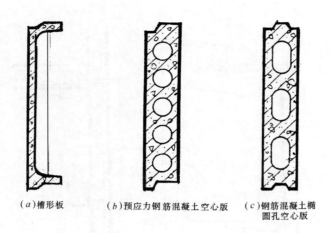

(a) 槽形板　　(b) 预应力钢筋混凝土空心板　　(c) 钢筋混凝土椭圆孔空心板

图 16-6　钢筋混凝土槽形板空心板

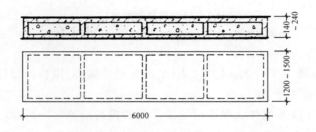

图 16-7　复合墙板

性能。缺点是制作工艺较复杂，有保温要求时易产生"冷桥"的影响。

（二）墙板的规格

墙板的规格应符合 300mm 的模数。

墙板的规格品种应根据柱距和立面处理需要进行划分，一般以厂房柱距作为板长，并沿厂房檐口高度来进行板材的宽度划分。

墙板的规格品种主要有基本板、异型板和辅助构件三种。基本板是指大量形状规则，尺寸标准的墙板；异型板是指少量形状特殊、尺寸不够规范的墙板，如加长板、山尖板等；辅助构件是指墙体局部的连接构件，如窗台板、转角件等。

基本板的长度为 6000mm 和 12000mm 两种，用于山墙的板长有时还有 3500mm、7500mm 等。板宽为 900、1200、1500 和 1800（mm）等四种。板厚以 20mm 为模数。常用厚度为 160～240mm。

（三）墙板的布置

单层厂房墙板的布置方式有横向布置、竖向布置和混合布置三种形式（图 16-8）。

1. 横向布置（图 16-8a）

横向布置指板的长向呈水平方向放置。其板长与柱距相等，板型少，墙板贴于柱外侧，并与柱相连接，构造较为简单。墙板的重量一般由钢支托传给柱，钢支托一般沿墙高

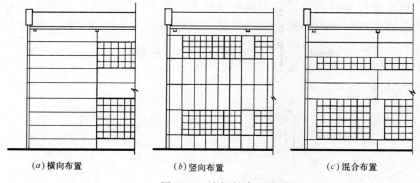

图 16-8 墙板的布置方式

每隔 5~6 块板设置一个。

2. 竖向布置（图 16-8b）

竖向布置是将板材长向呈竖向放置。这种布置方式多用于轻型墙板，常在柱间设横梁，而将墙板固定在上下墙梁上，安装比较复杂；为安窗方便，墙梁间距必须满足窗高要求。竖向布置的优势在于墙板布置不受柱距的限制，比较灵活，开设门窗洞口较方便，唯其竖缝较多，处理不当易产生渗水和透风现象。

3. 混合布置（图 16-8c）

这种布置板形式与横向布板基本相同，只是墙加一种竖向布置的窗间墙板，形成混合布置方式。这种布板方式可打破横向布板的单调感，使立面处理更为灵活。缺点是墙加了板型，安装起来较为复杂。

山墙顶部布板时稍显特殊，随屋顶外形可布置成台阶形、人字形和折线形等（图 16-9）。台阶形布置虽可减少异形板，但连接构造复杂，人字形则相反，折线形则介于两者之间。

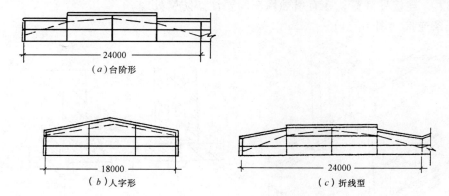

图 16-9 山墙顶部布板

（四）墙板的连接

墙板与柱的连接方案，可分为柔性连接和刚性连接两类。

常见的柔性连接方案有螺栓挂钩连接、压条连接和角钢挂钩连接等。这种连接，墙板与墙板间、墙板与柱之间可在一定范围内产生相对位移，能较好地适应地基的不均匀沉陷或有较大振动的厂房以及有地震影响的厂房。

刚性连接方案通常指焊接连接,当墙板具有较大的强度与刚度时,墙板可加强厂房的刚度,但对地基的不均匀沉陷和振动较为敏感。故适用于地基条件较好,没有太大振动荷载及抗震设计烈度在6度以下地区的普通厂房。

下面介绍常见的几种墙柱连接方式的构造特点:

1. 螺栓挂钩连接(图16-10)

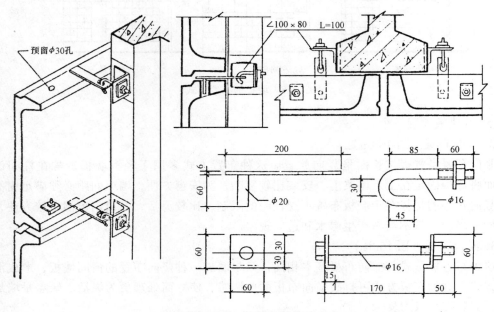

图16-10 螺栓挂钩连接

螺栓挂钩连接具有构造简单、连接可靠、焊接工作量少和施工方便等优点,其缺点是用钢量较大,连接件外露,在有腐蚀性车间要注意防腐处理。

2. 压条连接(图16-11)

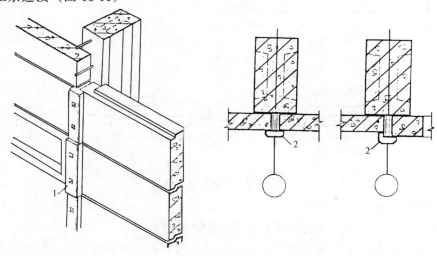

图16-11 压条连接

1—压条;2—窗框板

压条连接最突出的特点在于，墙板的垂直缝被压条所封盖，对防水、防风和保温隔热有利。缺点是增加了压条构件，当施工误差较大时，压条对位不易准确，影响美观。

3．焊接连接

焊接连接方案安装灵活简便，工序少，且可省去钢支托。图 16-12 是角钢焊接连接方案。

（五）板缝的防水处理

板材墙的安装必然形成水平缝和垂直缝，这些缝隙易导致渗水透风，因此，必须对这些缝隙进行防水构造处理。

1．水平缝

水平缝的构造方式有平口缝和高低缝两种（图 16-13）。水平缝的嵌缝材料常用憎水性防水材料如油膏、聚氯乙烯胶泥等。

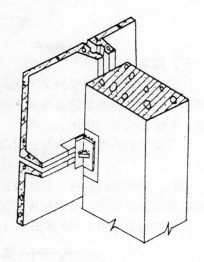

图 16-12　角钢焊接连接

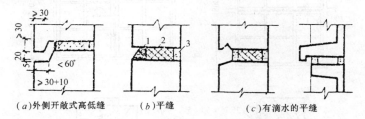

图 16-13　水平缝构造
1—油膏；2—保温材料；3—水泥砂浆

2．垂直缝

由于垂直缝的温差胀缩变形约为水平缝的 4~8 倍，故很难单纯靠填缝的办法防止渗漏，因此，常配合其他构造措施（图 16-14）。

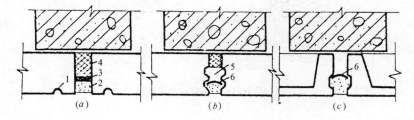

图 16-14　垂直缝构造
1—截水沟；2—水泥砂浆或塑料砂浆；
3—油膏；4—保温材料；5—垂直空腔；6—塑料挡雨片

第二节 侧窗及大门

一、侧窗

厂房中的侧窗不仅要满足采光和通风要求，有时还要根据生产工艺特征，满足一些特殊要求，例如有爆炸危险的车间，侧窗则有防爆泄压要求；恒温恒湿车间，侧窗应能保温隔热，并保持较好的密闭性。

厂房侧窗的类型、层数及选材等与民用建筑窗子基本相同，以下对一些主要特点加以介绍。

（1）厂房侧窗的规格一般远较民用建筑窗子为大，最大者可达 4800mm×6000mm，必须采用基本窗型组合，亦称拼樘。拼樘时，无论是横向拼接还是竖向拼接，一般以一次为宜。拼樘的构造如图 16-15 和图 16-16 所示。

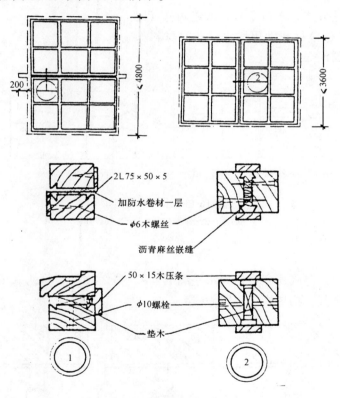

图 16-15 木窗拼樘构造

（2）厂房侧窗窗料截面规格较大些，如彩钢窗采用 40mm 规格型材，玻璃采用 5 厚玻璃。

二、大门

工业厂房的大门，需供日常车辆和人流通行，以及紧急情况疏散之用。因此门的尺寸应根据运输工具的最大规格、运输货物的外形尺寸来考虑。一般门的宽度应比满装货物的车辆宽 600~1000mm，高度应高出 400~600mm。图 16-17 为常用厂房大门的规格尺寸。

图 16-16 彩色涂层钢窗拼樘构造

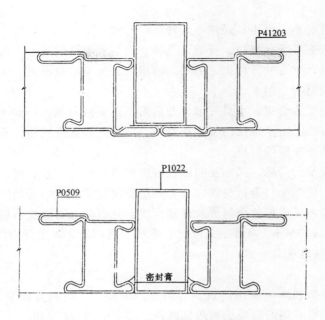

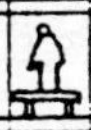

图 16-17 厂房大门规格尺寸

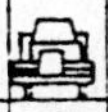

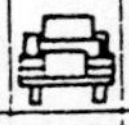

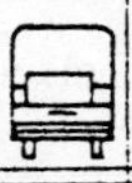

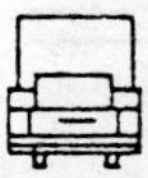

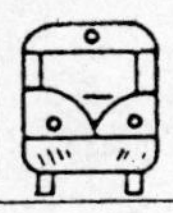

(一) 门的类型

厂房大门的材料有木、钢木、轻钢等几种。

大门的开启方式有平开、推拉、折叠、升降、上翻和卷帘门等。

平开门构造简单，常为外开门，一般多为两扇门；当运输量不大，大门不需经常开启时，可在门扇上开设通行小门。

推拉门的特点是受力合理，不易变形，开启后不占室内面积。一般推拉门采用上滑轮承力，下轨道导向方式。由于推拉门常设在墙外，门洞上方需设雨篷。不过推拉门的密闭性较差，不宜用在冬季采暖的厂房。

折叠门由几个较窄的门扇，其相互间以铰链连接组合而成。开启时，通过门扇上下滑轮沿轨道左右移动，使几个门扇折叠在一起，占用空间较少。该门适用较大的门洞。

卷帘门是用很多冲压成型的金属页片连接而成。开启时电动机或手摇机卷动帘板向上卷起。门洞宽4000~7000mm，高度不受限制。卷帘门适用于非频繁开启的高大门洞。

(二) 一般门的构造特点

1. 平开门

门扇一般由钢骨架和木板拼接而成。为防止门扇变形，门扇骨架常设横撑或交叉支撑，以增强刚度。门框有钢筋混凝土和砖砌两种，前者应用较广。由于厂房平开门扇尺寸重量巨大，常设特殊铰链（图16-18）。

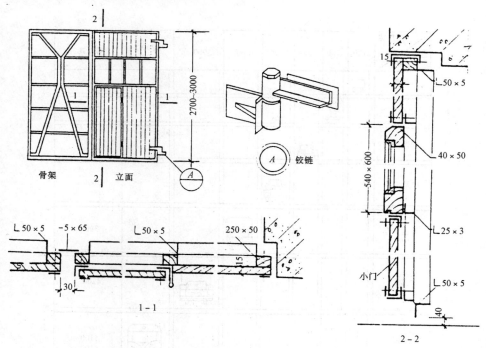

图16-18 平开门

2. 推拉门

推拉门由门扇、导轨、地槽、滑轮及门框组成。门扇可用钢木门、钢板门等，双轨双扇门最为常见。图16-19为上悬或钢木推拉门的构造。

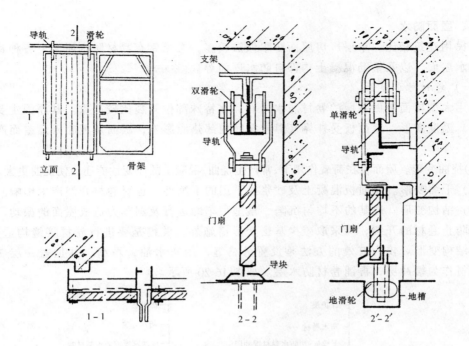

图 16-19 上悬式推拉门

第三节 屋面构造

厂房屋面的要求与民用建筑的基本相同,不同点在于厂房屋面面积大,构造复杂;厂房屋面常受振动影响,要求刚度大,强度高;厂房屋面的保温隔热要求较低;某些厂房屋面尚有防爆、泄压、防腐和清尘等问题。总之,厂房屋面应力求自重轻,造价低,积极采用工业化结构体系。

一、屋面组成与类型

厂房屋面的基本组成与民用建筑的相同,只是屋面基层差别明显。厂房屋面基层按支承方式不同分为有檩体系和无檩体系两类。有檩体系是在屋架上设置檩条,在檩条上架设小型屋面板。因其构件数量多,施工麻烦,刚度差,工业化程度低,使用越来越少。无檩体系无需设檩条而直接设置大型屋面板,构件尺寸大,工业化程度高,安装速度快,在我国工业建筑中应用较广泛。

二、屋面排水方式

(一) 中间屋面排水方式

我国单层厂房中间屋面排水方式均采用有组织排水。这种排水方式,室内水落管及地下排水管较多,容易堵塞漏水,严重时还会影响生产和使用。在有条件时改用长天沟端部排水或缓长坡屋面排水,有助于缓解上述矛盾。

(二) 檐口排水

厂房檐口排水同民用建筑一样有无组织排水和有组织排水方式两种。具体可参考第十章有关内容。

三、屋面防水

与民用建筑相比，单层厂房屋面防水做法较多，常见者有卷材防水屋面、各种瓦材或板材防水屋面，以及钢筋混凝土构件自防水屋面等。

（一）卷材防水屋面

采用大型屋面板做基层的卷材防水屋面，在特殊部位开裂比较严重。其原因主要有：

（1）温度变形。屋面板受外界气温或车间内部热源影响，板面及板底因温差而产生翘曲变形。

（2）挠曲变形。屋面板在荷载作用下，常产生挠曲，混凝土的徐变性能还会使挠曲更大。

（3）干缩变形。屋面板混凝土及砂浆找平层的干缩性，也对卷材开裂产生影响。

（4）结构变形。地基的不均匀沉陷、重型吊车的运行及刹车力造成屋面的振动。

为防止卷材的开裂，除采取减少基层变形措施外，关键是要进行卷材接缝构造处理，以适应结构变形。较为有效的方法是设置分格缝，用防水油膏填缝，并加盖一层300mm宽的卷材作为缓冲层，再铺卷材防水层。如图16-20所示。

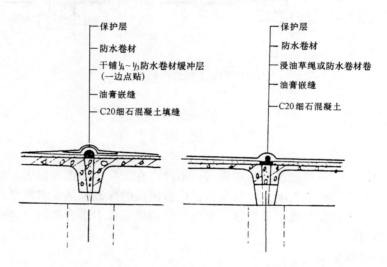

图16-20 卷材防水屋面分格缝处理

（二）波形瓦材防水屋面

波形瓦材防水屋面是指用波纹状的石棉水泥瓦、瓦垄镀锌铁皮或者彩色压型钢板等作屋面防水材料的屋面。

石棉水泥瓦重量轻，厚度薄，施工简便；但不耐冲击及温湿度过大的变化易脆裂，不耐久，保温隔热性能差。主要应用于要求不高甚至临时性的厂房或仓库。

瓦垄镀锌铁皮屋面早在20世纪30年代已开始采用，是一种较好的轻型屋面材料。它轻便灵活，抗震性能好，在高烈度地震区应用比钢筋混凝土大型屋面板和石棉水泥瓦都优越。尤其适合于高温车间和仓库。但这种瓦材数量供应不足，不耐腐蚀，维修费用大，目前使用很少。

压型钢板屋面所使用的彩色压型钢板是在瓦垄铁皮的基础上，经采用特殊生产工艺和化学处理得到的新型优质防水材料。与瓦垄铁皮相比，其刚度、承载能力和耐锈蚀能力有显著的提高；另外经不断研制，板形和品种繁多，产品规格大。压型钢板防水屋面工程特点是施工速度快,重量轻,色彩丰富柔和,防锈防腐,美观大方。根据生产需要,也可设置保温层,隔热层及防结露层等,适应性很强。图16-21为彩色压型钢板屋面构造。

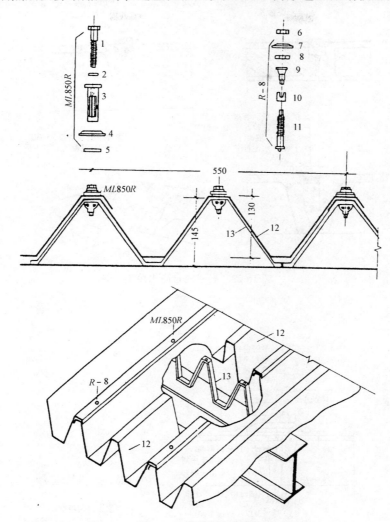

图16-21 压型钢板屋面
1—M8特殊螺栓;2—硬塑料衬垫1.6×12φ(外径);3—扩张套管;4—凸型垫圈2.3×35φ(外径);
5—软塑料衬垫6×24φ(外径);6—螺母;7—凸型垫圈2.3×30φ(外径);8—衬垫5×21φ(外径);
9—套管;10—凹型套管;11—特殊螺栓;12—压型钢板;13—铁支架

(三)钢筋混凝土构件自防水屋面

钢筋混凝土构件自防水屋面,是利用钢筋混凝土板自身的高密实性,并对板缝进行局部严密防水处理而形成的防水屋面。它是屋面的一种革新产品项目。其优点是自重较卷材防水屋面轻,施工简便,维修方便,还可降低屋顶的造价。它的缺点在于,板面容易出现后期裂缝而导致渗漏;混凝土暴露在大气中易引起风化和碳化等。构件自防水屋面在我国南方和中部地区非保温车间多有试用,取得了可贵的经验。

构件自防水屋面的构造做法有三种类型:嵌缝式、脊带式和搭盖式。

嵌缝式是利用大型屋面板作防水构件、板缝嵌入油膏防水材料(图16-22)。如果在板

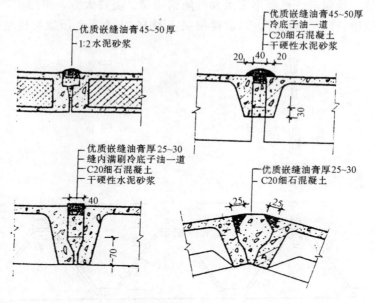

图 16-22 嵌缝式自防水屋面

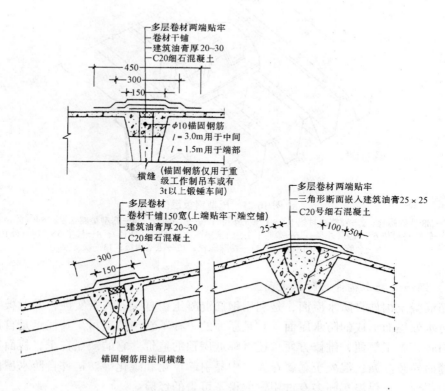

图 16-23 脊带式自防水屋面

缝上再贴一条卷材或玻璃丝布，则可成为脊带式（图16-23）。

搭盖式自防水屋面的构造特征与瓦材相似，即用F型或L型屋面板作防水构件，板上下搭接，竖缝和屋脊处用盖瓦覆盖（图16-24）。这种屋面安装简便，但板型复杂，生产难度大，盖瓦在振动影响下易滑脱，造成屋面漏水。

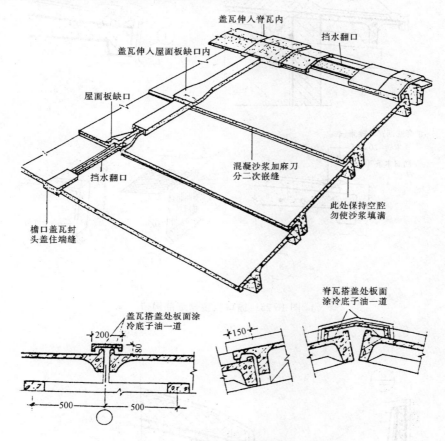

图16-24 搭盖式自防水屋面

四、屋面的保温与隔热

在冬季采暖的厂房中，屋面应采取保温措施。通常做法与民用建筑相同，是在屋面基层上设保温层，其选材及厚度确定按热工要求进行。

在南方炎热地区，当厂房高度低于7m，且采用钢筋混凝土屋面结构时，屋面对厂房内工作区的热辐射有较大影响，应考虑隔热措施。根据多年来的工程经验，通风屋顶构造简单、施工方便，在我国南方厂房屋面上采用较多。

五、屋面细部构造

（一）檐口

当檐口采用无组织外排水时，须外挑一定长度。

在厂房中最常见的挑檐为特制檐口板挑檐（图16-25）。其构造要点是：1）檐口板支承在屋架附设的挑梁上；2）为防止檐口处卷材翘起和开裂，卷材端头应贴紧钉牢；3）挑檐板端头底部亦应做滴水，以利排水；4）外墙一般封至檐口板底面。

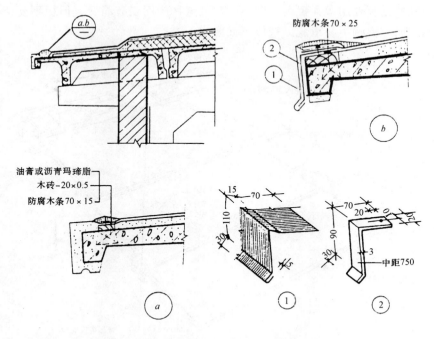

图 16-25　檐口板挑檐细部构造

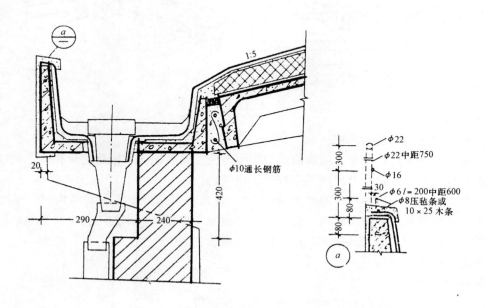

图 16-26　外檐沟板细部构造

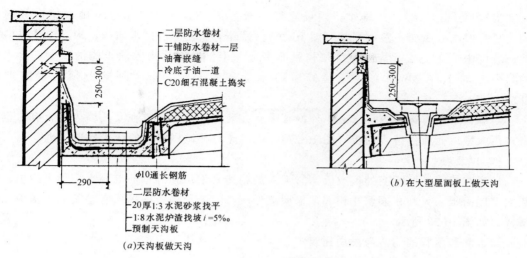

图 16-27 内檐沟细部构造

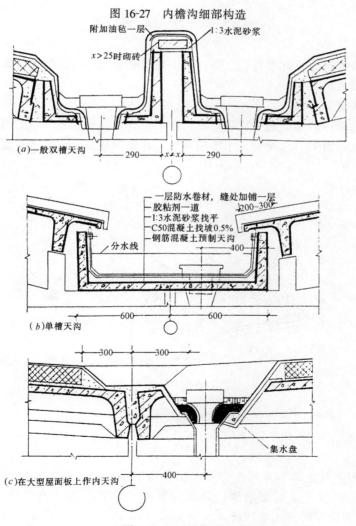

图 16-28 天沟构造

当檐口采用有组织外排水,须设置檐沟板。其支承方式与无组织排水檐口板的相同,只是檐沟板底面一般水平状(图16-26)。另外为保证檐沟排水通畅,沟底应作纵向垫坡,坡度为1‰~5‰。沟内卷材须较屋面多铺一层,卷材收头需固于檐沟壁上。落水斗的间距常取18~24m。为保证检修屋面或清灰时安全,檐沟外壁上须设置防护栏杆。

当檐口采用有组织内排水时,外檐常设女儿墙,天沟板布置在女儿墙内侧,有时也可直接用大型屋面板代替天沟板(图16-27),不过此时须做好檐沟的泛水构造处理。

(二)天沟

厂房在各跨屋面相交处形成天沟。天沟的构造常采用预制钢筋混凝土槽形天沟板,取代大型屋面板。天沟板搁置在相邻两榀屋架的端头上,天沟板的形式有较宽的单槽板和双槽板,如图16-28所示。

雨水斗和落管的构造与民用建筑中无太大区别,这里不再叙述。

第四节 天窗构造

从单层厂房的剖面设计中我们已知道,供采光和通风的天窗有矩形天窗、平天窗、下沉式天窗及矩形通风天窗等。

一、矩形天窗

矩形天窗在我国单层厂房中应用广泛,既可采光,又可起到一定的通风作用。

矩形天窗由天窗架、天窗扇、天窗屋面板、天窗侧板及天窗端壁板等五部分组成(图16-29)。

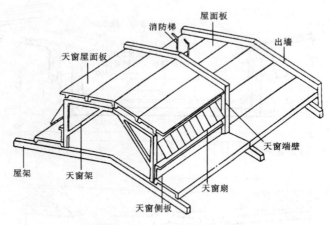

图16-29 矩形天窗的组成

1. 天窗架

天窗架是矩形天窗的承重构件,它支承在屋架上弦上。天窗架的材料一般与屋架相同,常采用钢筋混凝土或型钢制作。钢筋混凝土天窗架的形式有门型、W型及Y型等(图16-30)。钢天窗架的形式有压杆式及桁架式(图16-31)。天窗架的跨度应根据厂房对天然采光和自然通风的要求来确定,但是,要使屋架受力合理,则天窗架必须支承在屋架

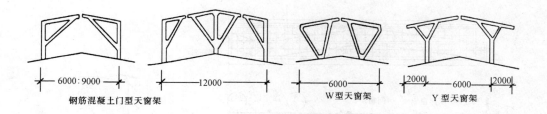

图 16-30 钢筋混凝土天窗架形式

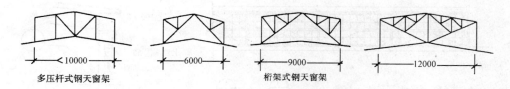

图 16-31 钢天窗架形式

上弦的节点上。所以，天窗架的跨度扩大模数为 30M，当钢筋混凝土天窗架跨度大于等于 6m 时，常采用两块或三块构件拼装而成。天窗架的高度是根据天窗扇、天窗侧板的规格来确定。钢天窗重量轻，对抗震有利，制作及安装方便，但易腐蚀。它常用在钢屋架上，也可用于钢筋混凝土屋架上。而钢筋混凝土天窗架只限用于钢筋混凝土屋架上。

2. 天窗扇

矩形天窗设置天窗扇的作用是采光、通风和挡雨。天窗扇可用木材、钢材及塑料等材料制作。由于钢天窗扇具有坚固、耐久、耐高温、不易变形和关闭较严密等优点，故被广泛采用。开启方式可分为上悬和中悬两种。上悬式防雨性能好，但开启角度最大为 45°，通风较差，因此，适用于通风要求不高的厂房中。中悬天窗扇的开启角可达 60°～80°，通风好，但防雨性欠佳。

上悬式钢天窗扇高度有 900、1200、1500（mm）三种，根据厂房采光需要，可组合成各种高度天窗。

图 16-32 给出常见的上悬式钢天窗扇的构造。

3. 天窗屋面板

天窗屋面构造与厂房屋面构造相同。天窗檐口常采用无组织排水，由带挑檐的屋面板构成，挑出长度一般为 300～500mm（图 16-33）。

4. 天窗侧板

在天窗扇下部需设置天窗侧板，其作用是防止雨水溅入车间，防止积雪影响天窗扇的开启等。天窗侧板的上缘高出屋面 300mm，积雪较深的地区可采用 500mm。

侧板的形式有钢筋混凝土槽板、平板或石棉瓦等。选材时应与屋面构造相适应。无论是那一种侧板均应做好泛水处理；保温屋面，侧板亦应加设保温层（图 16-33）。

5. 天窗端壁板

天窗端壁板是矩形天窗两端部的承重围护构件。通常采用预制钢筋混凝土端壁板或者钢天窗架挂石棉水泥瓦壁板。钢筋混凝土端壁板常做成肋形板（图 16-34）。按照天窗架跨

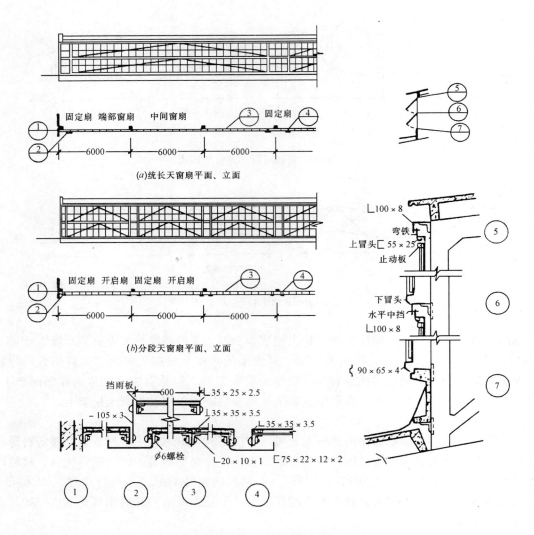

图 16-32 上悬钢天窗扇

度的大小不同,端壁板可由两块或三块拼接而成。端壁板与屋架上弦的连接通过预埋铁件焊接。寒冷地区的钢筋混凝土端壁板,当车间为冷加工车间或需要保温的车间时,应在其内表面加设保温层。

二、平天窗

平天窗的特点是采光效率比矩形天窗大 2~3 倍,并且布置灵活,照度均匀,构造简单,施工方便,造价低廉;但易受太阳直射光影响,玻璃易破碎,易积灰尘,北方地区玻璃下表面易产生冷凝水。一般适用于冷加工车间。

平天窗的类型有采光罩、采光板和采光带三种。

采光罩是直接在屋面板的孔洞上设置锥形或弧形透光材料(图 16-35)。

采光板是在屋面板的孔洞上设置平板透光材料(图 16-36)。

采光带是在屋面的通长孔洞上设置平板透光材料(图 16-37)。

平天窗的构造组成有井壁、横档和透光材料等(图 16-38)。

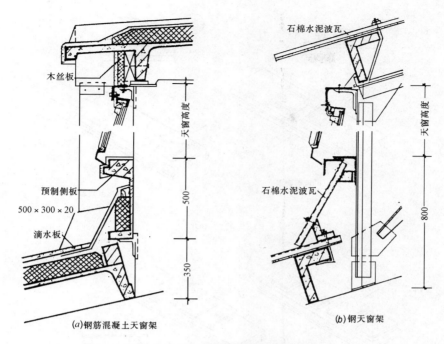

图 16-33 钢筋混凝土侧板和屋面板

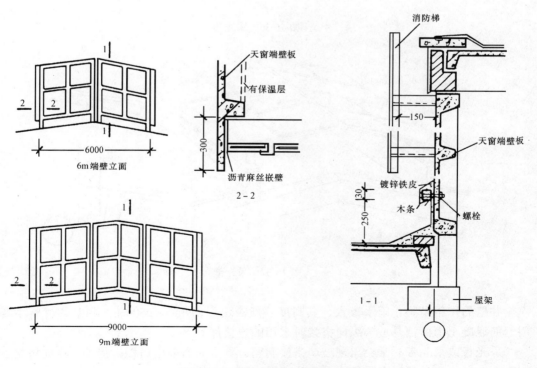

图 16-34 钢筋混凝土端壁板

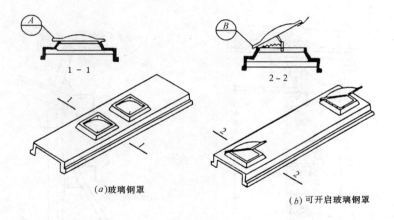

图 16-35 采光罩

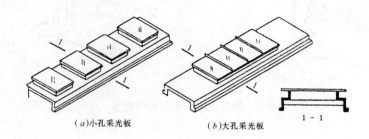

图 16-36 采光板

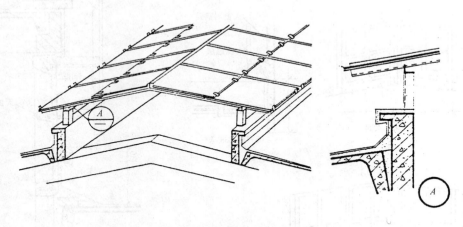

图 16-37 采光带

井壁的作用是防止雨水渗入，其高度一般高出屋面 150～250mm，井壁的材料主要采用钢筋混凝土。横档是玻璃纵向搭接时采用的连接件。

采光板或采光带时常会出现玻璃搭接问题，除了纵向采用横档拼接外，横向搭接长度不小于 100mm，并采用卡钩钩住，以防下滑（图 16-39）。

平天窗透光材料常用安全性较高的玻璃，诸如压花夹丝玻璃、钢化玻璃，也可用装有

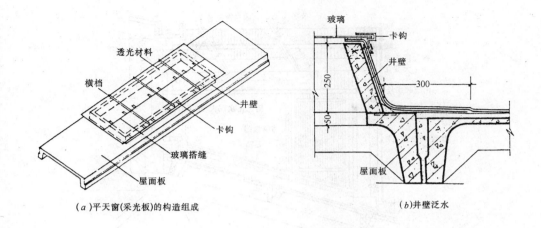

(a) 平天窗(采光板)的构造组成　　　　(b) 井壁泛水

图 16-38　平开窗构造组成

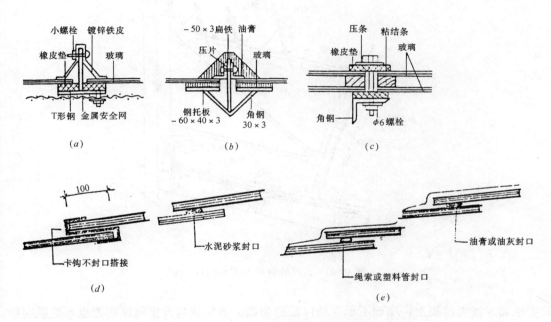

图 16-39　平天窗玻璃搭接

防护网的磨砂玻璃。

平天窗的作用主要是采光，若有通风要求时，可将其设计成可开启的。

三、矩形通风天窗

矩形通风天窗是在矩形天窗的两侧加设挡风板而成的（图 16-40）。

（一）挡风板的形式及构造

挡风板由面板和支架两部分组成。面板材料常用石棉水泥瓦、玻璃钢瓦或压型钢板等薄壁轻型材料。支架有立柱式和悬挑式两种（图 16-40）。立柱式是立柱支承在四块大型屋面板交接处的柱墩上，其受力合理，只是挡风板到天窗架的距离受屋面板的限制。悬挑式

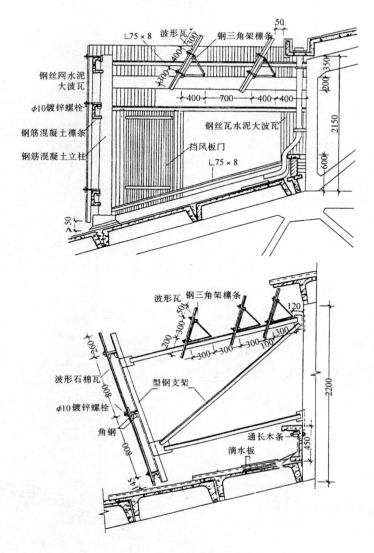

图 16-40 挡风的板的形式和构造

的支架固定在天窗架上,屋面不承受挡风板的荷载,挡风板与天窗间原距离也不受屋面板限制,布置灵活,但天窗架受力不合理。

(二)挡雨设施

矩形通风天窗用于热车间,为了便于通风,减少阻力,常取消天窗扇,此时为了防止雨水飘入车间,须设置挡雨设施。挡雨设施有三种:天窗屋面做成大挑檐;水平口设挡雨片;垂直口设挡雨板(图 16-41)。下面仅介绍水平口设挡雨片的构造。

水平口设挡雨片,由挡雨片及其支承部分组成(图 16-42)。挡雨片可用石棉水泥瓦、钢丝网水泥、钢筋混凝土、薄钢板等制作。支承部分有组合檩条、型钢支架、钢筋混凝土构架、钢构架等。为了增大挡雨片透光系数,可以采用铅丝玻璃、钢化玻璃、玻璃钢瓦等透光材料。

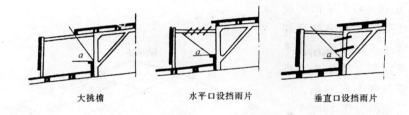

图 16-41 挡雨设施形式

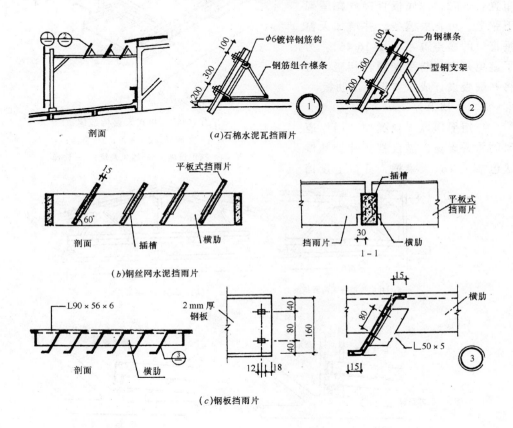

图 16-42 水平口挡雨片构造

水平口设挡雨片时，挡雨片的水平夹角越大，通风越好，但夹角越大，会增加挡雨片的数量。其夹角有 45°、60° 及 90° 几种，目前最常用的是 60°。

四、井式通风天窗

井式天窗是下沉式天窗的一种类型。

井式天窗构造主要由井底板、挡雨片、天窗扇等组成（图 16-43）。

（一）井底板

井底板的布置方式有两种：横向铺板和纵向铺板。

横向铺板是指井底板平行于屋架方向铺设。其做法是先在屋架下弦上搁置檩条，然后铺设井底板（图16-44）。横向铺板一个突出的问题是井口垂直净空高度，受屋架结构高度限制大，为了增加垂直口通风面积，常采用下卧式檩条、槽形檩条或L形檩条，以降低井底板板面标高（图16-45）。

纵向铺板指井底板垂直于屋架布置。这时，井底板直接放在屋架下弦上，可省去檩条，并增加天窗垂直口的净空高度（图16-46）。为了避免井底板与屋架腹杆相碰，可将井底板设计成卡口板或出肋板。

（二）挡雨片

与矩形通风天窗类似，用作通风的井式天窗，需设挡雨片。其做法包括：井口大挑檐，井口上设挡

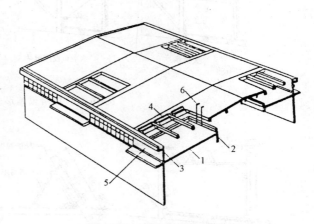

图16-43　井式天窗构造组成
1—井底板；2—檩条；3—檐沟；
4—挡雨设施；5—挡风侧墙；6—铁梯

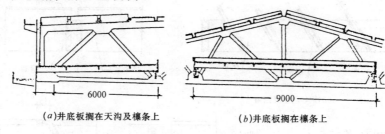

(a) 井底板搁在天沟及檩条上　　(b) 井底板搁在檩条上

图16-44　横向铺板

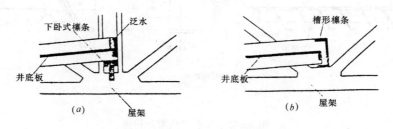

图16-45　井底檩条布置

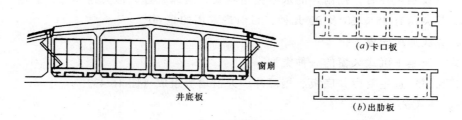

图16-46　纵向铺板

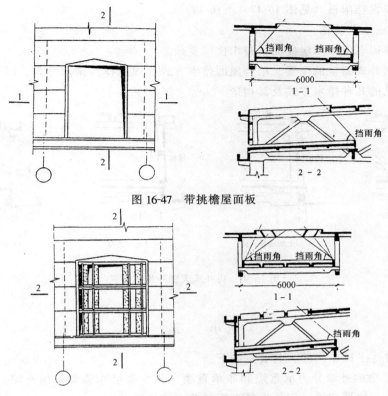

图 16-47 带挑檐屋面板

图 16-48 水平口设挡雨片

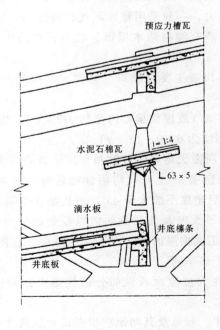

图 16-49 垂直口设挡雨片

雨片和垂直口设挡雨板（见图16-47～图16-49）。

（三）井底排水措施

井式天窗因有上下两层屋面，排水比较复杂。设计时应根据井式天窗的位置，结合屋面排水方式合理选择其排水方式。图16-50给出边井式天窗常见的几种排水方式及其构造。

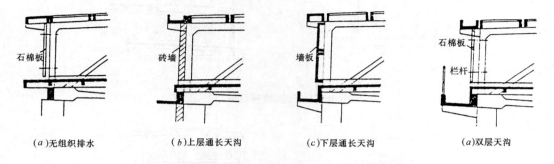

(a) 无组织排水　　(b) 上层通长天沟　　(c) 下层通长天沟　　(a) 双层天沟

图 16-50　边井式天窗外排水方式

小　结

本章共讲述了四个问题，其要点如下：

1. 单层厂房的外墙分为承重墙和非承重墙，非承重墙亦称骨架填充墙。骨架填充墙常用的种类有砌块填充墙、钢筋混凝土板材墙、波形瓦材墙。

2. 单层厂房的侧窗规格较大，常采用拼樘组合方法，窗料规格亦大些。

3. 单层厂房的大门规格大，一般采用特殊形式和构造。

4. 单层厂房屋面防水构造有卷材防水屋面、波形瓦材防水屋面、钢筋混凝土构件自防水屋面。

5. 单层厂房屋面的细部构造主要有檐口、檐沟、天沟等，属防水薄弱环节，必须处理妥善，以防渗漏。

6. 矩形天窗的跨度是屋架（或屋面梁）跨度的 1/2～1/3，由于屋架上、下弦的节点距离一般为 3m，天窗的跨度相应为 6、9、12（m）等。

7. 天窗架的高度是根据所需天窗扇的排数和每排窗扇的高度来确定的。

8. 矩形天窗常采用钢天窗扇，上悬式防雨性能较好，通风较差；中悬式通风流畅，防雨较差，上悬式钢天窗开启角度不能大于 45°，由止动板控制。

9. 矩形避风天窗是由矩形天窗及其两侧的挡风板组成，为了增大通风量，可以不设窗扇。解决防雨的措施是采用挑檐屋面板、水平口挡雨片、垂直口挡雨板。

10. 矩形避风天窗适用于热车间。

11. 立柱式挡风板支承在大型屋面板纵肋处的柱墩上；悬挑式挡风板支承在天窗架上。

12. 水平口挡雨片的尺寸、倾角及其间距应根据设计飘雨角来确定。

13. 井式天窗由井底板、空格板、挡风侧墙及挡雨设施组成。

14. 井式天窗的井底板既可横向布置，也可纵向布置。

15. 增大井式天窗垂直口净高的方法是采用下卧式檩条、槽形檩条、L型檩条。

16. 井式天窗纵向布置井底板时，因受屋架腹杆的影响而常采用卡口板和出肋板。

17. 为了保证井式天窗处于负压区，井式天窗封墙（挡风侧墙）不能开设通风洞口。

18. 解决平天窗玻璃下滑的方法是采用卡钩，卡钩的一端卡牢玻璃，另一端固定在井壁上。玻璃上、下搭接构造要点是采用卡钩、水泥砂浆、绳索、塑料管、油膏、油灰封口，避免产生爬水现象，引起渗漏。

19. 平天窗避免眩光的措施是在平板玻璃下表面刷白色调合漆；或用（P.V.B）粘玻璃丝布；或刷含5%滑石粉的环氧树脂；平板玻璃下方设遮阳格片；采用磨砂玻璃，乳白玻璃。

复习思考题

1. 砖砌填充墙与柱的平面位置关系有哪些种？各有何特点？
2. 砖砌外墙与厂房柱、屋架端部应怎样拉结？用简图表示？
3. 钢筋混凝土板材外墙的类型有哪些？其规格怎样划分？
4. 钢筋混凝土墙板的布置方式有哪几种形式？各自的特点是什么？
5. 简述钢筋混凝土板材墙与柱的常见连接方式的构造要点。
6. 压型钢板外墙与水平墙梁怎样固定？
7. 组合门窗的拼接方法有哪几种？如何选用？
8. 钢筋混凝土构件自防水屋面的优缺点是什么？适用的条件是什么？构件自防水屋面的构造做法有哪些种？
9. 矩形天窗的组成如何？
10. 矩形天窗跨度的扩大模数是多少？天窗高度有哪三种尺寸？
11. 上悬式天窗扇和中悬式天窗扇各有何特点？其开启角度是多少度？
12. 矩形避风天窗挡风板的支承方式有哪两种？各有何特点？
13. 矩形避风天窗的挡雨设施有哪几种？分别绘出其剖面图。
14. 井式天窗主要由哪几部分组成？井底板有哪两种布置方式？
15. 平天窗的类型和特点如何？避免眩光的措施有哪些？防止玻璃坠落伤人的安全措施有哪些？
16. 解决平天窗通风有哪三种方法？